清 华 电 脑 学 堂

Animate 动画设计与多媒体课件制作

AIGC全彩微课版

胡广平 ◎ 编著

清華大學出版社
北 京

内 容 简 介

本书全面、细致地讲解Animate动画设计软件的操作方法与使用技巧，实例的安排侧重于动画课件的制作，学练结合、图文并茂，帮助读者轻松地掌握软件的操作，并运用于实际工作中。

全书共11章，依次对动画设计的基础知识，矢量图形的绘制与编辑，时间轴、帧与图层，文本及文本动画，元件、库与实例的应用，动画的基本技法与实践，脚本动画的实现，音视频与动画的融合，组件的应用，以及动画的输出与发布等内容进行讲解。在介绍理论的同时辅以案例实操，实例多以动画课件元素制作为主，以使读者更好地理解和应用所学理论。

本书结构合理，案例丰富，语言通俗，易教易学。适用于Animate的初、中级用户，从事动画设计、艺术设计等行业的专业人士阅读，也可作为高等院校数字媒体技术专业动画设计类课程教材使用，还可作为各类校外培训机构的教学用书。

图书在版编目（CIP）数据

Animate动画设计与多媒体课件制作：AIGC全彩微课版 / 胡广平编著. -- 北京：清华大学出版社，2025. 4.
(清华电脑学堂). -- ISBN 978-7-302-68281-3

Ⅰ. TP391.414；G436

中国国家版本馆CIP数据核字第2025ZE4126号

责任编辑：袁金敏
封面设计：阿南若
责任校对：胡伟民
责任印制：刘海龙

出版发行：清华大学出版社
网　　址：https://www.tup.com.cn，https://www.wqxuetang.com
地　　址：北京清华大学学研大厦A座　**邮　　编：**100084
社 总 机：010-83470000　**邮　　购：**010-62786544
投稿与读者服务：010-62776969，c-service@tup.tsinghua.edu.cn
质 量 反 馈：010-62772015，zhiliang@tup.tsinghua.edu.cn
课 件 下 载：https://www.tup.com.cn，010-83470236
印 装 者：三河市君旺印务有限公司
经　　销：全国新华书店
开　　本：185mm×260mm　**印　　张：**14.5　**字　　数：**395千字
版　　次：2025年5月第1版　**印　　次：**2025年5月第1次印刷
定　　价：69.80元

产品编号：106811-01

前言

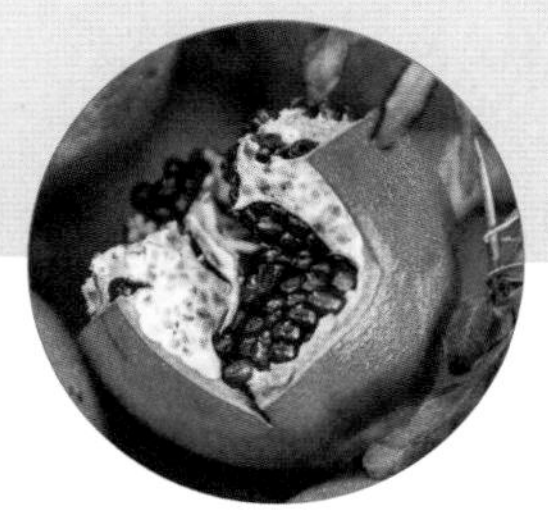

首先，感谢您选择并阅读本书。

本书致力于为动画设计应用的读者打造易学的知识体系，让读者在轻松愉悦的氛围中掌握动画设计的知识，并应用到实际工作中。

本书采用理论与实践并重的编写方式，从易于教授、易于学习的角度出发，深入浅出地阐述Animate这款功能强大的矢量动画设计软件的全貌。本书不仅详尽地解析软件的核心功能与操作技巧，更巧妙地穿插了大量的“动手练”，以做到学练并重。重要章的结尾安排“案例实战”板块，综合运用所学知识进行实操演练，以实现“所见即所学，所学即所用”；“拓展练习”板块旨在引导读者进一步拓展设计思路和技能边界，通过解决实际问题来检验学习成果。

本书特色

- **理论+实操，实用性强。**本书为软件操作中的主要知识点配备相关的实操案例，可操作性强，使读者能够学以致用。
- **结构合理，全程图解。**采用全程图解的方式，让读者能够掌握每一步的具体操作。
- **智能辅助，设计无忧。**本书部分配图和案例素材为AIGC平台生成，其高效性极大地缩短了设计周期，能够更快地将创意转化为现实。

内容概述

全书共11章，各章内容见表1。

表1

章序	内容	难度指数
第1章	主要介绍动画的原理、动画的类型、动画的表现手法、动画的制作流程、相关概念、AIGC在动画设计中的应用，以及Animate软件的入门操作等	★☆☆
第2章	主要介绍辅助绘图工具、基本绘图工具、颜色填充工具、选择对象工具、编辑图形对象的操作，以及修饰图形对象的操作等	★★☆
第3章	主要介绍时间轴与图层两大核心知识，包括时间轴的使用、帧的类型、帧的编辑，以及图层的编辑等	★★★
第4章	主要介绍文本动画，包括文本工具的使用、文本样式的设置、文本的分离与变形，以及滤镜功能的应用等	★★☆

（续表）

章序	内容	难度指数
第5章	主要介绍元件、库与实例三大核心元素的知识，包括元件的创建与编辑、“库”面板的操作，以及实例的创建与编辑技巧	★★★
第6章	主要介绍常见动画的制作方法与技巧，包括逐帧动画的创建、补间动画的创建、遮罩动画的原理与创建，以及引导动画的原理与创建等	★★★
第7章	主要介绍脚本动画的知识，包括ActionScript 3.0的基础知识、“动作”面板的应用、脚本的编写与调试，以及交互式动画的创建等	★★★
第8章	主要介绍音视频在动画中的应用，包括声音的格式、导入声音的方法、声音的编辑技巧、可用视频格式，以及导入视频文件的方法等	★★☆
第9章	主要介绍常用组件的应用，包括组件的定义、常见组件类型，以及CheckBox组件、ComboBox组件、TextInput组件、TextArea组件、UIScrollBar组件等的应用方法	★★☆
第10章	主要介绍动画的输出与发布，包括如何测试动画、优化动画性能、发布动画，以及导出动画等	★★☆
第11章	主要介绍音乐课件及演示动画的制作等。在案例的制作过程中，读者可以利用AIGC工具便捷地生成案例所需的素材，或对脚本代码进行检查修正	★★★

本书的读者对象

- 高等院校相关专业的师生。
- 各类培训班中学习动画设计的学员。
- 从事动画设计工作的新手。
- 对动画设计有着浓厚兴趣的爱好者。
- 想通过知识改变命运的有志青年。
- 希望掌握更多操作技能的办公室人员。

本书的配套素材和教学课件可扫描下面的二维码获取，如果在下载过程中遇到问题，请联系袁老师，邮箱：yuanjm@tup.tsinghua.edu.cn。书中重要的知识点和关键操作均配备高清视频，读者可扫描书中二维码边看边学。

本书由河南工程学院胡广平编写，在编写过程中作者虽力求严谨细致，但由于时间与精力有限，书中疏漏之处在所难免。如果读者在阅读过程中有任何疑问，请扫描下面的技术支持二维码，联系相关技术人员解决。教师在教学过程中有任何疑问，请扫描下面的教学支持二维码，联系相关技术人员解决。

配套素材

教学课件

配套视频

技术支持

教学支持

编者

2025年4月

目录

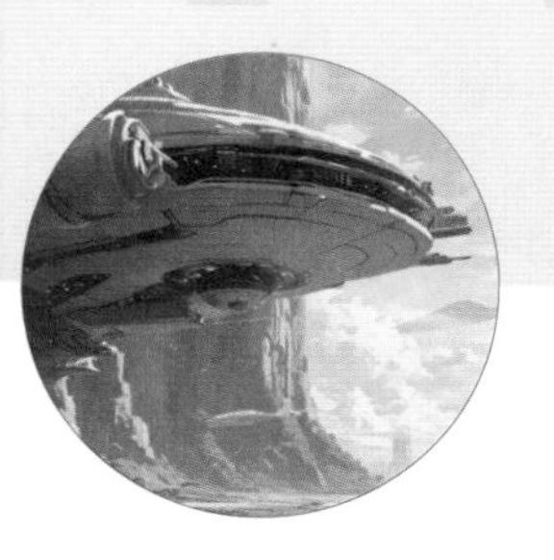

第1章 入门导读：动画设计知识概述

第2章 矢量绘图：图形的绘制与编辑

第3章 核心技能：时间轴、帧与图层

第4章 文本动画：文字表现与动态效果

第5章 动画构建：元件、库与实例的应用

第6章 动画创作：基本技法与实践

第7章 交互设计：脚本动画的实现

第8章 视听元素：音视频与动画的融合

第9章 预设组件：一键应用模块化组件

第10章 动画发布：输出与发布技能体验

第11章 综合实战：从构思到完成的动画创作

An

第1章

入门导读：动画设计知识概述

本章概述

动画设计是通过图像、声音和时间的结合，创造动态视觉效果，以传达故事或信息的艺术与技术。本章对动画基础知识、动画设计相关概念、AIGC的应用，以及二维动画设计软件进行介绍。通过学习并掌握这些知识，为动画创作打下坚实的基础。

要点难点

- 动画基础知识
- Animate工作界面
- AIGC在动画行业中的应用
- Animate的基本操作
- 外部素材的引用

1.1 动画基础知识

动画是一门运动的艺术，可以通过静态图像的连续变化创造具有动感和生命力的内容。本节对动画的基础知识进行介绍。

1.1.1 动画的原理

动画的基本原理是通过连续展示一系列静态图像创造动态视觉效果。这种技术利用人类的视觉暂留现象。视觉暂留理论由英国伦敦大学教授皮特在1824年提出，即人眼看到一幅图像后，会在短时间内保留该图像的印象，从而形成视觉后像。通过快速播放一系列略有差异的静态图像，在视觉暂留的作用下，这些图像能够产生连续的动态效果。早期的动画作品，如走马灯和费纳奇镜，都是基于这一原理制作的。

每秒播放的静态图像数量在动画中被称为帧数。一般来说，二维动画的标准帧率为24fps，用以确保画面的流畅播放，图1-1所示为部分帧效果。尽管现代技术使得动画的帧数可以低于24fps，但这一标准仍然是实现流畅动画的基础。增加帧数可以明显提升动画的流畅度和整体质量。

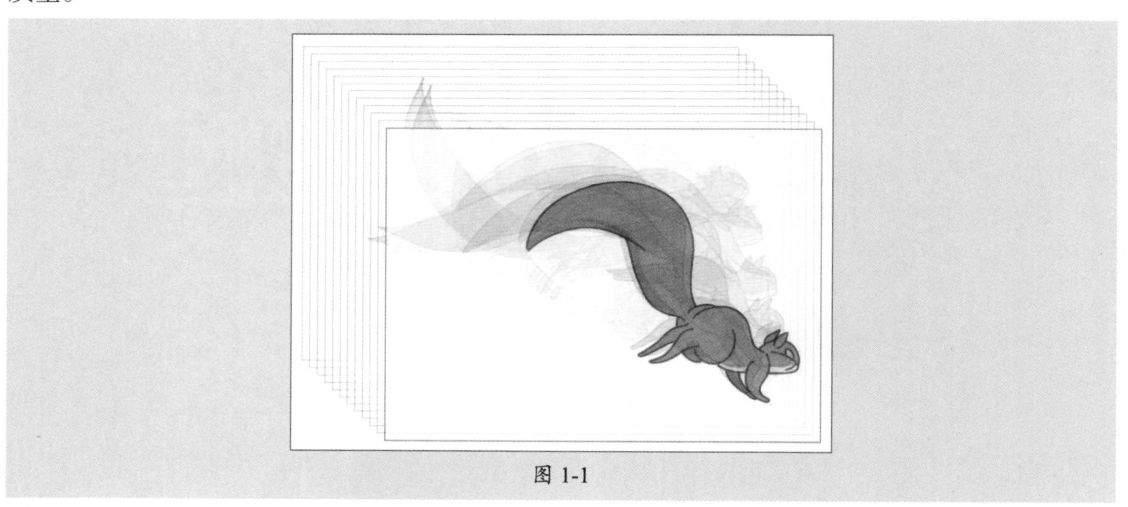

图 1-1

1.1.2 动画的类型

随着技术、观念的发展，动画艺术演化出多种类型。按制作方式可以分为传统动画、计算机动画、定格动画、混合动画等；按表现风格可以分为卡通动画、写实动画、实验动画等。综合艺术形式和技术手段，本书将动画分为二维动画、三维动画、MG动画和定格动画4种类型。

1. 二维动画

二维动画又称为平面动画，即通过平面图像创建的动画，通常通过一系列静态图像的快速连续播放产生动态效果。二维动画可以采用手绘、计算机生成或其他技术制作，常见于卡通、电影、游戏和广告等领域。二维动画的表现形式包括角色动画、背景动画和特效动画等，通过运动、变形和色彩变化等手段讲述故事或传达情感。这种动画形式需要逐帧绘制，工作量较大。代表作有《小蝌蚪找妈妈》《大闹天宫》等，如图1-2、图1-3所示。

图 1-2

图 1-3

2. 三维动画

三维动画又称3D动画，是通过计算机软件创建三维模型并使其运动，从而生成动态影像的技术。与二维动画不同，三维动画在空间具有深度和立体感，能够模拟真实世界中的物体和场景。三维动画的制作过程通常涉及建模、材质贴图、灯光设置、动画制作和渲染等，广泛应用于电影、游戏、广告等领域，能够呈现更为真实和细腻的视觉效果。三维动画在电影和电视节目中被广泛应用，尤其是在特效制作和动画电影中，能够创造逼真的角色和场景。代表作有《冰雪奇缘》《玩具总动员》等。

3. MG 动画

MG动画全称为Motion Graphics，即动态图形或图形动画，是一种结合动画和图形设计的动画形式，如图1-4、图1-5所示。这类动画具有较强的节奏感和动态变化，强调视觉效果，多用于广告、品牌宣传等领域。

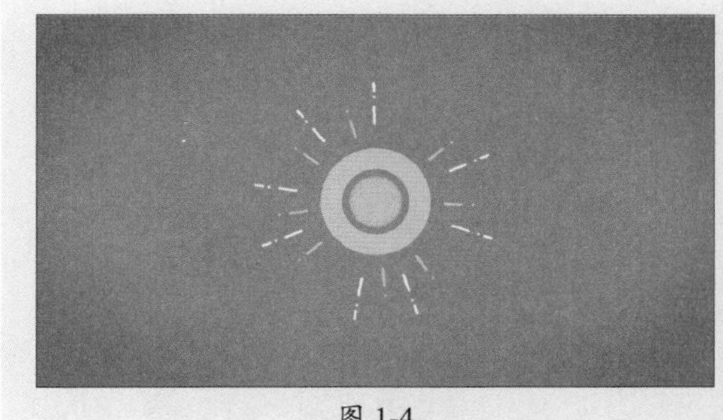

图 1-4

图 1-5

4. 定格动画

定格动画是一种特殊的动画形式，通过木偶、黏土、毛毡等材质制作角色，然后手工控制静态对象的细微位移模拟角色动作，再逐帧拍摄，呈现一种独特的质感和实体空间氛围。代表作有木偶动画电影《阿凡提》、黏土动画《小鸡快跑》等。

1.1.3　动画的表现手法

动画表现手法是在动画创作中使用的各种技术和艺术手段，包括镜头语言、剪辑、配音、视觉风格等。下面对主要的表现手法进行介绍。

1. 动画的镜头语言

镜头是动画制作过程中绘制的，或拍摄过程中摄像机记录的一个连续画面，可以是完整的场景，也可以是一个特定的角度或特写。动画的镜头语言是通过镜头的选择、运动和构图等手法传达情感、叙述故事的方式，是动画中至关重要的元素，能够影响动画的整体呈现。下面对动画镜头语言的关键要素进行介绍。

（1）景别

景别是用于描述镜头拍摄范围和画面内容的术语，决定了观众在固定的距离和屏幕尺寸中看到的内容。在动画中，可以将景别分为以下6种。

- **大全景：**用于展示非常广阔的场景，帮助观众了解故事的背景和环境，如图1-6所示。
- **全景：**用于展示场景的全貌或人物的全身动作，提供空间感，帮助观众理解角色之间的关系及与环境的互动，如图1-7所示。
- **中景：**又称腰部镜头，通常拍摄角色的上半身或腰部以上的部分，如图1-8所示。这类镜头中，角色躯干是最突出的部分，但是视线、服饰、表情等也清晰可见，可以展示角色的动作和环境之间的关系。

图 1-6

图 1-7

图 1-8

- **近景：**拍摄角色胸部以上或物体的局部。这类景别可以展示角色的表情或物体的细节，传达角色的内心世界，多用于刻画人物性格，如图1-9所示。
- **特写：**在很近距离内拍摄对象，一般拍摄主体的头部或特定物体的某一部分，清晰展示面部细节和物体特点，如图1-10所示。
- **大特写：**又称细部特写，突出头像的局部，或身体、物体的某一细部，展示极端细节和情感，增强视觉冲击力，如图1-11所示。

图 1-9

图 1-10

图 1-11

（2）镜头的运动方式

镜头的运动方式是摄像机或动画元素在场景中的移动方式。这些方式可以增强视觉效果，提升动画的整体体验。下面对常见的镜头运动方式进行介绍。

- **推：** 被摄物体不动，摄像机向前运动，拉近与拍摄对象的距离。
- **拉：** 被摄物体不动，摄像机向后运动，远离与拍摄对象的距离。
- **摇：** 摄像机位置不动，机身作上下、水平旋转运动，常用于展示大场景或跟随角色的移动。
- **移：** 摄像机沿着轨道或路径移动，跟随拍摄对象。
- **跟：** 摄像机跟随移动的对象，使画面始终聚焦在被跟摄的对象上。
- **升降：** 摄像机竖直向上或向下运动，可以展示场景的高度或深度。
- **空镜头：** 画面中没有主要对象的纯景物镜头。
- **俯仰：** 俯视镜头一般指鸟瞰镜头，可以宏观地展示环境；仰视镜头则可以展示场景的高大庄严。
- **切：** 指镜头的转换，可以快速叙事。
- **变焦：** 通过镜头焦距的变化拉近或拉远拍摄对象。
- **主观：** 以角色的视角拍摄，展示角色视角的画面，可以提升观众的沉浸感，表现角色的内心世界。
- **客观：** 以第三者的视角拍摄，不带有角色的主观体验。

2. 动画镜头的剪辑

镜头剪辑是将不同的动画镜头按照特定的逻辑和艺术手法进行组接，以实现叙事和情感表达。下面对剪辑知识进行介绍。

（1）蒙太奇

蒙太奇源自法语（Montage），是一种剪辑理论。在动画艺术中，蒙太奇通过有意识、有逻辑地排列与组合不同的镜头片段，将其编辑在一起，从而产生各镜头单独存在时所不具备的含义。作为动画艺术中的核心概念，蒙太奇的本质在于通过不同镜头的组合增强动画的表现力。两个并列的镜头不仅是简单相加，而是相互作用，产生全新的特质和深层含义。

在动画艺术中，可以根据不同目的和效果将蒙太奇分为多种类型。常见的类型包括叙事蒙太奇、表现蒙太奇、理性蒙太奇。下面对此进行介绍。

- **叙事蒙太奇：** 按照情节发展的时间流程、因果关系组接镜头，从而增强叙事的连贯性，帮助观众理解剧情，多用于传统叙事影片。
- **表现蒙太奇：** 以镜头队列为基础，通过镜头的组合传达角色的内心感受和情感状态，侧重于情感和氛围的表达。
- **理性蒙太奇：** 通过镜头之间的关系，而非单纯的连贯性叙事来表达意图。它强调不同画面之间的对比和联系，以引发观众的思考和理解，传达更深层次的概念或思想。

（2）转场

转场指镜头与镜头、场景与场景之间的过渡或转换，保证动画的连贯和节奏，是动画剪辑的重要部分。常见的转场包括以下内容。

- **切：** 从一个镜头直接切换至另一个镜头，快速叙事。
- **溶解：** 一个镜头逐渐消失，另一个镜头逐渐显现，两个镜头有短暂的重叠。
- **擦除：** 一个镜头被另一个镜头从一侧擦除，强调时间或地点的变化。
- **遮罩：** 利用一个画面遮挡镜头，再组接下一个镜头。

- **缩放**：通过镜头放大或缩小进行过渡。
- **匹配切换**：通过匹配两个镜头中的相似视觉元素，如对象、形状等，进行无缝转场。

3. 动画的配音

配音是为动画提供声音的过程，包括角色声音、背景音乐、音效等声音的设计。通过配音，可以增强动画角色的个性，推动动画情节的发展，使观众更易沉浸在剧情中。配音的流程如下。

- **选择配音演员**：动画剧本完成后，需要根据角色特质选择合适的配音演员，以准确地表达角色的声音和情感。
- **录音**：确定配音演员后，导演将剧本分发给各位演员，使其熟悉情节内容，理解动画的角色定位，然后在专业的录音室内进行配音。配音需要与动画的口型和动作同步，避免音画错位的情况。除了角色配音外，动画中还需要添加各种环境音、动作音等，以增强动画的真实感。
- **配乐**：动画的配乐可以选择已有音乐，也可以进行定制。选择已有音乐的成本更低，更节约时间，定制配乐则与动画更加契合。
- **后期合成**：完成以上操作后，就可以将这些内容混录在一起，确保它们之间的平衡和协调，使观众获得最佳的视听体验。

1.1.4 动画的制作流程

动画的类型繁多，制作流程也有些微差异，但总体上可以分为前期设计、中期制作和后期合成三个阶段。

1. 前期设计

前期设计阶段是动画制作的基础和纲领，决定动画的设计方向。制作人员需要在此阶段完成以下工作。

- 确定动画的主题、风格和目标受众。
- 撰写故事大纲并将其转换成文字故事脚本。
- 设计主要角色和配角造型，并明确后续角色的设计规范。
- 细化故事脚本，绘制分镜头台本。

2. 中期制作

中期制作是动画创作过程中至关重要的一环，是动画成型的核心阶段，同时也是工作量最大、最为繁重的部分。在这一阶段，不同类型的动画制作流程各具特点。

（1）传统动画制作

对于传统动画，动画制作者需要逐帧绘制每一帧画面。这一过程不仅要求动画制作者有高超的绘画技巧，还需要极大的耐心。每一帧的绘制都需要考虑角色的动作、表情以及背景的变化，确保动画的连贯性和流畅性。完成绘制后，就需要进行上色和修饰等步骤。在上色过程中，需要选择合适的色彩方案，并仔细填充每一帧，以确保视觉效果的一致性。修饰环节包括细节的调整和特效的添加，以提升整体画面的质量和美感。

（2）三维动画制作

在三维动画制作中，动画制作者使用专业软件（如Maya、3ds Max或Cinema 4D）来构建三维模型，并为其添加动画效果。这一过程通常包括多个环节。首先是建模，根据设计稿创建角色和场景的三维模型。接着是绑定，将模型的骨骼系统与外形相结合，以便进行动画操作。最后是动画设计，通过关键帧设置角色的运动轨迹和姿势，确保动画的自然流畅。整个过程需要对软件的熟练掌握，以及对三维空间的深刻理解，才能实现高质量的动画效果。

（3）定格动画制作

对于定格动画，制作团队需要手动调整物体的位置，逐帧拍摄。这种方法要求对每个细微变化进行精确控制，以确保动画的流畅性和连贯性。制作过程中，通常会使用专用的摄影设备和支架固定物体的位置。每拍摄一帧，都会微调物体的位置，然后拍摄。重复这个过程，直到完成整个动画序列。定格动画的魅力在于其独特的手工质感和细腻的表现力，但同时也要求制作团队具备极高的耐心和细致入微的观察力。

在中期制作阶段，还会同步制作重要的配乐和声效。这一环节不仅增强动画的情感表达，还为观众提供更丰富的视听体验。音效设计师会根据动画的节奏和情感，选择合适的音效和背景音乐，以增强故事的氛围。通过精心制作的音效和配乐，动画作品能够更好地传达情感，吸引观众的注意力，提升整体观看体验。

总地来说，中期制作是将创意转化为具体作品的关键步骤，涉及大量的技术与艺术结合。每种动画形式在这一阶段都有其独特的挑战和要求，最终旨在创造引人入胜的视觉故事。

3. 后期合成

后期合成阶段是动画制作过程中至关重要的一步，主要负责将所有元素整合在一起，以形成完整的动画作品。在这一阶段，制作团队需要对所有的动画片段、音乐、对白和音效进行剪辑，以调整节奏和流畅度，确保观众在观看时获得良好的体验。

后期合成阶段首先是剪辑动画素材，包括对不同片段的选择和排列，以创造出合理的叙事结构和节奏感。这一环节需要制作团队对动画的节奏变化有敏锐的把握，确保每个元素之间的衔接自然流畅。其次是调色，通过对动画的色彩进行调整，确保视觉上的一致性，使不同场景之间的色调协调，从而增强整体的视觉美感。完成以上操作后，可以适当添加视觉特效和过渡效果，进一步提升动画的表现力。最后整合所有元素，将动画渲染成最终输出的格式。

1.2 动画设计相关概念

本节将对动画设计的相关知识进行介绍，如矢量图与位图、像素、分辨率、原画、中间画等。了解这些知识，可以帮助理解后续知识，制作更加出色的动画作品。

1.2.1 矢量图与位图

矢量图与位图是图形设计和数字艺术中主要的两种图像类型，也是动画中常用的图像类型。充分利用这两种图像类型的优势，可以创作出丰富的动画作品。下面对这两种图像类型进行介绍。

1. 矢量图

矢量又叫向量，是一种面向对象的基于数学方法的绘图方式。在数学上定义为一系列由线连接的点，用矢量方法绘制的图形叫作矢量图形。由于这种保存图形信息的方式与分辨率无关，因此无论放大或缩小，都具有同样平滑的边缘及一样的视觉细节和清晰度。图1-12、图1-13所示为矢量图放大前后的对比效果。

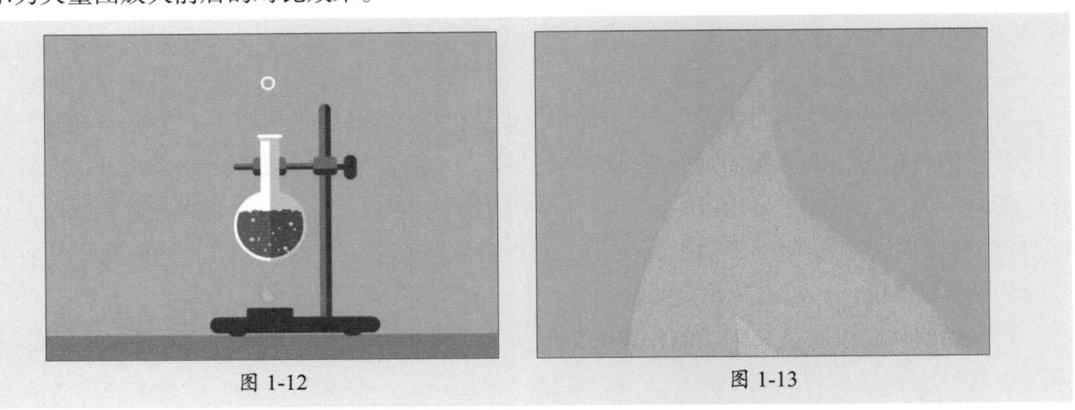

图 1-12　　图 1-13

矢量图放大后图像不会失真，文件占用空间较小，适用于图形设计、文字设计、标志设计、版式设计等设计领域。但矢量图难以表现色彩层次丰富的逼真图像效果。常见的矢量图绘制软件有CorelDraw、Illustrator等。

2. 位图

位图也叫像素图，由像素或点的网格组成。这些点可以进行不同的排列和染色以构成图样。当放大位图时，可以看到构成整个图像的无数个方块，这些小方块被称为像素点。图1-14、图1-15所示为位图放大前后的对比效果。

图 1-14　　图 1-15

像素点是图像中最小的图像元素。一幅位图图像包括的像素点可以达到数百万个。因此，位图的大小和质量取决于图像中像素点的多少。通常来说，每平方英寸的面积上所含像素点越多，颜色之间的混合也越平滑，同时文件也越大。缩小位图尺寸是通过减少像素点来使整个图像变小。常用的位图编辑软件有Photoshop、Painter等。

1.2.2　像素与分辨率

像素与分辨率是影响图像质量与清晰度的重要因素，下面对此进行介绍。

1. 像素

像素（Pixel）由Picture（图像）和Element（元素）这两个单词的字母组成，是用来计算数码影像的一种单位，是构成图像的最小单位，是图像的基本元素。放大位图图像，即可以看到像素，如图1-16、图1-17所示。构成一张图像的像素点越多，色彩信息越丰富，效果就越好，文件所占空间也越大。

图 1-16

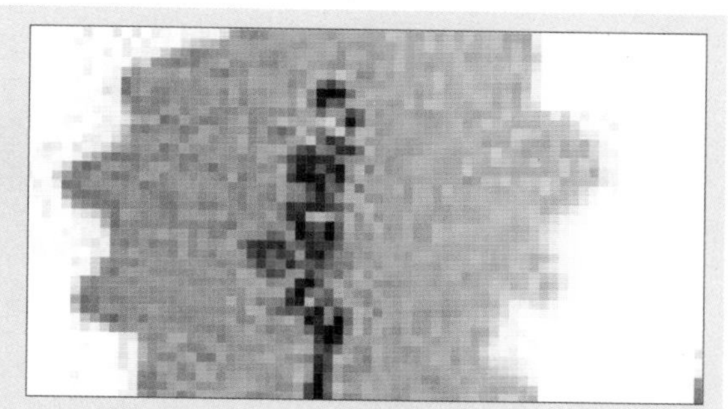

图 1-17

2. 分辨率

图像的分辨率可以改变图像的精细程度，直接影响图像的清晰度。即图像的分辨率越高，图像的清晰度也就越高，图像占用的存储空间也越大。分辨率一般可以分为图像分辨率、屏幕分辨率以及打印分辨率三种。

- **图像分辨率：** 指单位长度内所含像素点的数量，单位是“像素每英寸”（ppi）。
- **屏幕分辨率：** 指显示器上每单位长度显示的像素或点的数量，单位是“点每英寸”（dpi）。
- **打印分辨率：** 指激光打印机（包括照排机）等输出设备产生的每英寸油墨点数（dpi）。

图1-18、图1-19所示为不同分辨率的图像效果。

图 1-18

图 1-19

1.2.3 常用动画术语

了解动画术语可以帮助理解动画制作的各方面，从而进行更深入的学习。下面对常用术语进行介绍。

1. 帧

帧是影像动画中最小单位的单幅影像画面。观众看到的动画其实都是由一系列的单幅图片构成，相邻图片之间的差别很小。这些图片连贯在一起播放就形成了活动的画面，其中的每一幅就是一帧，如图1-20所示。

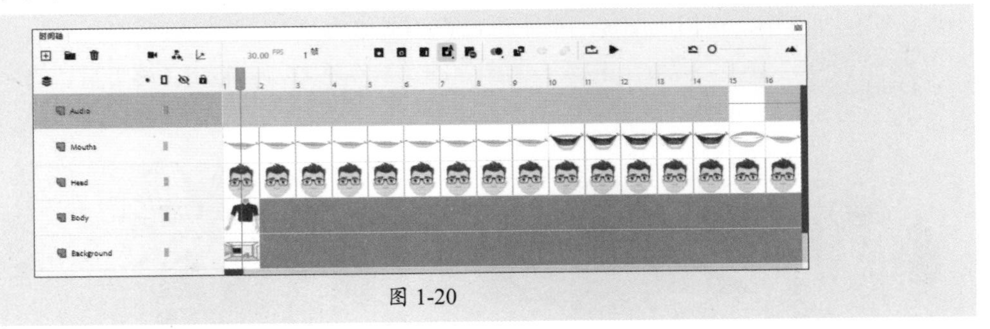

图 1-20

关键帧是一种特殊的帧，代表运动变化中的关键状态。在动画制作中，动画软件会自动计算并填充两个关键帧之间的过渡帧，这一过程被称为“补间”。

2. 帧频

每秒显示的帧数被称为帧频（FPS），帧频越大，视觉体验越流畅。常见帧频如下。

- **24FPS：** 每秒显示24帧，多用于传统动画。
- **30FPS：** 每秒显示30帧，是电视和网络视频的标准帧率。
- **60FPS：** 每秒显示60帧，多用于高帧率视频游戏和流媒体，视觉体验更加流畅，所占空间也更大。

3. 原画与中间画

在传统动画中，原画与中间画起到了关键帧和过渡帧的作用。原画是动画中反映动作过程关键部分的画稿，类似于关键帧。表现原画中间流畅渐变过程的画面就是中间画，类似于关键帧之间的过渡帧。在传统动画制作过程中，动画制作师需要根据原画的要求，在两张原画之间绘制中间的渐变过程。

4. 分镜头

分镜头又称故事板、导演剧本，是动画中用于规划和组织镜头的工具，通常以图像和文本的形式展示每个镜头的构成，决定其后各部分制作工序的基本施工方案。

分镜头的绘制没有严格的规定。在动画领域，分镜头脚本一般包括时间、节奏、对白、构图、镜头运动等要素。其绘制一般包括以下流程。

- **沟通交流，确定方向：** 与导演深入沟通，了解故事的主题、情感基调和视觉风格。确定导演对故事的整体看法，讨论动画的风格。确定色彩方案和镜头表现手法，明确重点镜头。
- **撰写文字分镜头：** 在沟通交流后，仔细阅读剧本，根据剧本内容，逐场景撰写文字分镜头，如表1-1所示。文字分镜头主要起到提纲的作用，可以尽量精简。
- **绘制分镜头草图：** 根据文字分镜头，绘制每个镜头的草图，展示角色与场景布局，并添加细节，以便更好地传达故事情境。
- **设计场景调度：** 场景调度由角色的定位和移动，以及镜头中的对象的构图组成。通过场景调度，可以使角色在场景中的运动更加合理；通过规划镜头间的切换，还可以增强故事的紧张感和情感表达。

- **清稿：**整理分镜头，并仔细检查其中的内容，确保与剧本一致，避免遗漏重要信息。完成后还需要将清稿分享给导演、编剧和其他团队成员，收集反馈并进行必要的修改。

表1-1

镜号	时间/秒	景别	背景	内容
1	5	全景	日出，森林的全景	太阳缓缓升起，鸟儿在树上欢快地歌唱
2	4	特写	小兔子的洞口	小兔子从洞里探出头，眼睛闪闪发光，四处张望
3	7	中景	森林小径	小兔子跳出洞口，兴奋地在小径上奔跑
4	5	中景	树木与草地	小兔子遇到小松鼠，两者开心地打招呼
5	6	近景	草地	小兔子和小松鼠在草地上追逐嬉戏，笑声不断
6	3	全景	天空变暗，乌云聚集	突然，天空变得阴沉，风开始吹动树叶
7	5	特写	小松鼠的表情	小松鼠惊慌失措，眼中流露出焦虑
8	5	中景	森林	小兔子和小松鼠急忙寻找避难所，四处张望
9	2	近景	大树洞	它们找到一个大树洞，迅速钻了进去
10	5	中景	树洞内部	风暴肆虐，外面雷声轰鸣，树洞内安全温暖
11	3	全景	风暴过后的森林	风暴结束，阳光重新洒落，彩虹出现
12	2	中景	彩虹高挂	小兔子和小松鼠一起欣赏彩虹，脸上洋溢着笑容

5. 动画场景

场景是动画中角色活动的环境或背景，既可以是具体的地点，也可以是抽象的空间。作为动画作品的重要组成部分，场景不仅为角色提供活动的舞台，还为故事的发展营造特定的氛围。

6. 动画角色

动画角色是动画中出现的人物或生物，由动画师设计制作，并被赋予独特的外观和个性，在动画中起到推动情节发展、传递动画主题和情感的作用。

1.3 AIGC在动画设计中的应用

AIGC是目前技术领域的一个重要趋势，广泛应用于动画设计、内容创作、广告营销、艺术设计、教育、游戏、新闻等多个领域。本节将对AIGC技术相关知识进行介绍。

1.3.1 AIGC及其特点

AIGC（Artificial Intelligence Generated Content，人工智能生成内容）利用人工智能技术自动生成各种类型的内容，包括文本、图像、音频和视频等。其核心在于通过深度学习、大型预训练模型等人工智能的技术方法，使机器接近人的行为，从而生成高质量的原创内容。其主要特点如下。

- **自动化生成：**能够根据输入的指令、数据或上下文等自动生成内容，提升内容创作的速度和效率。
- **内容多样：**支持生成文本、图像、音乐、视频等多种类型的内容。

- **个性化：**支持用户对模型进行训练，以生成个性化的内容。
- **高效性：**能够快速生成大量内容，以供用户选择。
- **自我学习：**一般具备自我学习的能力，可以通过不断接收新的数据和反馈优化生成内容的质量。

1.3.2　AIGC在动画创作中的应用

AIGC在动画设计中起着极为重要的作用，显著提升了动画制作的效率和质量。下面对其应用进行介绍。

1. 角色设计与建模

AIGC可以帮助设计师快速生成多种角色方案，节省大量时间和精力。通过机器学习算法，AIGC还可以模拟更加真实的角色模型，并提供细节调整的功能，帮助设计师实现个性化制作。图1-21～图1-23所示为AIGC生成的角色方案。

图 1-21　　图 1-22　　图 1-23

2. 自动化动画生成

AIGC可以通过算法生成技术和运动捕捉，自动创建流畅的角色动画。在使用计算机软件制作动画时，还可以辅助生成中间帧，简化传统手绘动画的过程。图1-24～图1-26所示分别为起始帧、结束帧及中间自动生成的关键帧。

图 1-24　　图 1-25　　图 1-26

3. 场景构建

AIGC可以根据脚本和情节，自动生成包括背景、道具等元素的场景布局，帮助设计师快速构建动画世界。图1-27～图1-29所示为生成的不同风格的场景。

图 1-27

图 1-28

图 1-29

4. 渲染与合成

AIGC支持自动调整渲染参数，提升画面质量。在合成阶段，还可以根据剧情节奏自动进行剪辑、调色、特效添加等操作，大幅度提高后期制作的效率。

5. 音频与配乐

通过AIGC，可以生成符合角色特征的配音，甚至可以根据角色的状态调整语速语调，使其更加适配角色。除了配音外，AIGC还可以生成符合情境的配乐及音效，降低制作成本的同时提升动画质量。

6. 创作辅助

设计师可以利用AIGC进行头脑风暴，为动画创作提供灵感和素材支持，同时还可以辅助完成素材收集和内容优化，从而有效提升制作效率。

7. 交互式体验

在交互式动画开发中，AIGC可以实时分析数据，根据用户的行为和选择动态调整故事情节和角色反应，提升用户的沉浸感。

1.3.3 AIGC的挑战与未来发展

AIGC作为一项前沿技术，虽然在不断发展，但面临多重挑战。

首先，生成的内容质量不一，常常存在逻辑错误和深度不足，确保高质量内容成为一个重要关注点。此外，AIGC涉及伦理与法律问题，如版权、知识产权和内容真实性等，生成的内容可能侵犯他人版权，或缺乏明确的归属和责任划分。

其次，AIGC模型通常基于训练数据，而这些数据可能包含偏见，导致生成的内容反映社会偏见或歧视，从而影响用户体验和信任。在安全性方面，AIGC技术可能被滥用，生成虚假信息、假新闻或恶意内容，带来社会问题。因此，防止技术滥用成为亟待解决的任务。

此外，AIGC的普及可能对传统动画制作者和内容产业造成冲击，威胁某些职业的生存，如何平衡技术进步与人类创作之间的关系也成为重要课题。

随着深度学习、自然语言处理和计算机视觉等技术的不断进步，AIGC在动画制作中的应用将更加广泛和高效。这些技术将使AIGC能够生成质量更高的动画内容，并显著提升创作效率。此外，AIGC还将实现个性化和定制化，依据用户偏好创造独特的动画体验，增强观众的参与感。同时，AIGC将推动虚拟现实（VR）和增强现实（AR）技术的发展，提供沉浸式的互动体验，让观众能够与动画角色互动并影响故事情节的发展。未来的动画制作还将依赖于跨学科合作，结合艺术、技术和心理学等领域的知识，创造更具吸引力和深度的内容。

随着AIGC技术的普及，将会逐步建立相应的伦理规范和监管机制，以确保技术的可持续发展，保护创作者的权益，并维护内容的原创性和合法性。

1.4 二维动画设计软件Animate

Animate是Adobe公司的一款二维动画和多媒体设计软件，广泛应用于动画制作、课件设计和多媒体制作等领域。本节将对Animate的基础知识进行介绍。

1.4.1 Animate功能介绍

Animate是一款矢量动画制作软件，功能非常强大，包括动画制作、矢量图形绘制、交互设计、音视频支持等。

- **动画制作：** Animate支持制作多种类型的动画，如常见时间轴动画中的逐帧动画、补间动画，以及更加复杂的角色动画等。
- **矢量图形绘制：** 内置多种绘图工具，用户可以自由地绘制和编辑矢量图形。丰富的图形库，也为快速应用提供了便利。
- **交互设计：** 支持使用ActionScript编写脚本，从而控制动画的行为，同时还提供按钮、输入框等交互组件，快速进行交互设计。
- **音视频支持：** 支持导入音频与视频元素，丰富内容表现形式，提升观众体验。
- **集成与兼容性：** 可以与同公司的Photoshop、Illustrator等软件协同工作，方便素材的添加与应用。
- **适应多平台：** 支持导出多种格式，如HTML 5 Canvas、Flash/Adobe AIR、SVG等，以适配不同的平台。

1.4.2 首次启动Animate

安装Animate后，双击应用图标启动软件，如图1-30所示。用户可以在启动后的软件主页中快速创建或打开文档。图1-31所示为主页页面。

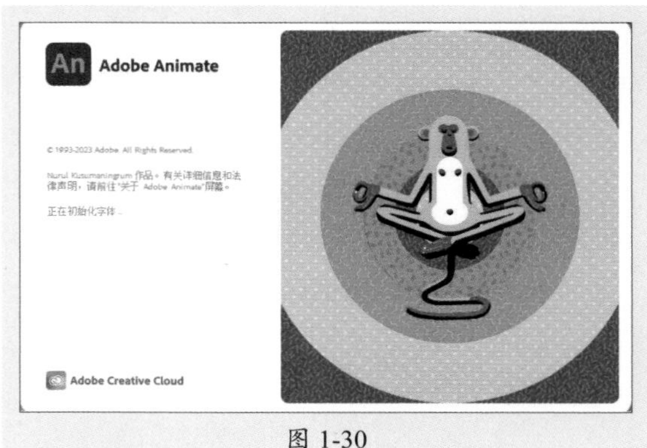

图 1-30

图 1-31

首次安装并启动Animate时要确保计算机满足最低系统要求，如操作系统版本、处理器、GPU等，具体如表1-2所示。

表1-2

项目	Windows 操作系统	macOS 操作系统
具体版本	Windows 10 v22H2，Windows 11 v21H2、v22H2	macOS 12 (Monterey)、macOS 13 (Ventura)
RAM	8GB 内存（建议 16GB）	8GB 内存（建议 16GB）
处理器	Intel Xeon、Intel Core Duo（或兼容）处理器（2GHz 或更快的处理器）	64 位多核 Intel 处理器；基于 ARM 的 Apple Silicon 处理器
磁盘空间	4GB 可用硬盘空间用于安装；安装过程中需要更多的可用空间（无法安装在可移动闪存设备上）	6GB 可用硬盘空间用于安装；安装过程中需要更多可用空间
显示器分辨率	1024×900 显示屏（建议 1280×1024）	1024×900 显示屏（建议 1280×1024）
GPU	OpenGL 3.3 或更高版本（建议使用功能级别为 12_0 的 DirectX 12）	OpenGL 3.3 或更高版本（建议使用支持 Metal 的版本）

1.4.3 工作界面操作指南

Animate工作界面包括菜单栏、“工具”面板、舞台和粘贴板、“时间轴”面板等多部分，如图1-32所示。这些部分的作用各不相同，下面对此进行介绍。

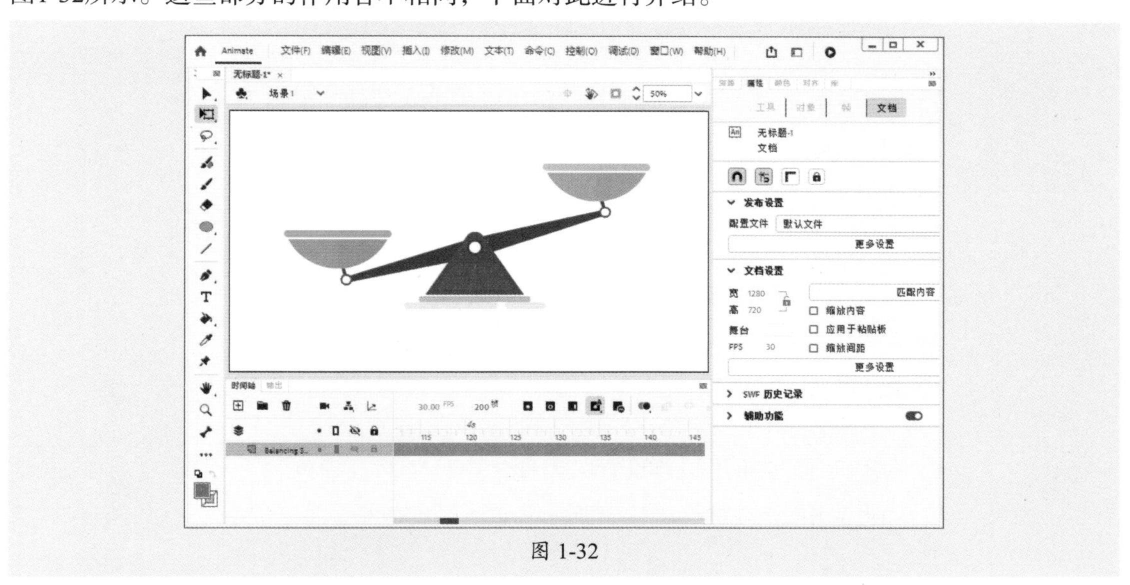

图 1-32

1. 菜单栏

菜单栏中包括文件、编辑、视图等11个菜单，涵盖Animate中的大多数命令，图1-33所示为修改菜单中的命令。通过这些命令，可以助力用户轻松便捷地完成动画设计。

2. “工具”面板

“工具”面板默认位于窗口左侧，包括选择工具、缩放工具、绘图工具、文本工具等。移动光标至“工具”面板名称空白处，按住鼠标拖动可使其浮动显示，如图1-34所示。

要注意的是，工具栏中部分工具并未直接显示，而是以成组的形式隐藏在右下角带三角形的工具按钮中。按住工具不放将展开工具组，从而选择工具进行应用，如图1-35所示。

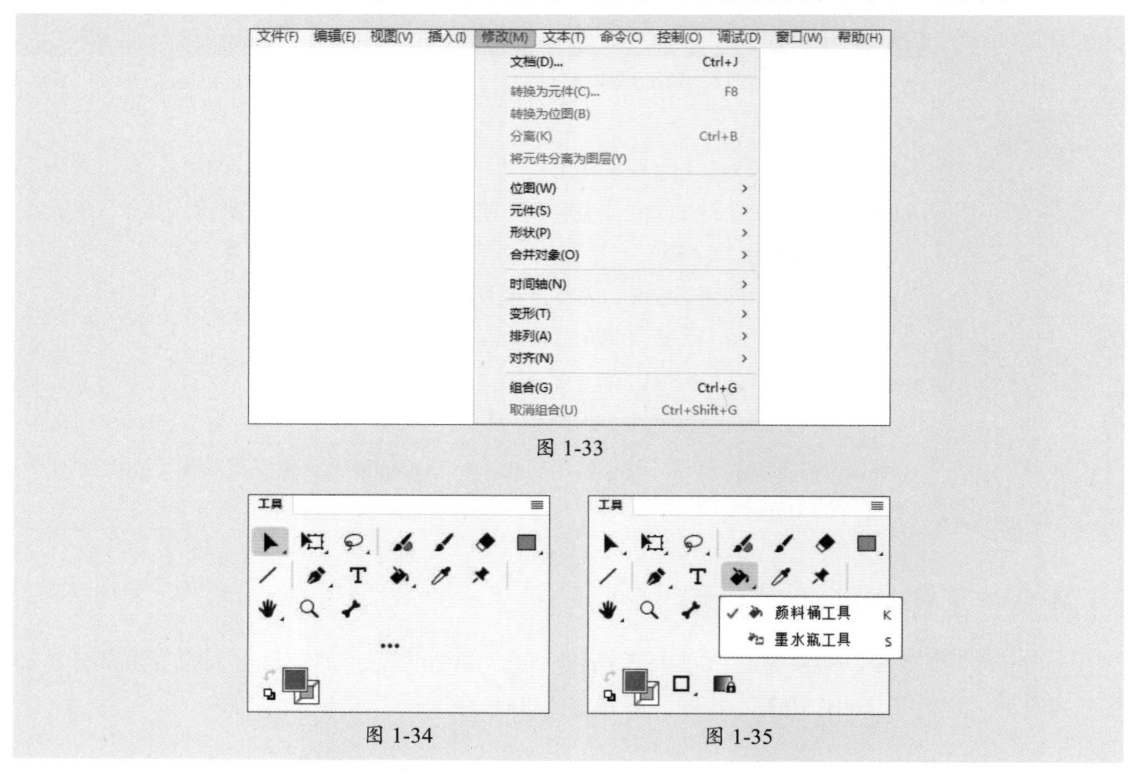

图 1-33

图 1-34　　图 1-35

若在“工具”面板中没有找到需要的工具，还可以单击底部的“编辑工具栏”按钮…，打开“拖放工具”面板，如图1-36所示。从中选择工具拖曳至“工具”面板中即可。

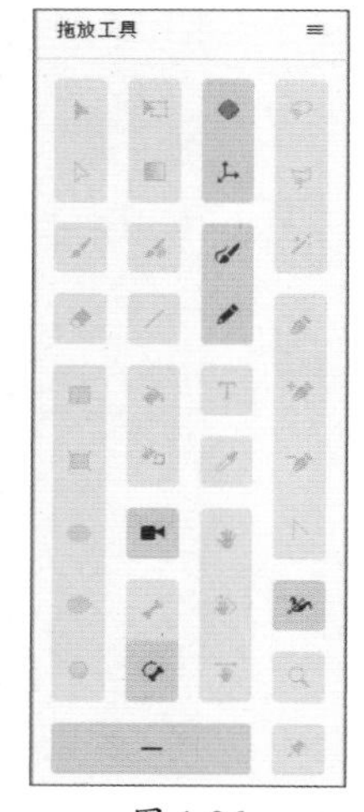

图 1-36

3. 舞台和粘贴板

舞台是文档中放置图形内容的矩形区域，默认为白色。只有舞台中的对象才能够作为动画输出或打印。舞台黑色轮廓以外的灰色区域为粘贴板。在测试动画时，粘贴板中的对象不会显示出来。图1-37所示为默认的舞台和粘贴板。

用户可以在“属性”面板的“文档设置”属性组中设置舞台颜色和大小，还可以将舞台颜色应用至粘贴板，图1-38所示为设置后的效果。

图 1-37　　图 1-38

提示 按Ctrl++组合键和Ctrl+-组合键可以更改舞台的缩放比率级别。最大的缩放比率取决于显示器的分辨率和文档大小。舞台上的缩小比率最小为4%，放大比率最大为2000%。用户也可以单击应用程序窗口右上角的“缩放”控件 进行设置。

4.“时间轴”面板

“时间轴”面板是Animate中管理和控制动画时间和顺序的主要工具，可用于创建关键帧、管理图层、调整播放等，其面板包括左边的图层控制区域和右边的帧控制区域，如图1-39所示。

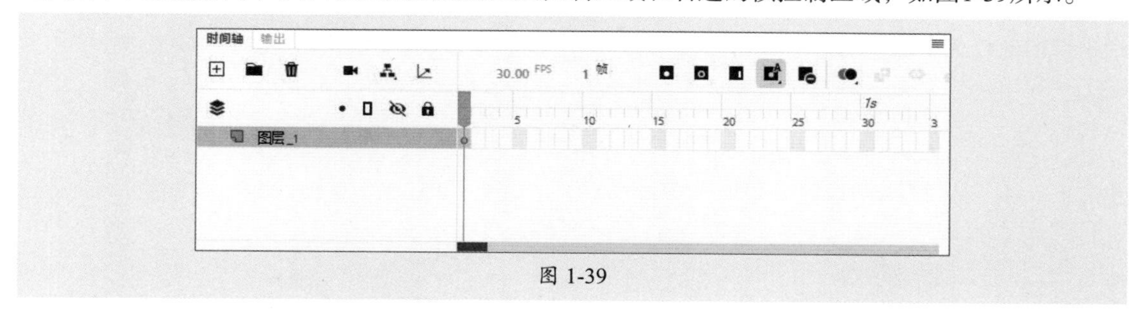

图 1-39

这两个区域的作用如下。

- **图层控制区域：** 用于设置整个动画的“空间”顺序，包括图层的隐藏、锁定、插入、删除等。在时间轴中，图层就像堆叠在一起的多张幻灯片，每个图层都包含一个显示在舞台中的不同图像。
- **帧控制区域：** 用于设置各图层中各帧的播放顺序，帧控制区由若干帧单元格构成，每一格代表一帧，一帧又包含着若干内容，即所要显示的图片及动作。将这些图片连续播放，就能观看到一个动画。

5. 其他常用面板

Animate窗口右侧分布着“属性”面板、“资源”面板等常见面板，如图1-40所示。通过这些面板，用户可以快速精准地制作或编辑动画。若在右侧的面板组中没有找到需要的面板，可以执行“窗口”命令，在其菜单中执行命令打开相应的面板。图1-41所示为“窗口”菜单中的命令。

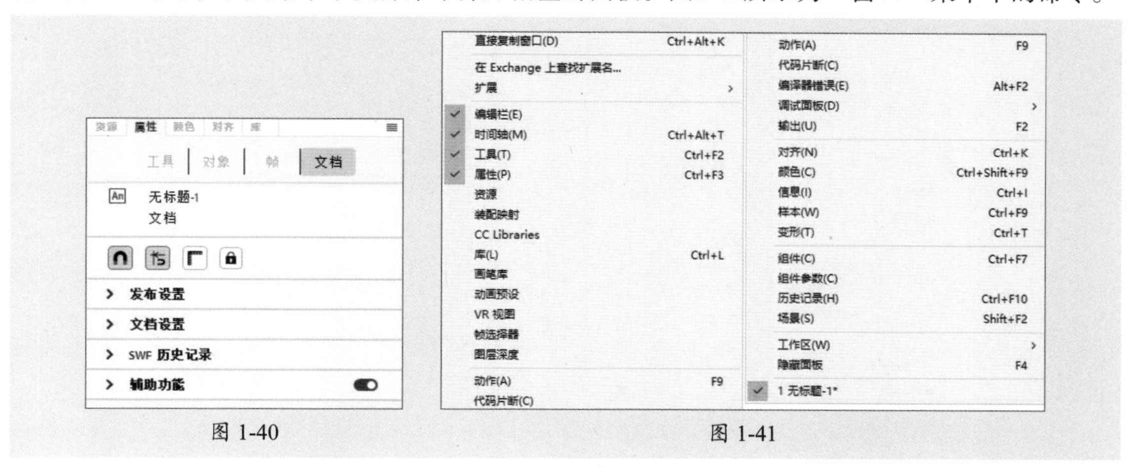

图 1-40　　图 1-41

注意，选取不同的对象或工具，“属性”面板中显示的内容也会有所不同。根据自身制作需要进行设置即可。

1.4.4 必会的基本操作

使用Animate制作动画的第一步是创建文档，用户可以在文档中完成绘制图形、导入素材、制作动画等操作。下面对此进行介绍。

1. 新建空白文档

启动Animate软件后，单击主页中的“新建”按钮或执行“文件”|“新建”命令，将打开“新建文档”对话框，如图1-42所示。从中可以设置文档的尺寸、单位、帧频等参数，也可以选择预设的文档，单击“创建”按钮进行创建，图1-43所示为创建的空白文档。

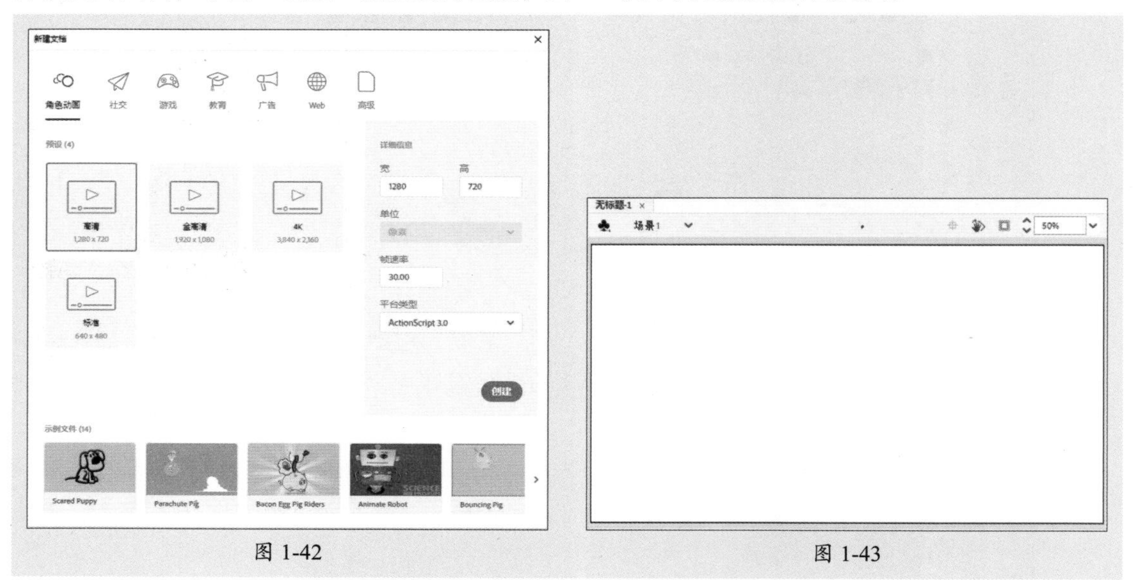

图 1-42　　图 1-43

2. 设置文档属性

新建文档后，在“属性”面板中可以设置文档的尺寸、颜色、帧频等参数，如图1-44所示。单击“属性”面板“文档设置”属性组中的“更多设置”按钮，可以打开“文档设置”对话框进行更全面的设置，如图1-45所示。

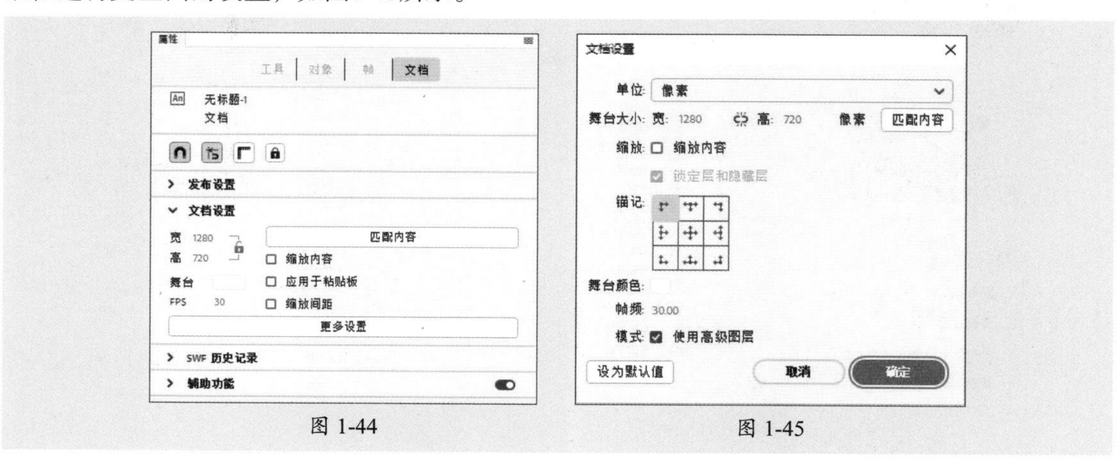

图 1-44　　图 1-45

用户也可以执行“修改”|“文档”命令或按Ctrl+J组合键，打开“文档设置”对话框进行设置。

3. 导入外部素材

外部素材的导入可以使动画的制作更加便捷，用户可以将素材导入到库或舞台进行应用，下面对此进行介绍。

（1）导入到库

执行“文件”|“导入”|“导入到库”命令，打开“导入到库”对话框，如图1-46所示。选择要导入的素材，单击“打开”按钮将素材导入到“库”面板中，如图1-47所示。使用时将素材从“库”面板中拖曳至舞台中即可，如图1-48所示。

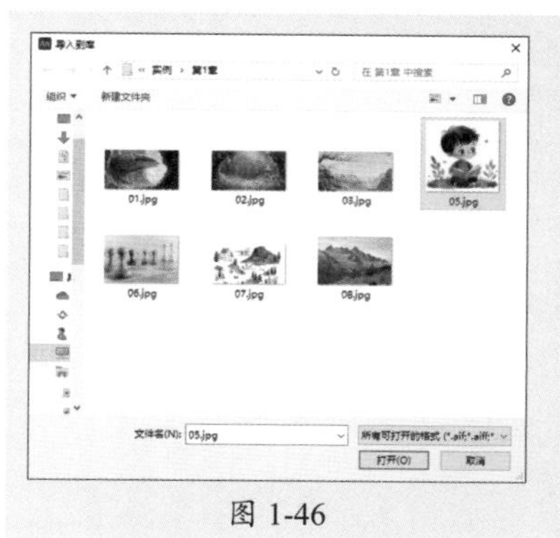

图 1-46

图 1-47

图 1-48

（2）导入到舞台

执行“文件”|“导入”|“导入到舞台”命令，或按Ctrl+R组合键，打开“导入”对话框，选择要导入的素材，单击“打开”按钮将素材对象导入到舞台中，如图1-49所示。

对导入的位图素材，用户可以将其作为参考图，也可以执行“修改”|“位图”|“转换位图为矢量图”命令。打开“转换位图为矢量图”对话框，从中设置参数后，单击“确定”按钮，将位图转换为矢量图进行编辑应用，如图1-50、图1-51所示。

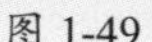
图 1-49

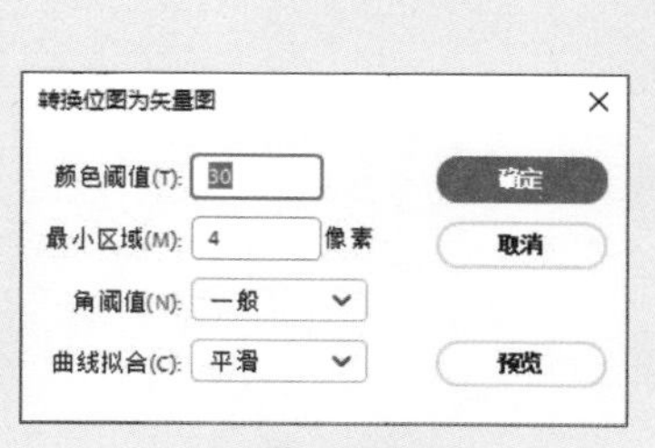

图 1-50

图 1-51

4. 打开已有文档

除了新建文档外，用户还可以选择打开已有的文档进行编辑或者制作。常用的打开文档的方式有以下3种。

- 单击主页中的“打开”按钮，在弹出的“打开”对话框中选择需要打开的文档，如图1-52所示。然后单击“打开”按钮。
- 双击文件夹中的Animate文件将其打开。

● 执行“文件”|“打开”命令或按Ctrl+O组合键，打开“打开”对话框，选择需要打开的文档后单击“打开”按钮。

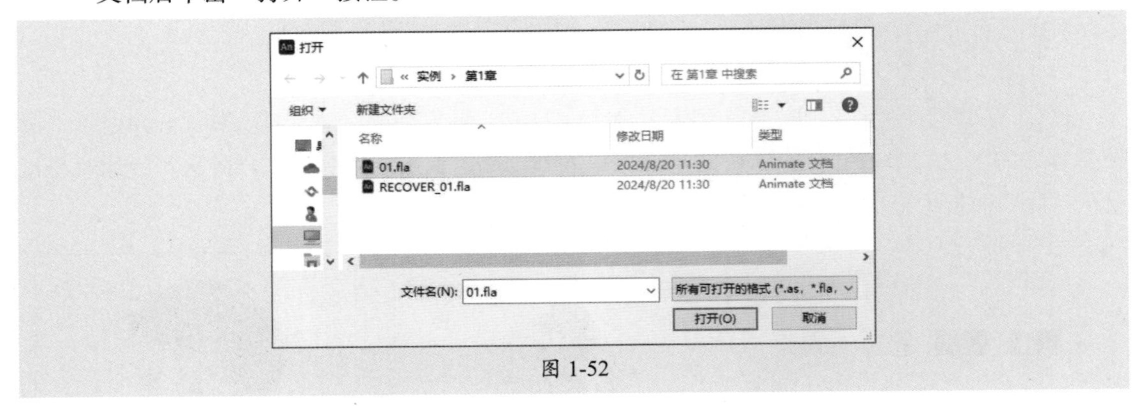

图 1-52

5. 保存新建文档

及时保存文档可以避免误操作造成的损失，也有利于后续的修改编辑。常用的保存文档的方式有以下两种。

● 执行“文件”|“保存”命令或按Ctrl+S组合键来保存文档。

● 执行“文件”|“另存为”命令或按Ctrl+Shift+S组合键，打开“另存为”对话框，如图1-53所示。从中设置参数后单击“保存”按钮保存文档。

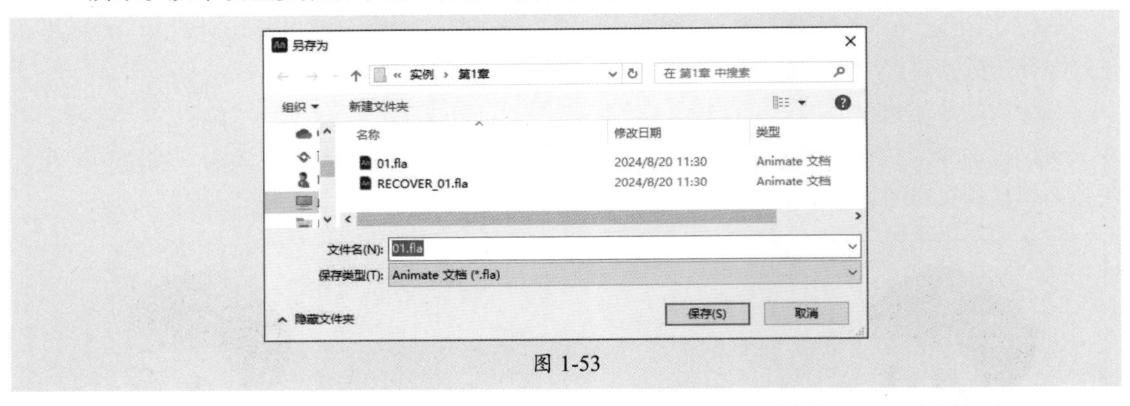

图 1-53

提示 初次保存文档时，无论执行“保存”命令还是“另存为”命令，都将打开“另存为”对话框，在其中可设置文档名称、位置等参数。

第2章

矢量绘图：图形的绘制与编辑

本章概述

在动画制作中，图形的绘制与编辑是影响视觉效果和流畅性的关键环节。高质量的矢量图形不仅能够提升作品的美观度，还能确保动画的流畅度与表现力。本章对图形绘制与编辑进行介绍，包括辅助绘图工具、基本绘图工具、颜色填充工具、选择对象工具、编辑图形工具，以及修饰图形对象的操作。

要点难点

- 基本绘图工具
- 颜色填充工具
- 选择对象工具
- 图形对象的编辑
- 图形对象的修饰

2.1 辅助绘图工具

辅助绘图工具不具备绘图的功能，也不会被导出，但是可以帮助设计师更加精确地布局和对齐图形。下面对辅助绘图工具进行介绍。

2.1.1 标尺

标尺的主要作用是测量和定位，可以帮助用户精确地放置对象，一般与辅助线同时使用。执行“视图”|“标尺”命令，或按Ctrl+Alt+Shift+R组合键，可打开标尺，如图2-1所示。再次执行“视图”|“标尺”命令，或按Ctrl+Alt+Shift+R组合键，可隐藏标尺，如图2-2所示。

图 2-1

图 2-2

提示 标尺的度量单位为像素，默认与文档一致，用户可以通过更改文档的单位调整标尺的单位。

2.1.2 网格

网格可以帮助用户更加有条理地组织和编排视觉元素，保证设计的整齐度和一致性。执行“视图”|“网格”|“显示网格”命令，或按Ctrl+’组合键，可显示网格，如图2-3所示。再次执行该命令，将隐藏网格。

执行“视图”|“网格”|“编辑网格”命令，或按Ctrl+Alt+G组合键，可以打开“网格”对话框，如图2-4所示。从中可以对网格的颜色、间距和对齐精确度等选项进行设置，以满足不同用户的需求。图2-5所示为调整后的效果。

图 2-3

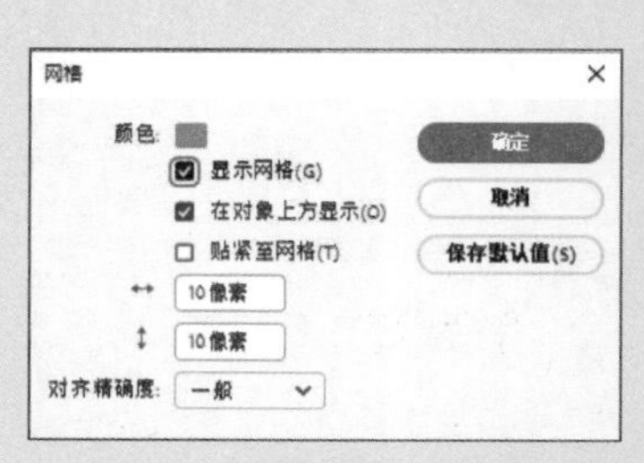

图 2-4

图 2-5

2.1.3 辅助线

辅助线是用户自定义的线条，主要用于定位和布局视觉元素，多与标尺同时使用。显示标尺后，在水平标尺或垂直标尺上按住鼠标向舞台拖动，将添加辅助线，如图2-6所示。执行“视图”|“辅助线”|“显示辅助线”命令，或按Ctrl+；组合键，可以切换辅助线的显示或隐藏。

执行“视图”|“辅助线”|“编辑辅助线”命令，可打开“辅助线”对话框，如图2-7所示。从中可以编辑修改辅助线，如调整辅助线颜色、锁定辅助线、贴紧至辅助线等。图2-8所示为修改后的效果。

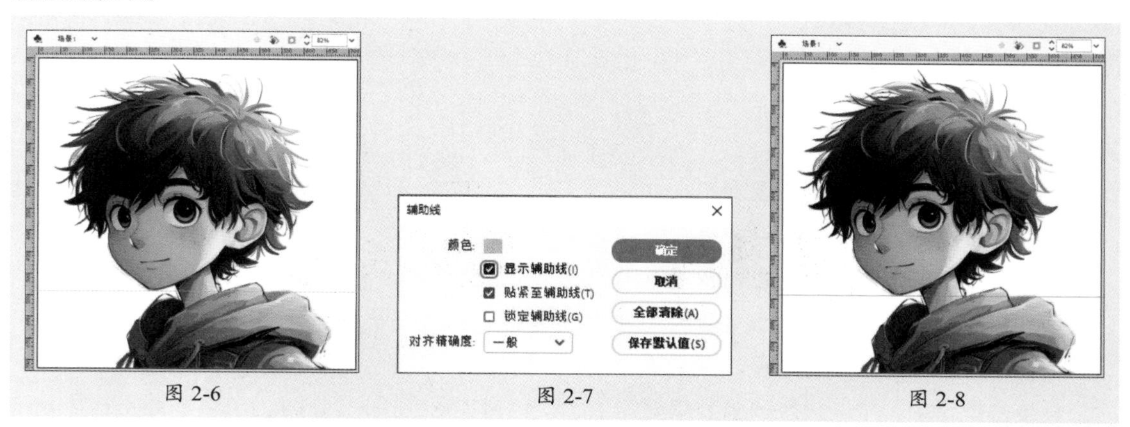

图 2-6　　图 2-7　　图 2-8

若想删除单条辅助线，可以选中辅助线后将其拖曳至标尺上删除。若想删除当前场景中的所有辅助线，可以执行“视图”|“辅助线”|“清除辅助线”命令。

2.2 基本绘图工具

Animate中提供了线条工具、铅笔工具、矩形工具、钢笔工具等基本绘图工具，以满足不同图形的绘制需要。下面对基本绘图工具进行介绍。

2.2.1 线条工具

“线条工具”可以绘制多种样式的直线段，如图2-9所示。选择“工具”面板中的“线条工具”，在“属性”面板中设置线条的样式、粗细程度和颜色等属性，如图2-10所示。在舞台中按住鼠标拖曳，达到需要的长度和斜度后释放鼠标即可，如图2-11所示。

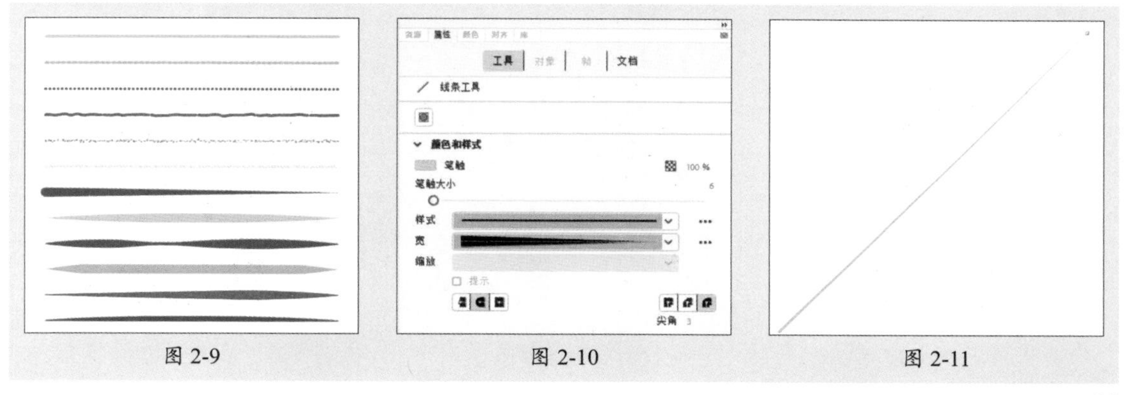

图 2-9　　图 2-10　　图 2-11

绘制后，若对效果不满意，可以选中线条后在“属性”面板中进行调整。线条工具“属性”面板中部分常用选项如下。

- **笔触**：用于设置所绘线段的颜色。用户可以通过设置“笔触Alpha” 100 %调整笔触颜色的不透明度。
- **笔触大小**：用于设置线条的粗细。
- **样式**：用于设置线条的样式，包括实线、虚线、点状线等。单击“样式”下拉列表框右侧的“样式选项”按钮，在弹出的菜单中执行“编辑笔触样式”命令，将打开“笔触样式”对话框，以设置线条的类型等属性，如图2-12所示。

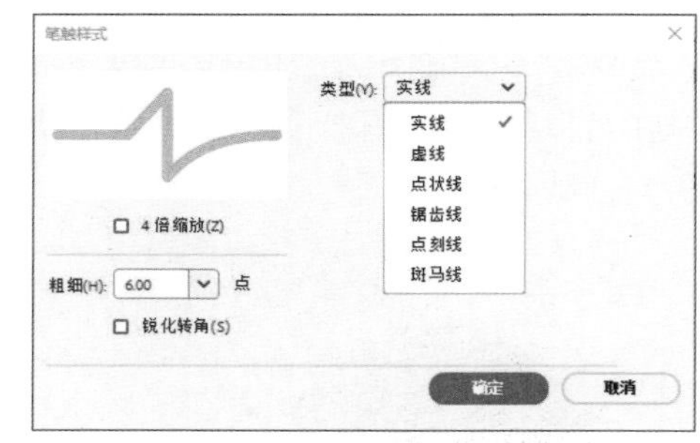

图 2-12

- **宽**：用于选择预设的宽度配置文件。
- **缩放**：用于设置在播放器中笔触缩放的类型。
- **提示**：勾选该复选框，可以将笔触锚记点保持为全像素，防止出现模糊线。
- **端点按钮组**：用于设置线条端点的形状，包括平头端点、圆头端点和矩形端点三种。图2-13所示为三种端点的效果。
- **接合按钮组**：用于设置线条连接处的形状，包括尖角连接、斜角连接和圆角连接三种。图2-14所示为三种接合的效果。

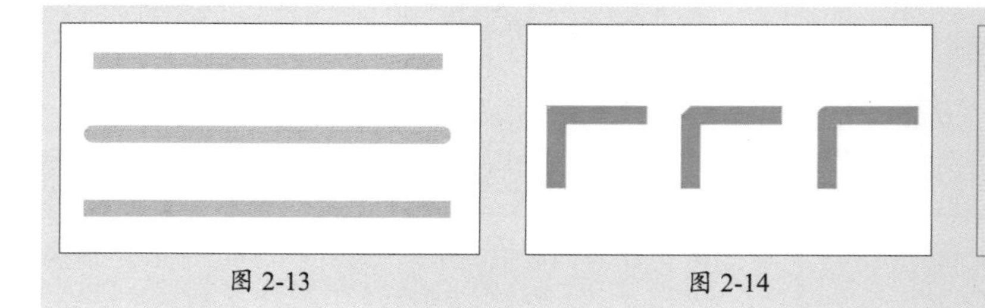

图 2-13　　图 2-14

提示 在绘制直线时，按住Shift键可以绘制水平线、垂直线和45°斜线；按住Alt键，则可以起始点为中心向两侧绘制直线。

2.2.2 铅笔工具

“铅笔工具”可以自由地绘制和编辑线段。选择“工具”面板中的“铅笔工具”，在舞台上按住鼠标拖曳绘制线条，如图2-15所示。在“工具”面板下方的选项区域中，或“属性”面板中，可以设置铅笔模式为伸直、平滑或墨水，如图2-16、图2-17所示。

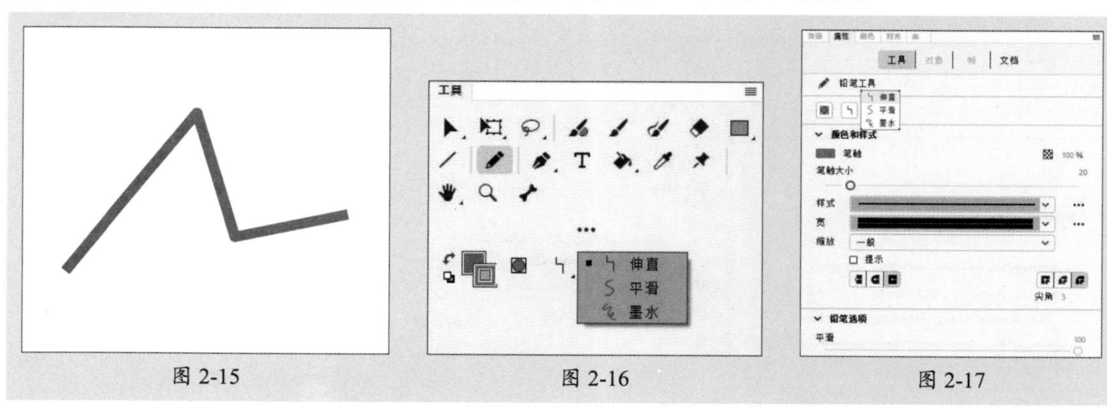

图 2-15　　图 2-16　　图 2-17

三种铅笔模式如下。

- **伸直**：选择该绘图模式，当绘制出近似的正方形、圆形、直线或曲线等图形时，Animate将根据它的判断调整成规则的几何形状，如图2-18、图2-19所示。
- **平滑**：用于绘制平滑曲线，如图2-20所示。该模式下会自动修正笔触中的抖动，使线条更加平滑。用户可以在“属性”面板中设置平滑的程度。
- **墨水**：用于随意地绘制各类线条，该模式不对笔触进行任何修改。

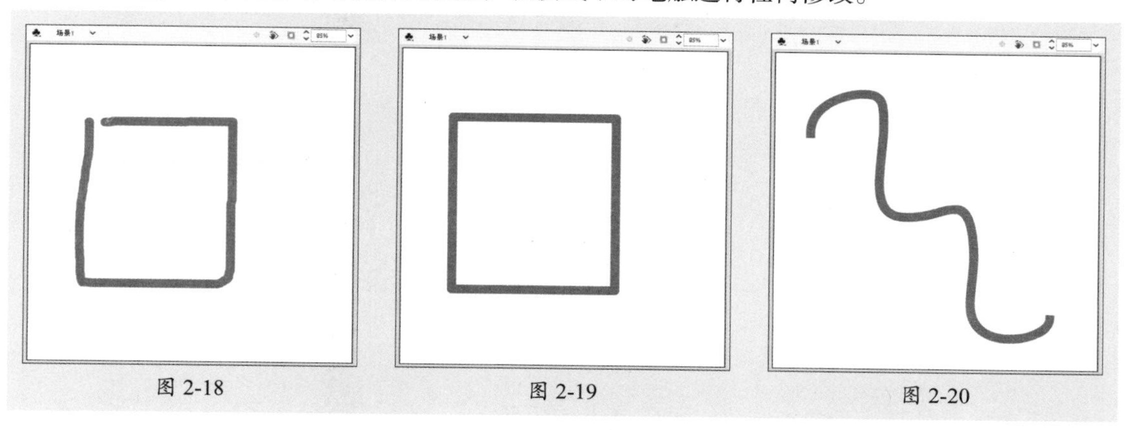

图 2-18　　图 2-19　　图 2-20

2.2.3　矩形工具与椭圆工具

矩形和椭圆是常见的图形元素，Animate提供了多种工具绘制这两种形状。下面对此进行介绍。

1. 矩形工具

“矩形工具”可用于绘制矩形和正方形。选择“矩形工具”或按R键切换至矩形工具，在“属性”面板中设置矩形属性，如图2-21所示。在舞台中按住鼠标拖曳，到达目标位置后释放鼠标将绘制矩形，如图2-22所示；按住Shift键将绘制正方形，如图2-23所示。

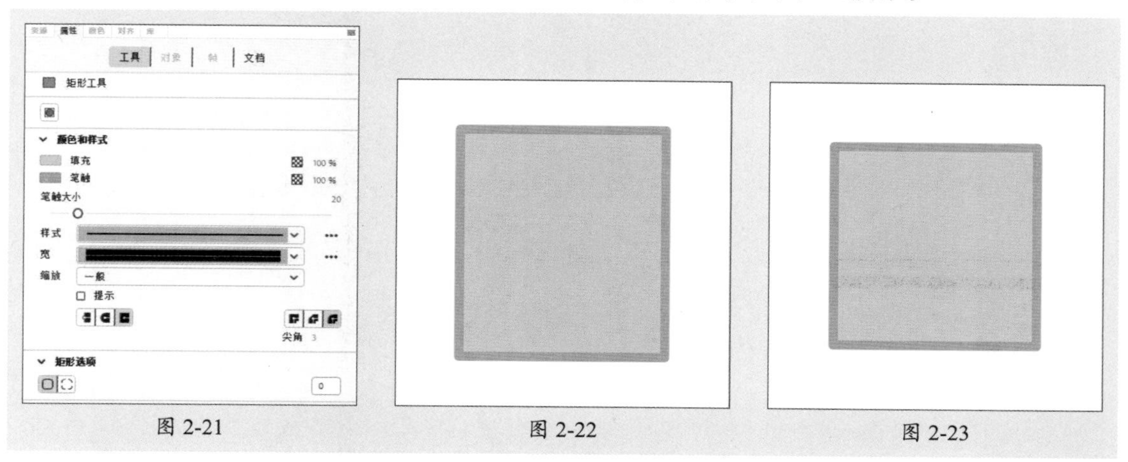

图 2-21　　图 2-22　　图 2-23

2. 基本矩形工具

“基本矩形工具”类似于矩形工具，但是会将形状绘制为独立的对象。长按“工具”面板中的矩形工具，在弹出的菜单中选择“基本矩形工具”，在舞台中按住鼠标拖曳将绘制基本矩形，如图2-24所示。此工具绘制的矩形有四个节点，用户可以直接拖动节点，或在“属性”面板的“矩形选项”选项卡中设置参数，设置圆角效果，如图2-25、图2-26所示。

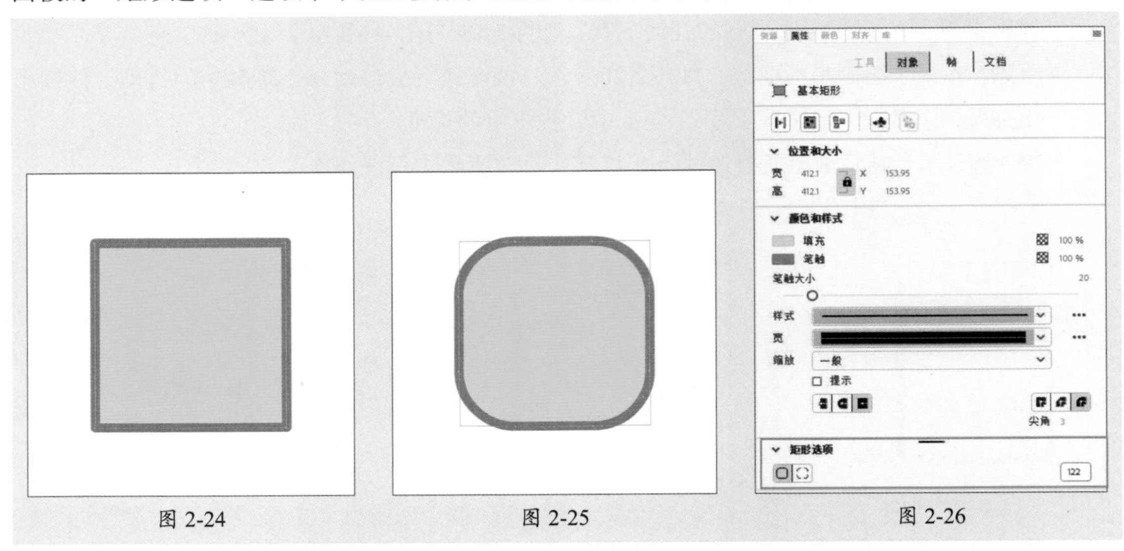

图 2-24　　图 2-25　　图 2-26

若想单独设置某一个角的圆角，可以单击“矩形选项”选项卡中的“单个矩形边角半径”按钮进行设置，如图2-27所示。

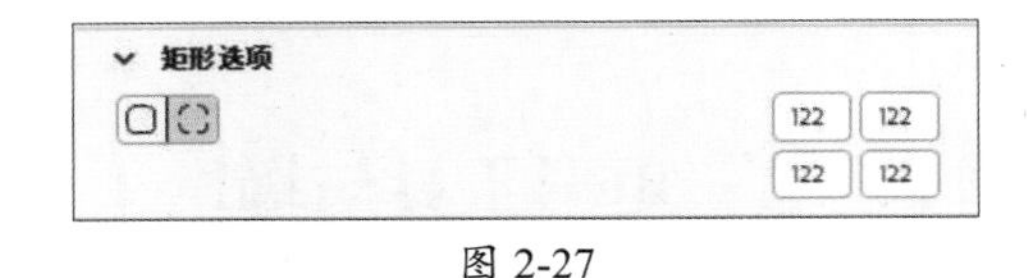

图 2-27

提示 使用基本矩形工具绘制基本矩形时，按↑键和↓键可以改变圆角的半径。

3. 椭圆工具

“椭圆工具”可用于绘制椭圆和圆形。选择“工具”面板中的“椭圆工具”，或按O键切换至椭圆工具，在“属性”面板中设置参数，如图2-28所示。在舞台中按住鼠标拖曳，到达合适位置后释放鼠标将绘制椭圆，如图2-29所示；按住Shift键拖曳将绘制正圆，如图2-30所示。

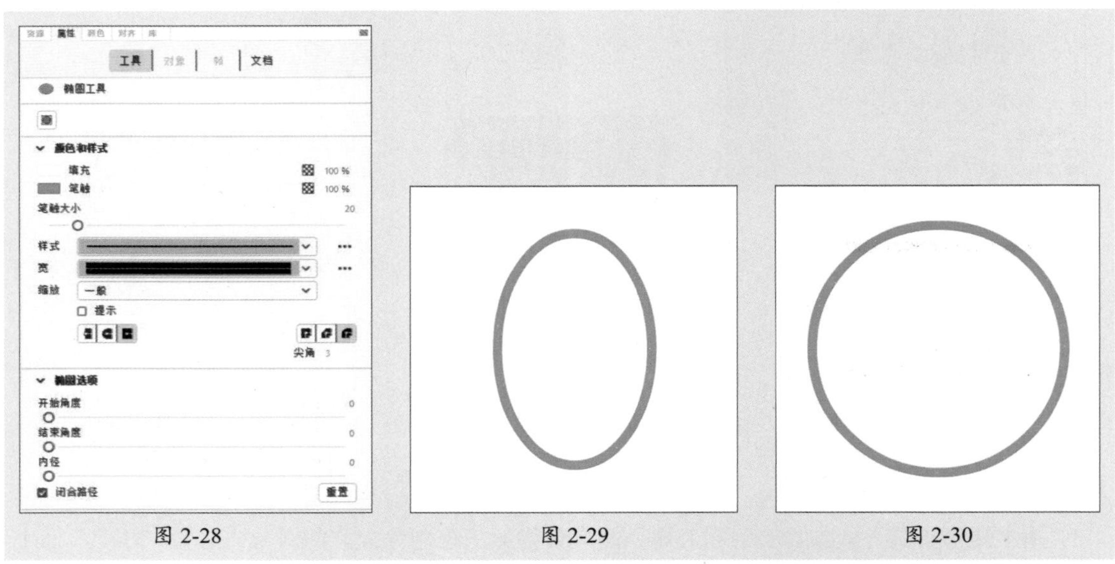

图 2-28　　图 2-29　　图 2-30

椭圆工具“属性”面板“椭圆选项”选项卡中各选项如下。

- **开始角度/结束角度：** 用于设置开始时的角度/结束时的角度，可用于绘制扇形及其他有创意的图形。
- **内径：** 取值范围为0～99。为0时绘制的是填充的椭圆；为99时绘制的是只有轮廓的椭圆；为中间值时，绘制的是内径不同大小的圆环。
- **闭合路径：** 用于确定图形的闭合与否。
- **重置：** 单击该按钮将重置椭圆工具的所有控件为默认值。

4. 基本椭圆工具

长按“工具”面板中的“矩形工具”▢，在弹出的菜单中选择“基本椭圆工具”◎，在舞台中按住鼠标拖曳将绘制基本椭圆。若按住Shift键拖曳，释放鼠标后将绘制正圆，如图2-31所示。使用此工具绘制的图形具有节点，用户可以直接拖动节点，或在“属性”面板的“椭圆选项”选项卡中设置参数，如图2-32所示。制作的扇形图案如图2-33所示。

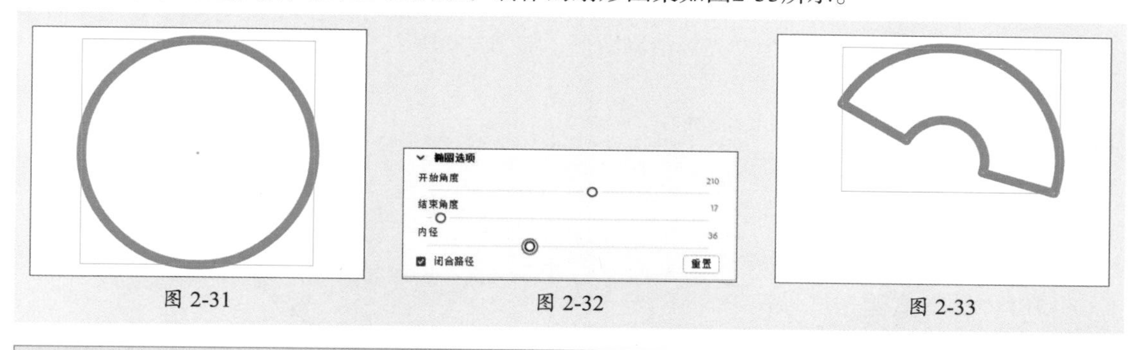

图 2-31　　图 2-32　　图 2-33

提示 基本矩形工具和基本椭圆工具绘制的对象可通过分离命令（Ctrl+B组合键）分离成普通矩形和椭圆。

2.2.4　多角星形工具

“多角星形工具”⬡可用于绘制多边形或多角星。选中“工具”面板中的多角星形工具，在“属性”面板中可以设置多角星形的参数，如图2-34所示。设置后在舞台中按住鼠标拖曳将绘制多边形或星形，如图2-35、图2-36所示。

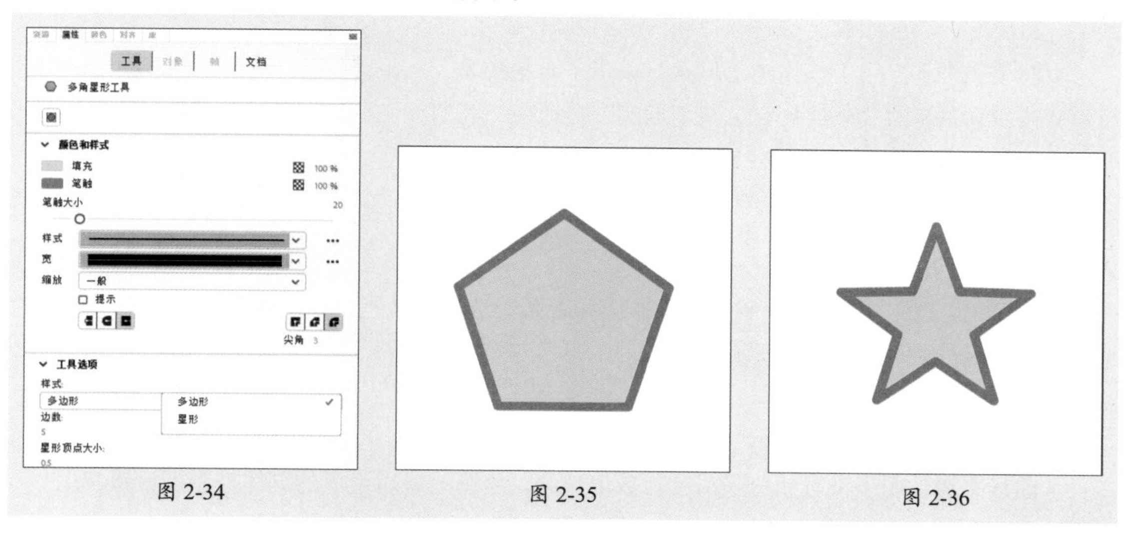

图 2-34　　图 2-35　　图 2-36

多角星形工具“属性”面板“工具选项”选项卡中各选项如下。

- **样式：**用于选择绘制星形或多边形。
- **边数：**用于设置形状的边数。
- **星形顶点大小：**用于改变星形形状。星形顶点大小只针对星形样式，输入的数字越接近0，创建的顶点就越深。若是绘制多边形，则一般保持默认设置。

2.2.5 画笔工具

Animate中包括三种画笔工具：“传统画笔工具”、“流畅画笔工具”和“画笔工具”。下面对三种画笔工具进行介绍。

1. 传统画笔工具

“传统画笔工具”是最基本的画笔工具，可以模拟真实的画笔效果。选中“工具”面板中的“传统画笔工具”，或按B键切换至传统画笔工具，在“属性”面板中设置参数，如图2-37所示。设置完成后，在舞台中拖动光标绘制图形，如图2-38所示。

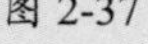

图 2-37

图 2-38

传统画笔工具“属性”面板中部分选项如下。

- **画笔模式：**用于设置画笔模式，包括标准绘画、颜料填充、后面绘画、颜料选择和内部绘画5种模式。
- **画笔类型：**用于选择画笔形状。单击“画笔类型”按钮右侧的“添加自定义画笔形状”按钮，将打开“笔尖选项”对话框，如图2-39所示。从中设置参数后单击“确定”按钮，即可按照设置添加画笔形状。

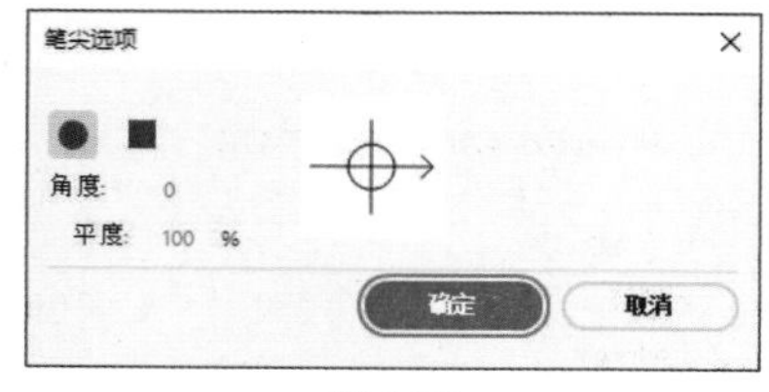

图 2-39

2. 流畅画笔工具

“流畅画笔工具”可以绘制平滑的曲线和线条。选择该画笔，在“属性”面板中可以设置选项配置线条样式，如图2-40所示。

流畅画笔工具部分选项如下。

- **稳定器：**用于避免绘制笔触时出现轻微的波动和变化。
- **曲线平滑：**用于设置曲线平滑度。数值越高，绘制笔触后生成的总体控制点数量越少。

- **圆度：** 用于设置画笔圆度。设置“圆度”为5和100时绘制的不同效果如图2-41、图2-42所示。
- **速度：** 用于设置线条的绘制速度，从而确定笔触的外观。
- **压力：** 用于设置画笔的压力，以调整笔触。

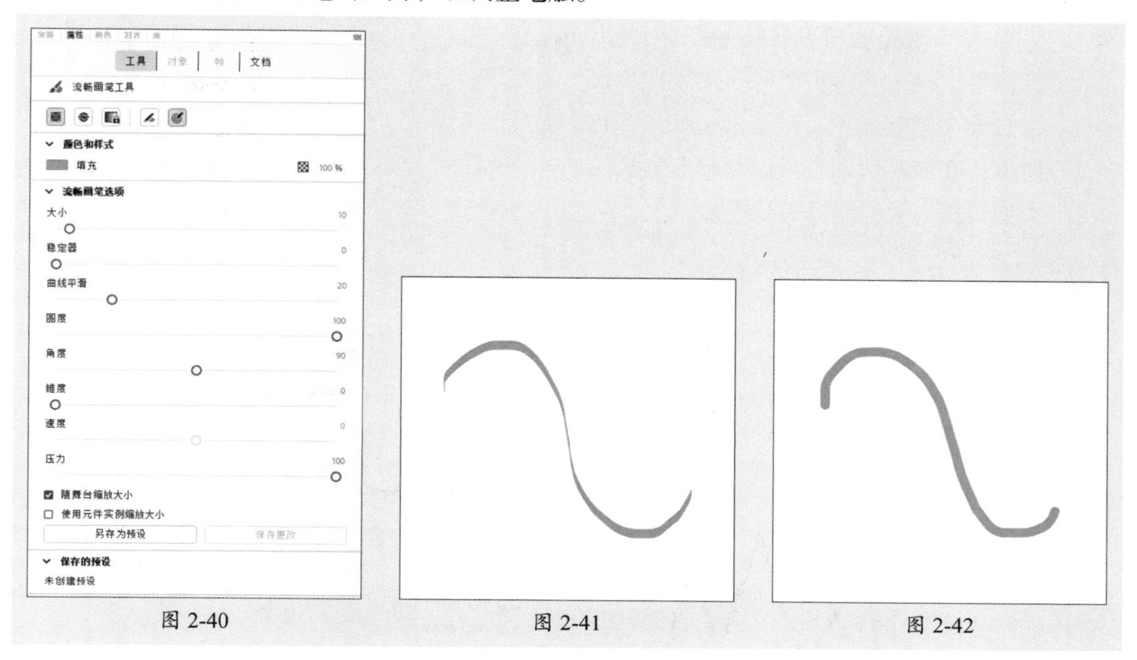

图 2-40　　图 2-41　　图 2-42

3. 画笔工具

“画笔工具”类似于Illustrator软件中常用的艺术画笔和图案画笔，可以绘制出风格化的效果。图2-43所示为画笔工具的“属性”面板。从中设置参数后，在舞台中按住鼠标拖曳绘制图案，效果如图2-44、图2-45所示。

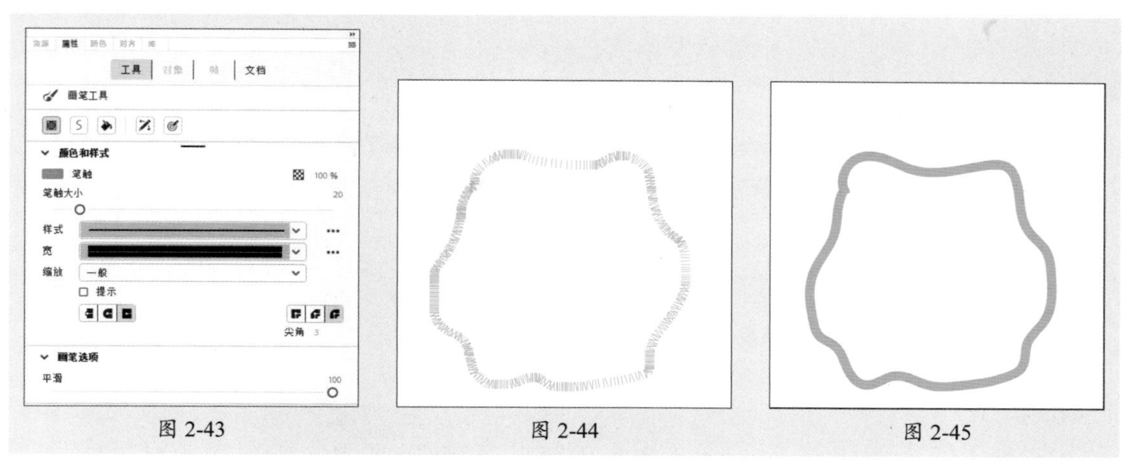

图 2-43　　图 2-44　　图 2-45

画笔工具“属性”面板部分选项如下。

- **对象绘制：** 用于设置是否采用对象绘制模式。采用对象绘制模式时，绘制对象是在叠加时不会自动合并在一起的单独的图形对象；若不采用对象绘制模式，则默认绘制模式重叠绘制的形状时，自动进行合并。
- **样式选项：** 单击该按钮，在弹出的菜单中执行“画笔库”命令，可打开“画笔库”对话框，如图2-46所示。在该对话框中选择合适的画笔双击，可将其添加至选中的对象，如图2-47所示。选中画笔笔触后单击“样式选项”按钮，在弹出的菜单中执行“编辑笔触样式”命令，可打开“画笔选项”对话框，如图2-48所示。在该对话框中可以对画笔笔触的类型、压力敏感度等进行设置。

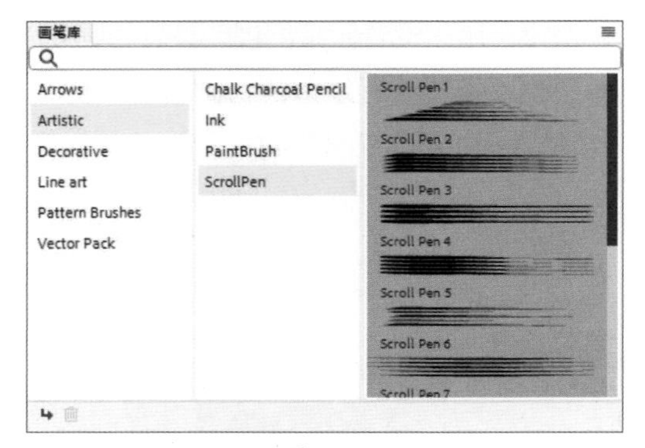

图 2-46

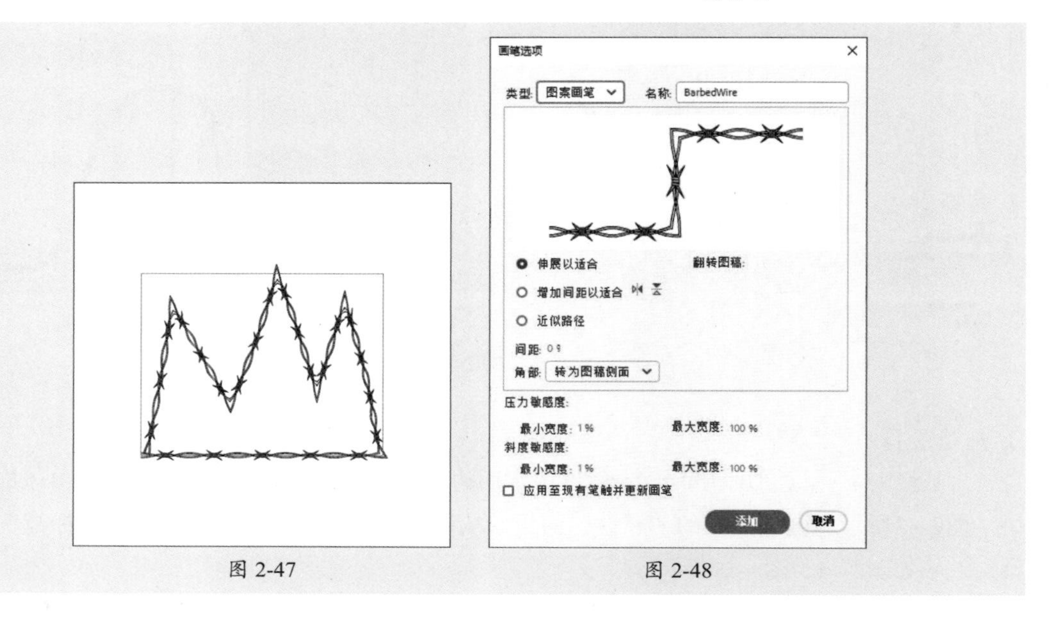

图 2-47　　图 2-48

2.2.6　钢笔工具

“钢笔工具”可以精确地控制绘制的图形，并很好地控制节点、节点的方向等，是非常常用的一种工具。选中“工具”面板中的钢笔工具或按P键可切换至钢笔工具。下面对钢笔工具进行介绍。

提示 长按钢笔工具，在弹出的工具组中还包括“添加锚点工具”、“删除锚点工具”和“转换锚点工具”三种工具，这三种工具主要是作为辅助工具帮助绘图。

1. 绘制直线

选择钢笔工具后每单击一次就会产生一个锚点，且该锚点同前一个锚点自动用直线连接。在绘制时若按住Shift键，则将线段约束为45° 的倍数。图2-49所示为使用钢笔工具绘制的纸飞机形状。

2. 绘制曲线

绘制曲线是钢笔工具最强的功能。添加新的线段时，在某一位置按住鼠标拖曳，则新的锚点与前一锚点用曲线相连，并且会显示控制曲率的切线控制点，如图2-50所示。

双击最后一个绘制的锚点，可以结束开放曲线的绘制，也可以按住Ctrl键单击舞台中的任意位置结束绘制；要结束闭合曲线的绘制，可以移动光标至起始锚点位置，当光标变为状，在该位置单击，将闭合曲线并结束绘制操作，如图2-51所示。

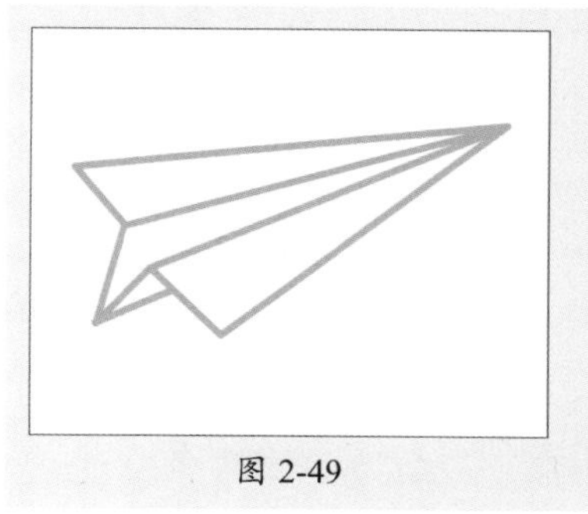
图 2-49

图 2-50

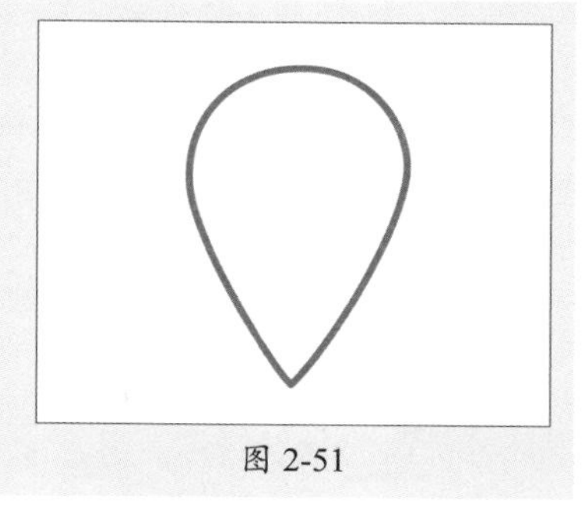
图 2-51

3. 转换锚点

若要将转角点转换为曲线点，可以使用“部分选取工具”选择该点，然后按住Alt键拖动该点调整切线手柄；若要将曲线点转换为转角点，使用钢笔工具单击该点即可。

用户也可以直接使用“转换锚点工具”转换曲线上的锚点类型。当光标变为状，将光标移至曲线需操作的锚点，单击，可将曲线点转换为转角点，如图2-52、图2-53所示。选中转角点按住鼠标拖曳，可将转角点转换为曲线点。

4. 添加锚点

使用钢笔工具组中的“添加锚点工具”，可以在曲线上添加锚点，绘制出更加复杂的曲线。在钢笔工具组中选中“添加锚点工具”，移动笔尖对准要添加锚点的位置，待光标变为状，单击，将添加锚点，如图2-54所示。

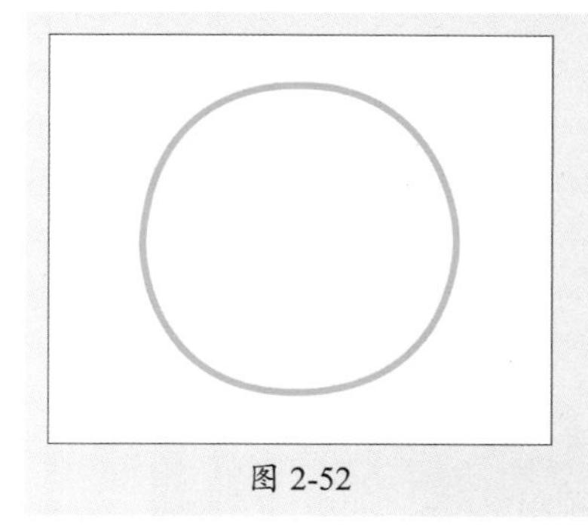
图 2-52

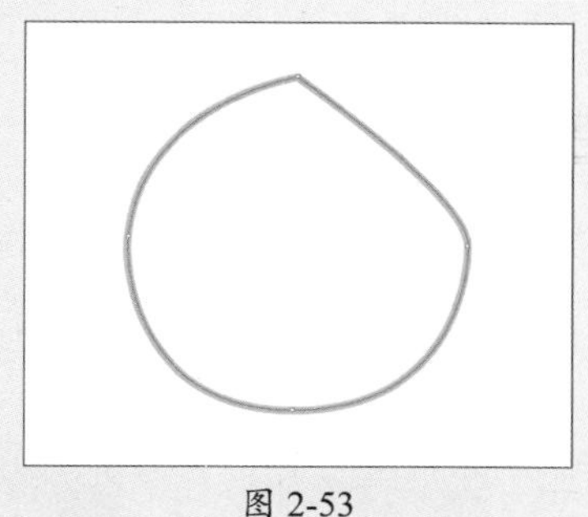
图 2-53

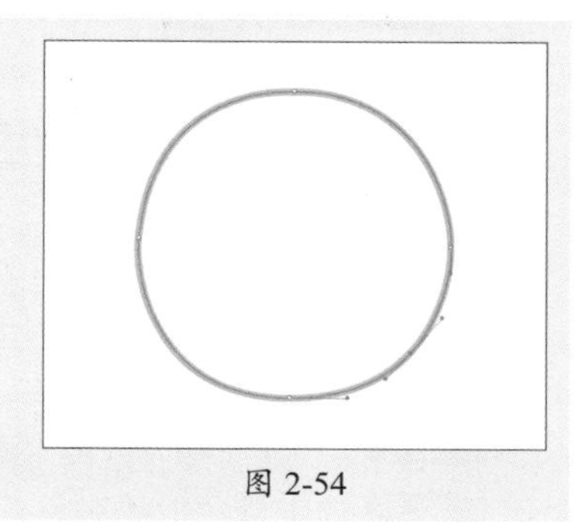
图 2-54

5. 删除锚点

删除锚点与添加锚点正好相反。选择“删除锚点工具”，将笔尖对准要删除的锚点，待光标变为状，单击，将删除锚点。

动手练 绘制锥形烧杯

案例素材：本书实例/第2章/动手练/绘制锥形烧杯

本案例以锥形烧杯的绘制为例，介绍基本绘图工具绘图的方法。具体操作过程如下。

步骤 01 打开Animate软件，单击主页的“新文件”按钮，打开“新建文档”对话框，从中设置参数，如图2-55所示。完成后单击“创建”按钮创建文档。

步骤 02 在“属性”面板中设置“舞台”颜色为#F1F1F1，如图2-56所示。效果如图2-57所示。

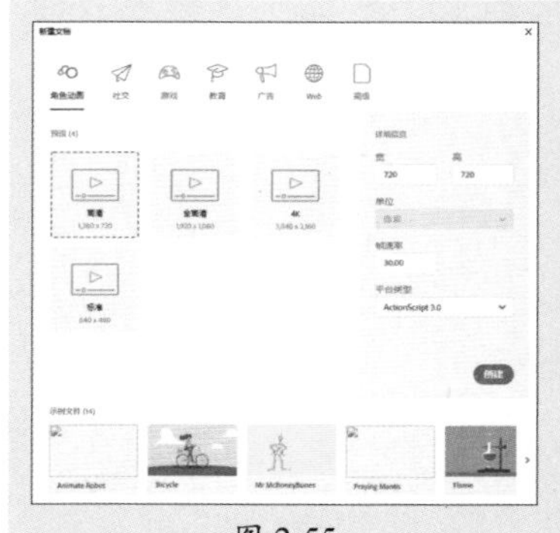

图 2-55

图 2-56

图 2-57

步骤 03 选择钢笔工具，在“属性”面板中设置“笔触”颜色为#0099FF、“笔触大小”为6，如图2-58所示。此处可以使用AIGC工具生成锥形烧杯简笔画，再进行临摹绘制。

步骤 04 在舞台中绘制图形，如图2-59所示。

步骤 05 选中绘制的图形，按住Alt键拖曳复制，如图2-60所示。

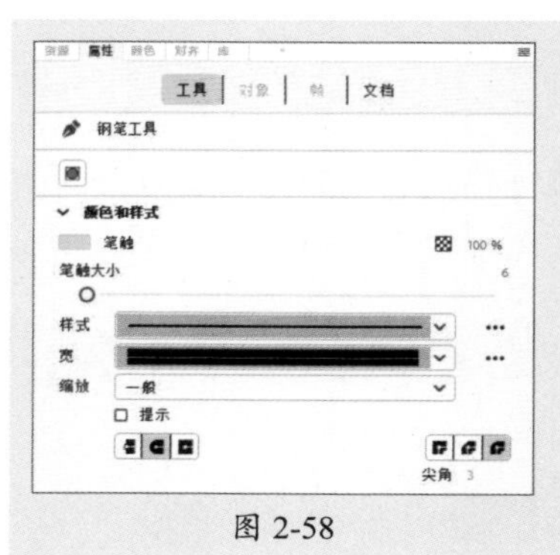

图 2-58

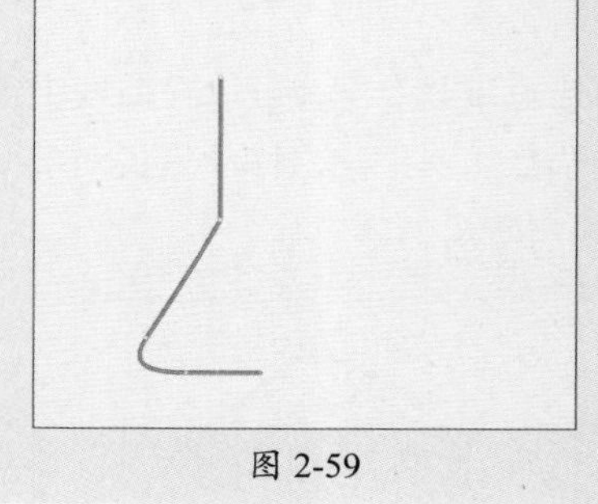

图 2-59

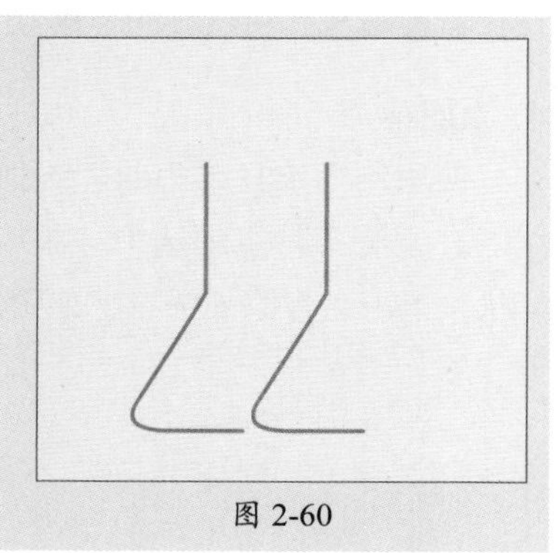

图 2-60

步骤 06 选中复制的图形，右击，在弹出的快捷菜单中执行“变形”|“水平翻转”命令，翻转图形，如图2-61所示。

步骤 07 选中翻转的图形，按住鼠标向左拖曳至与原图形相接，如图2-62所示。

步骤 08 选中舞台中的对象，按Ctrl+Alt+2组合键设置为水平居中对齐，如图2-63所示。

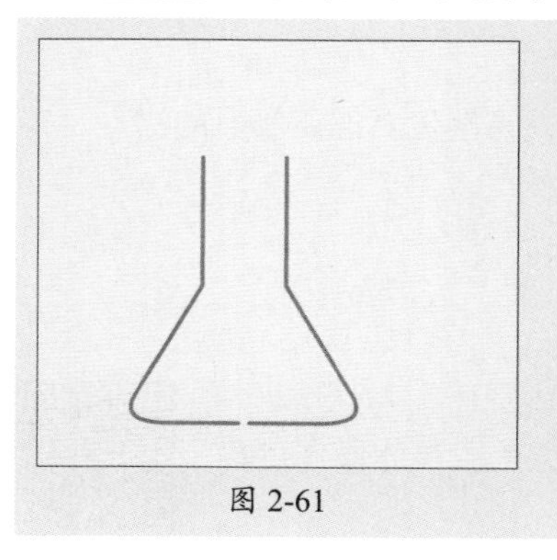

图 2-61

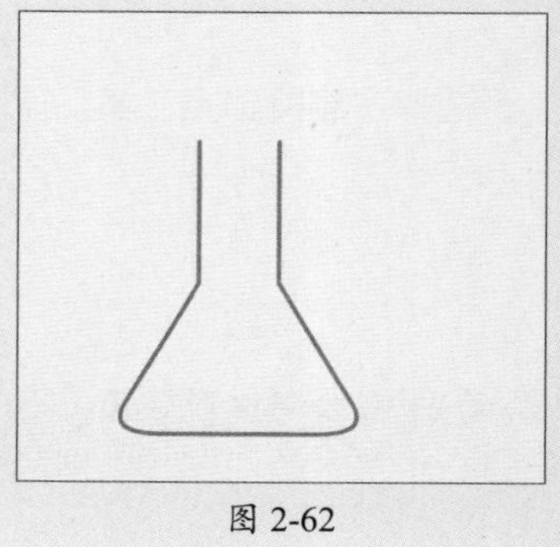

图 2-62

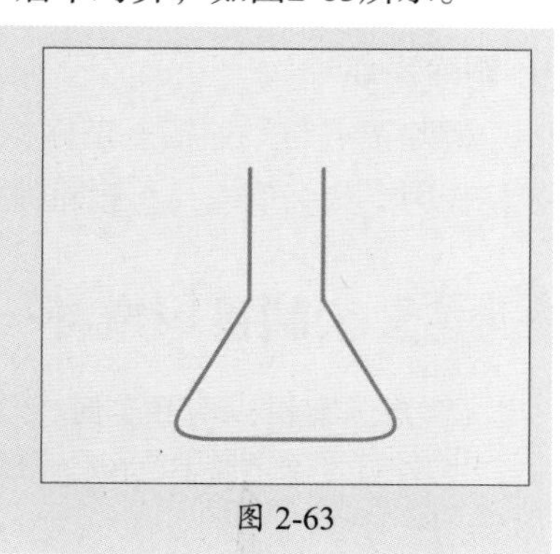

图 2-63

步骤 09 选择线条工具，选择对象绘图模式，在舞台中按住鼠标拖曳绘制线条，如图2-64所示。选择基本矩形工具，在“属性”面板中设置“填充”为无、“笔触大小”为6，如图2-65所示。在舞台中按住鼠标拖曳绘制圆角矩形，调整舞台中图形的位置，如图2-66所示。

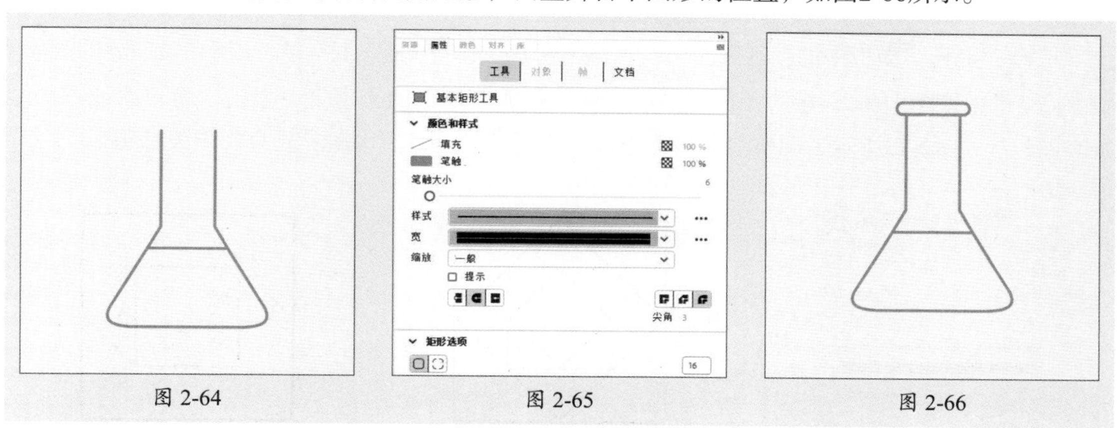

图 2-64　　图 2-65　　图 2-66

至此，完成锥形烧杯的绘制。

2.3 颜色填充工具

颜色填充工具可以为绘制好的图形上色，使之呈现出更加丰富多彩的视觉效果。下面对常用的颜色填充工具进行介绍。

2.3.1 颜料桶工具

“颜料桶工具”主要用于为工作区内有封闭区域的图形填色，包括空白区域或已有颜色的区域。选中颜料桶工具或按K键切换至颜料桶工具，执行“窗口”|“颜色”命令，打开“颜色”面板，设置填充颜色，如图2-67所示。在图形封闭区域单击可为其填充设置的颜色。图2-68、图2-69所示为填充前后对比效果。

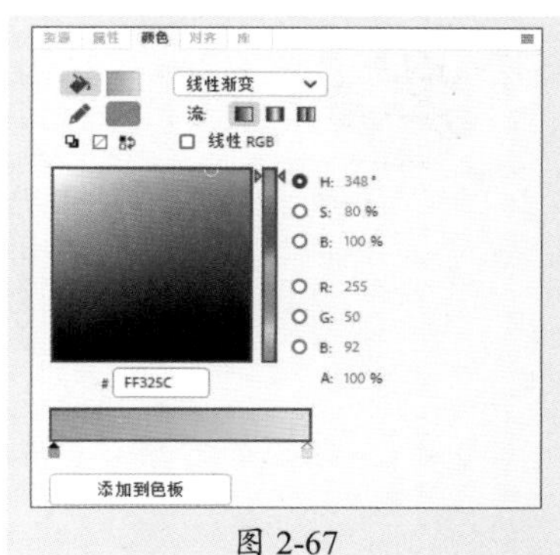

图 2-67

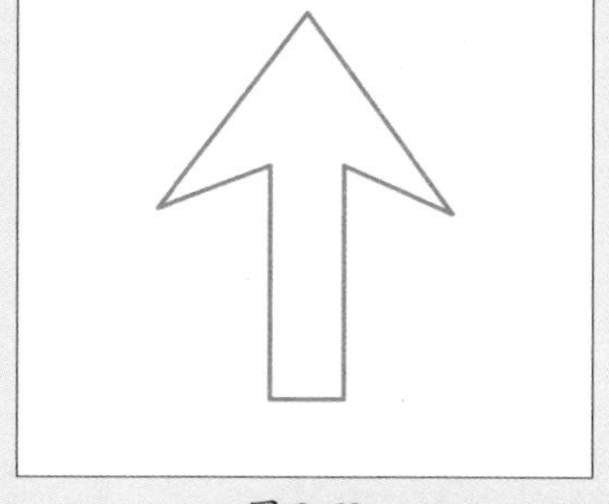
图 2-68

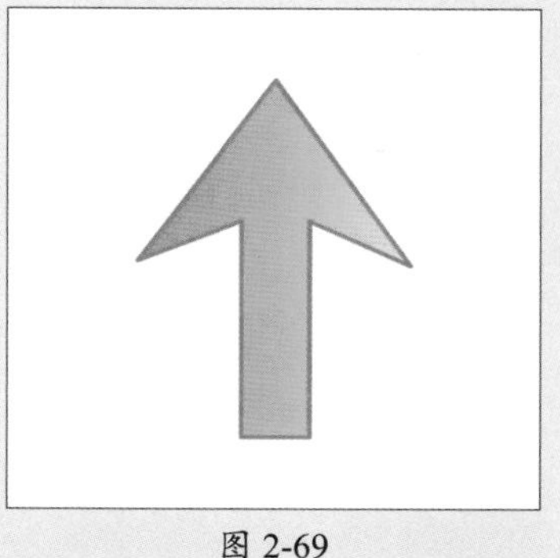
图 2-69

提示 选择“颜料桶工具”，在“工具”面板的选项区域将显示“锁定填充”按钮和“间隙大小”按钮。单击“锁定填充”按钮，当使用渐变填充或者位图填充时，可以将填充区域的颜色变化规律锁定，作为这一填充区域周围的色彩变化规范；单击“间隙大小”按钮，在弹出的菜单中可以设置是否填充具有缺口的区域。

2.3.2 墨水瓶工具

“墨水瓶工具”可以设置当前线条的基本属性，包括调整当前线条的颜色（不包括渐变和位图）、尺寸和线型等，或者为填充色添加描边。

选择“工具”面板中的墨水瓶工具，或按S键切换至墨水瓶工具，在“属性”面板中设置笔触参数，如图2-70所示。移动光标至笔触、填充色或分离后的文字上，单击，将更改或添加笔触。图2-71、图2-72所示为调整前后对比效果。要注意的是，墨水瓶工具只影响矢量图形。

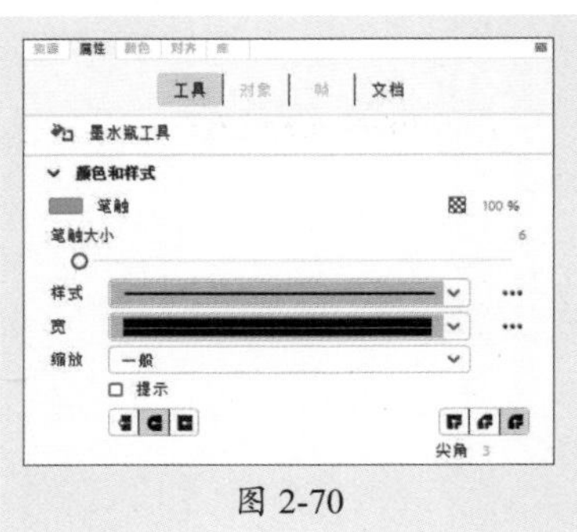

图 2-70

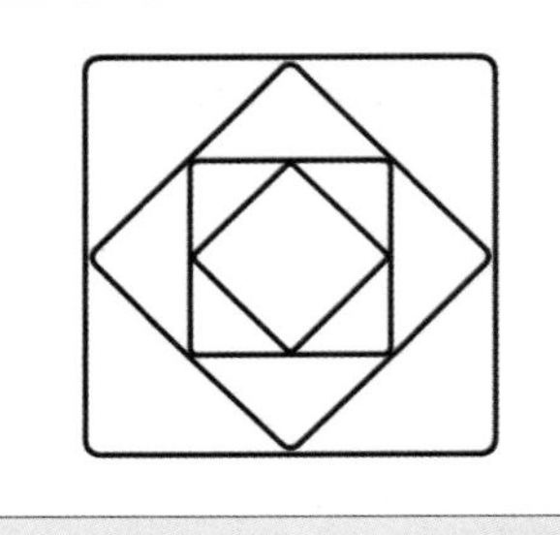

图 2-71

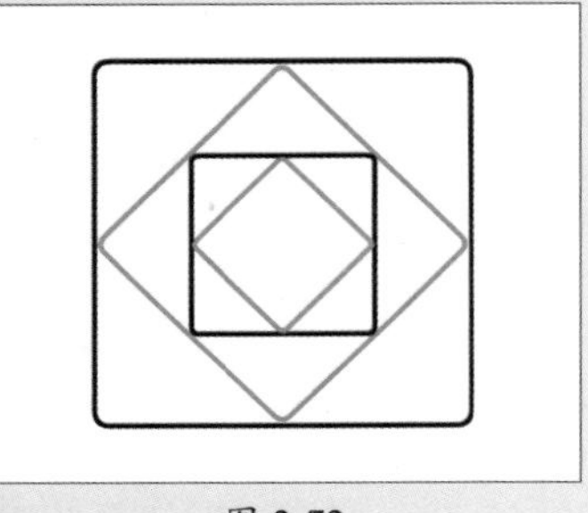

图 2-72

2.3.3 滴管工具

“滴管工具”类似于格式刷，可以从舞台中的对象上拾取属性，并将其应用至其他对象。选择“工具”面板中的滴管工具，或按I键切换至滴管工具。当光标靠近填充色时单击，将获得该填充色的属性，此时光标变为颜料桶，单击另一个填充色，可赋予这个填充色吸取的填充色属性；当光标靠近线条时单击，可获得该线条的属性，此时光标变为墨水瓶，单击另一条线条，可赋予此线条吸取的线条属性。

除了吸取填充或线条属性外，滴管工具还可以将整幅图片作为元素，填充到图形中。选择图像并按Ctrl+B组合键分离，使用滴管工具在分离图像上单击吸取属性，如图2-73所示。选择绘制的图形单击将填充图像，如图2-74所示。使用渐变变形工具可以调整填充效果，如图2-75所示。

图 2-73

图 2-74

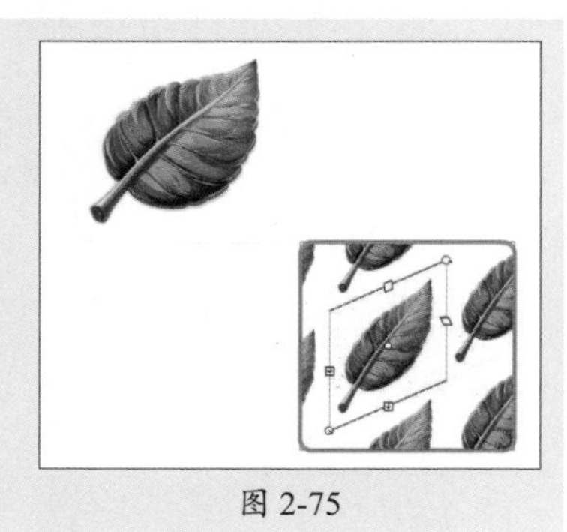

图 2-75

动手练 填充锥形烧杯

案例素材：本书实例/第2章/动手练/填充锥形烧杯

本案例以填充锥形烧杯为例，介绍颜色填充工具的使用方法。具体操作过程如下。

步骤 01 打开绘制的锥形烧杯，如图2-76所示。

步骤 02 选中舞台中的对象，按Ctrl+B组合键打散分离，如图2-77所示。

步骤 03 选择墨水瓶工具，在属性面板中设置“笔触”颜色为#333333、“笔触大小”为4，如图2-78所示。

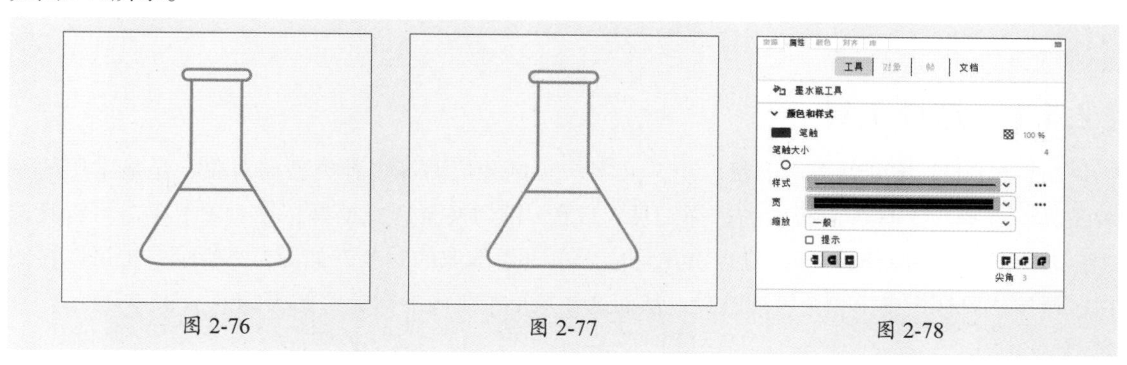

图 2-76　　图 2-77　　图 2-78

步骤 04 在锥形烧杯外边缘单击，调整笔触效果，如图2-79所示。

步骤 05 选择颜料桶工具，在“属性”面板中单击“间隙大小”按钮◻，在弹出的列表中选择“封闭大空隙”选项，设置“填充”颜色为#66CCFF，如图2-80所示。在锥形烧杯下方区域单击，填充颜色，如图2-81所示。

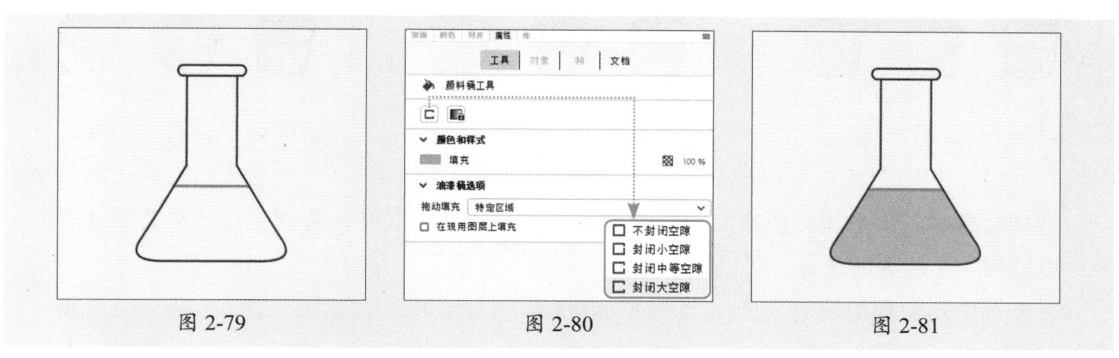

图 2-79　　图 2-80　　图 2-81

步骤 06 使用相同的方法，为其他区域填充白色，如图2-82所示。

步骤 07 选择滴管工具，在锥形烧杯内部线条上单击吸取线条属性，在“属性”面板中设置参数，如图2-83所示。

步骤 08 在该线条上再次单击，调整笔触效果，如图2-84所示。

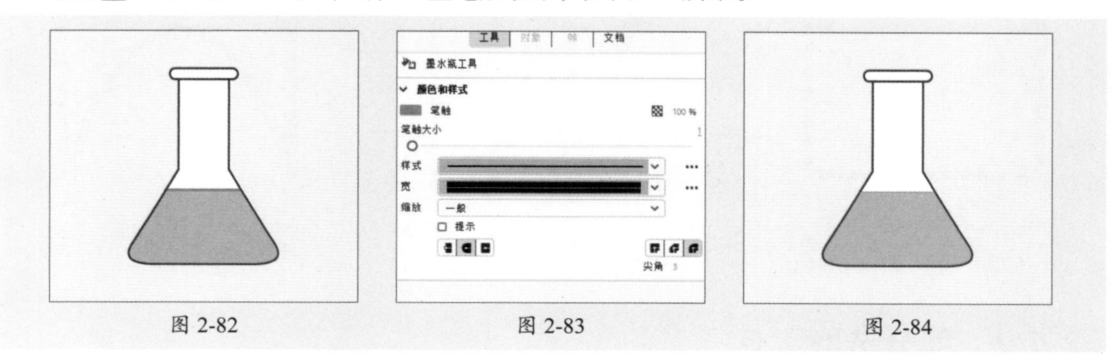

图 2-82　　图 2-83　　图 2-84

至此，完成锥形烧杯的填充。

2.4 选择对象工具

在绘制图形的过程中，出于制作需要，有时会需要选中绘制的图形进行编辑，Animate提供选择工具、部分选取工具、套索工具等多种用于选择对象的工具。下面对选择对象工具进行介绍。

2.4.1 选择工具

“选择工具”▶可以选择形状、组、文字、实例和位图等多种类型的对象，是最常用的一种工具。选择“工具”面板中的选择工具，或按V键切换至选择工具，在对象上单击可将其选中。若想选中多个对象，可以按住Shift键依次单击要选取的对象，如图2-85所示。也可以在空白区域按住鼠标拖曳出一个矩形范围，从而选择矩形范围内的对象，如图2-86、图2-87所示。

图 2-85　图 2-86　图 2-87

选中对象后若想取消对所有对象的选择，可以单击空白区域；若需要在已经选择的多个对象中取消对某个对象的选择，可以按住Shift键单击该对象。

在未选中对象的情况下，选择工具还可用于修改对象的外框线条。移动光标至两条线的交角处，当光标变为▶状，按住鼠标拖曳可拉伸线的交点，如图2-88、图2-89所示；若移动光标至线条附近，当光标变为▶状，按住鼠标拖曳可变形线条，如图2-90所示。

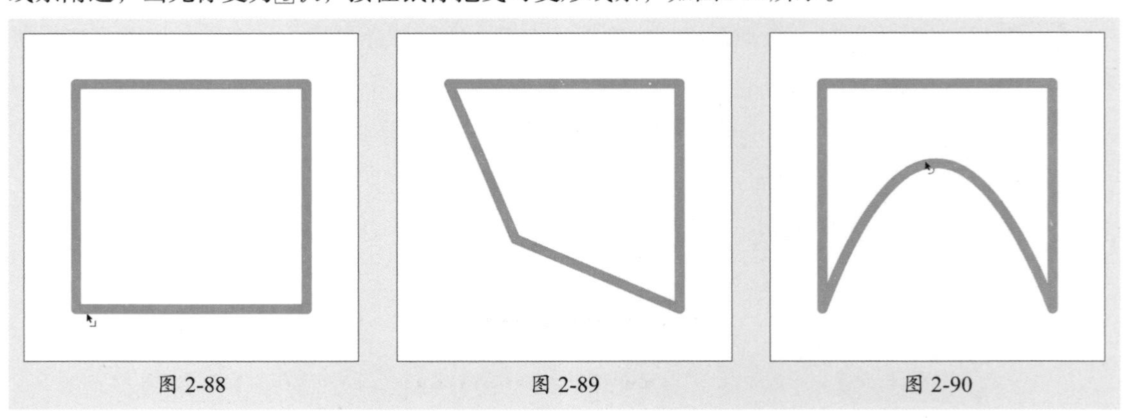

图 2-88　图 2-89　图 2-90

2.4.2 部分选取工具

“部分选取工具”▷可用于选择并调整矢量图形上的锚点。选择“工具”面板中的部分选取工具或按A键，可切换至部分选取工具。在使用部分选取工具时，不同的情况下光标的形状也不同。

- 当光标移到某个锚点时，光标变为▢状，此时按住鼠标拖曳可以改变该锚点的位置，如图2-91所示。
- 当光标移到没有节点的曲线时，光标变为▢状，此时按住鼠标拖曳可以移动图形的位置，如图2-92所示。
- 当光标移到锚点的调节柄时，光标变为▢状，按住鼠标拖曳可以调整与该锚点相连的线段的弯曲效果，如图2-93所示。

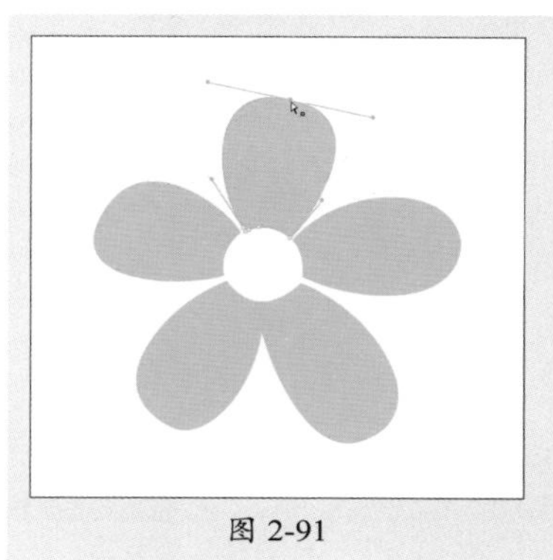
图 2-91

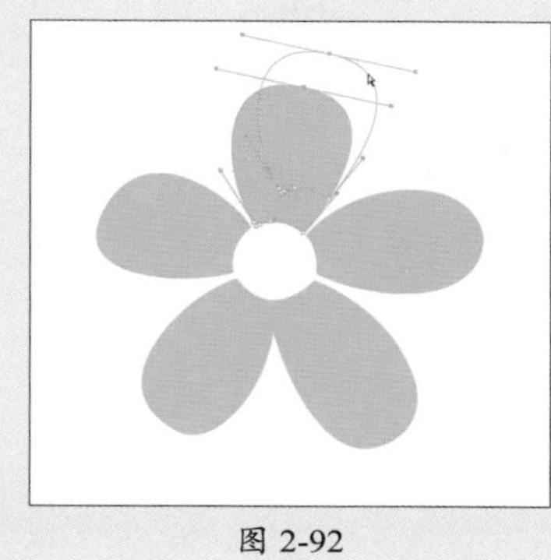
图 2-92

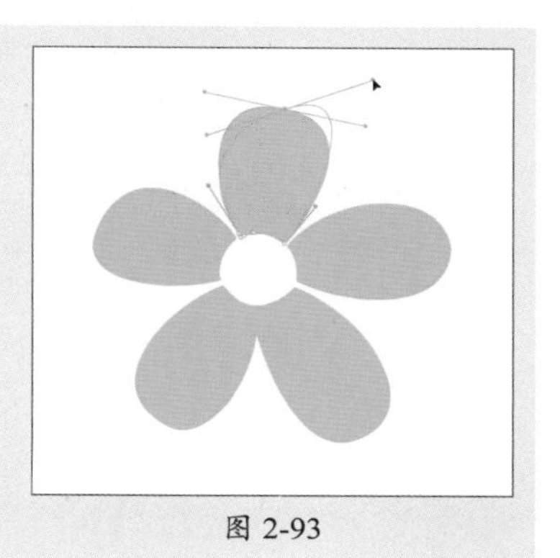
图 2-93

2.4.3 套索工具

"套索工具"▢可以选择对象的某一部分。选择套索工具后按住鼠标拖曳圈出要选择的范围，释放鼠标后Animate会自动选取套索工具圈定的封闭区域，如图2-94、图2-95所示。当线条没有封闭时，Animate将用直线连接起点和终点，自动闭合曲线，如图2-96所示。

图 2-94

图 2-95

图 2-96

长按"工具"面板中的套索工具，在弹出的工具组中还包括多边形工具和魔术棒，这两种工具也可用于选择对象。

1. 多边形工具

"多边形工具"▢可以比较精确地选取不规则图形。选择多边形工具，在舞台中多次单击以确定端点，完成后移动光标至起始处双击，形成一个多边形，即选择的范围，如图2-97、图2-98所示。

2. 魔术棒

“魔术棒”主要用于对位图的操作。导入位图对象后，按Ctrl+B组合键打散位图对象，选择魔术棒，在“属性”面板中设置合适的参数，在位图上单击可选择具有相同或类似颜色的位图图形区，如图2-99所示。

图 2-97

图 2-98

图 2-99

2.5 编辑图形对象

选中绘制的图形对象后，可以对其进行变形、合并、组合等编辑操作。下面对图像对象的编辑进行介绍。

2.5.1 变形对象

“任意变形工具”和“变形”命令均可以实现选中对象的变形、旋转、倾斜等形变效果。下面对此进行介绍。

1. 任意变形

选中要变形的对象后，选择任意变形工具，在“工具”面板下方的选项区中单击“任意变形”按钮，移动光标靠近对象角点时，光标变为状，此时按住鼠标拖曳可旋转对象，如图2-100所示；移动光标至对象控制点时，按住鼠标拖曳可缩放对象，如图2-101所示；移动光标至控制框四边时，光标变为状或状，此时按住鼠标拖曳可倾斜对象，如图2-102所示。

图 2-100

图 2-101

图 2-102

用户也可以选中对象后，执行“修改”|“变形”|“任意变形”命令，或在舞台中右击，在弹出的快捷菜单中执行“变形”|“任意变形”命令，实现与任意变形工具相同的效果。

2. 旋转与倾斜

单击任意变形工具选项区中的“旋转与倾斜”按钮或执行“旋转与倾斜”命令，可以对对象进行旋转和倾斜操作。

单击“旋转与倾斜”按钮或执行“修改”|“变形”|“旋转与倾斜”命令，显示对象四周的控制点，移动光标至任意一个角点上，光标变为状，拖动光标即可旋转选中的对象，如图2-103所示。移动光标至任意一边中点，光标变为状或状时拖动光标，可沿垂直或水平方向倾斜选中的对象，如图2-104所示。

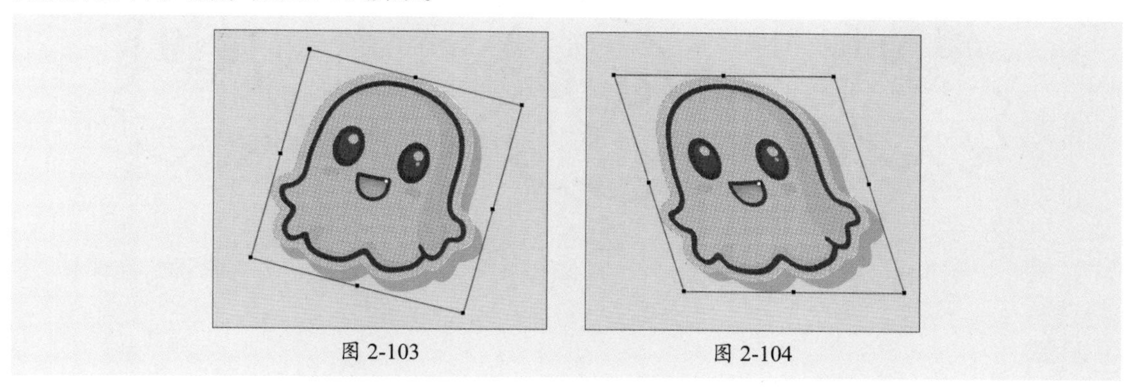

图 2-103　　图 2-104

3. 缩放

单击任意变形工具选项区中的“缩放”按钮或执行“缩放”命令，既可以单独在垂直或水平方向上缩放对象，也可以在垂直和水平方向上同时缩放。

单击“缩放”按钮或执行“修改”|“变形”|“缩放”命令，显示对象四周的控制点，拖动垂直方向或水平方向的控制点，可将对象进行垂直或水平缩放，如图2-105、图2-106所示；拖动四个角点的控制点，可以使对象在垂直和水平方向上同时进行缩放，如图2-107所示。

图 2-105　　图 2-106　　图 2-107

若想更加精准地设置缩放比例和旋转角度，可以选中对象后执行“修改”|“变形”|“缩放和旋转”命令，或按Ctrl+Alt+S组合键，打开“缩放和旋转”对话框，如图2-108所示。从中设置参数进行具体的调整。

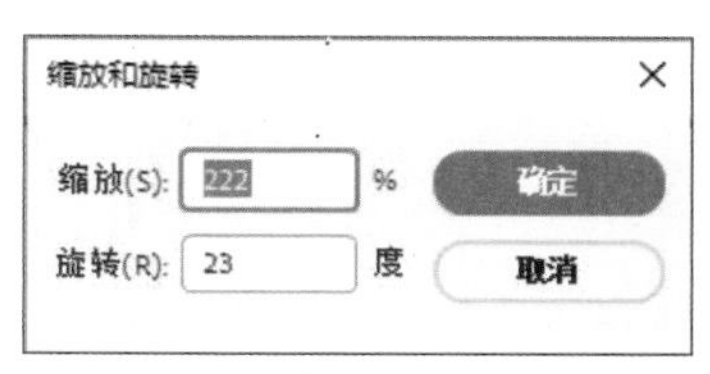

图 2-108

4. 扭曲

单击任意变形工具选项区中的“扭曲”按钮或执行“扭曲”命令，可以对图形进行扭曲变形，增强图形的透视效果。

单击“扭曲”按钮或执行“修改”|“变形”|“扭曲”命令，移动光标至选定对象上，当光标变为状，拖动边框上的角控制点或边控制点可移动角或边，如图2-109、图2-110所示。按住Shift键拖动角控制点时，光标变为状，此时可按住鼠标拖曳，对对象进行锥化处理，如图2-111所示。扭曲只对在场景中绘制的图形有效，对位图和元件无效。

图 2-109　　图 2-110　　图 2-111

5. 封套

单击“封套”按钮或执行“封套”命令，可以任意修改图形形状，补充“扭曲”命令在某些局部无法达到的变形效果。

单击“封套”按钮或执行“修改”|“变形”|“封套”命令，显示对象四周的控制点和切线手柄，如图2-112所示。拖动这些控制点及切线手柄，可对对象进行任意形状的修改。封套把图形“封”在里面，更改封套的形状会影响该封套内对象的形状。用户可以通过调整封套的点和切线手柄来编辑封套形状，如图2-113、图2-114所示。

图 2-112　　图 2-113　　图 2-114

6. 翻转

选择图形对象后执行“修改”|“变形”|“水平翻转”命令，可将图形进行水平翻转，如图2-115、图2-116所示；执行“修改”|“变形”|“垂直翻转”命令，可将图形进行垂直翻转，如图2-117所示。

图 2-115

图 2-116

图 2-117

2.5.2 渐变变形工具

“渐变变形工具”可以调整图形中的渐变。选中舞台中的渐变对象，如图2-118所示。长按“工具”面板中的任意变形工具，在弹出的菜单中选择渐变变形工具，舞台中将显示选中对象的控制点，在舞台中按住鼠标进行调节即可，如图2-119、图2-120所示。

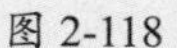

图 2-118

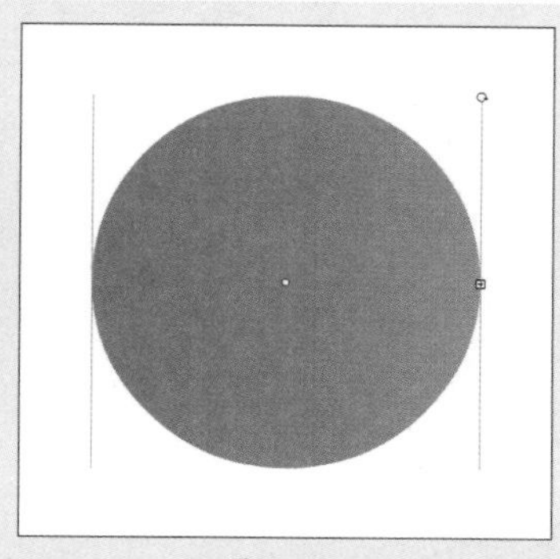

图 2-119

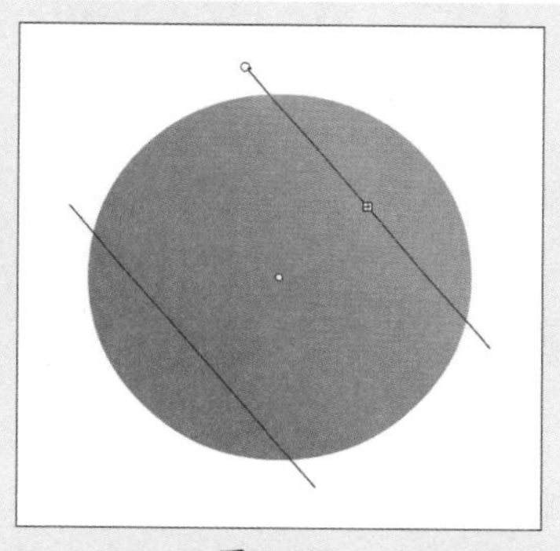

图 2-120

2.5.3 橡皮擦工具

“橡皮擦工具”可以擦除文档中绘制的图形对象的多余部分。选中橡皮擦工具，在“工具”面板的选项区域中单击“橡皮擦模式”按钮，在弹出的菜单中可以选择橡皮擦模式，如图2-121所示。选择后按住鼠标拖曳擦除即可。要注意的是，双击该工具将删除文档中未被隐藏和锁定的内容。5种橡皮擦模式如下。

■ 标准擦除
擦除填色
擦除线条
擦除所选填充
内部擦除

图 2-121

- **标准擦除**：选择该模式，将只擦除同一层上的笔触和填充，如图2-122所示。
- **擦除填色**：选择该模式，将只擦除填色，其他区域不受影响，如图2-123所示。
- **擦除线条**：选择该模式，将只擦除笔触，不影响其他内容，如图2-124所示。
- **擦除所选填充**：选择该模式，将只擦除当前选定的填充，不影响笔触，如图2-125所示。
- **内部擦除**：选择该模式，将只擦除橡皮擦笔触开始处的填充。如果从空白点开始擦除，则不会擦除任何内容，如图2-126所示。以这种模式使用橡皮擦并不影响笔触。

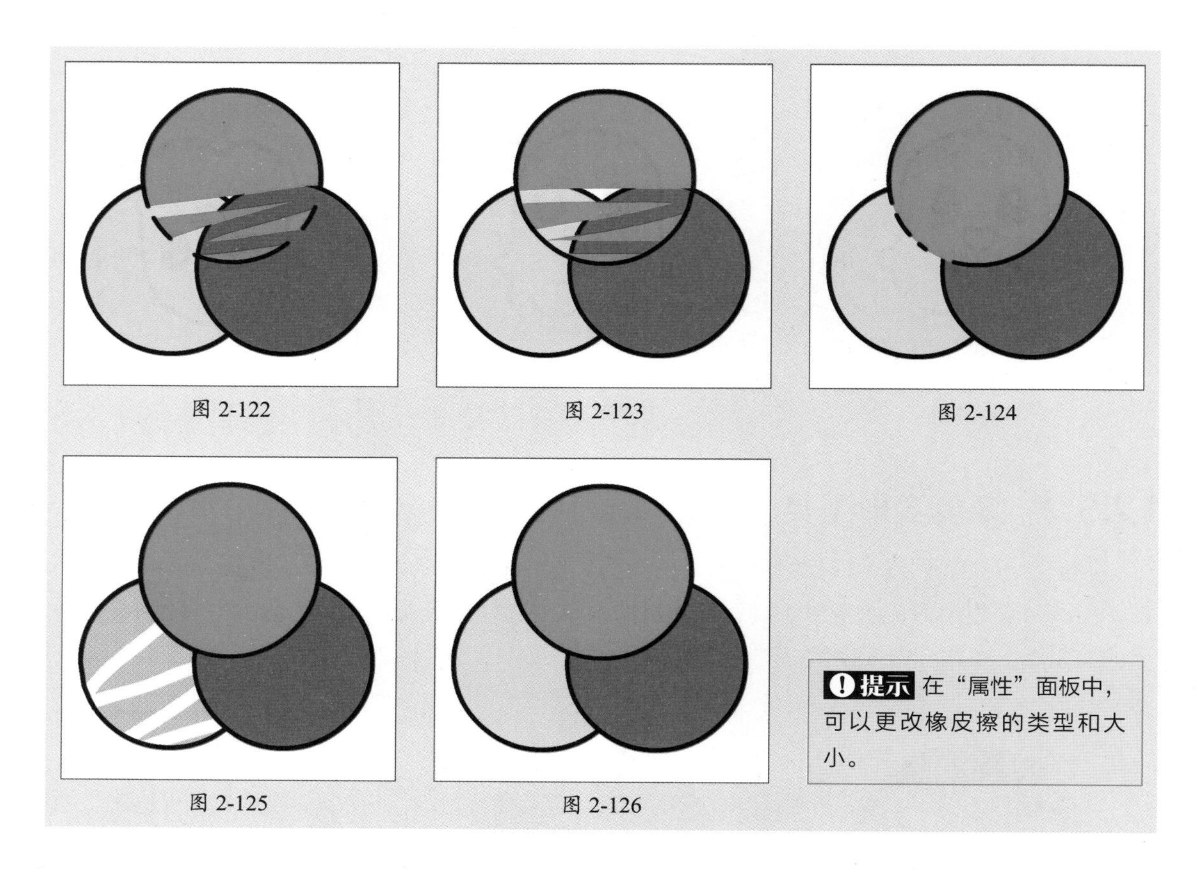

图 2-122　图 2-123　图 2-124

图 2-125　图 2-126

提示 在“属性”面板中，可以更改橡皮擦的类型和大小。

2.5.4 宽度工具

“宽度工具”可以通过改变笔触的粗细度调整笔触效果。使用任意绘图工具绘制笔触或形状，选中宽度工具，移动光标至笔触上，将显示潜在的宽度点数和宽度手柄，选定宽度点数并拖动宽度手柄，将增加笔触可变宽度，如图2-127～图2-129所示。

图 2-127　图 2-128　图 2-129

2.5.5 合并对象

椭圆工具、矩形工具、画笔工具等工具在绘制矢量图形时，单击工具箱选项区域中的“对象绘制”按钮可以直接绘制对象，执行“修改”|“合并对象”命令中的“联合”“交集”“打孔”“裁切”等子命令，可以合并或改变现有对象，以创建新形状。一般情况下，所选对象的堆叠顺序决定了操作的工作方式。

1. 删除封套

执行“修改”|“合并对象”|“删除封套”命令，可以删除图形中使用的封套。图2-130、图2-131所示为删除封套前后效果对比。

2. 联合对象

执行“修改”|“合并对象”|“联合”命令，可以将两个或多个形状合成一个对象绘制图形，该图形由联合前形状上所有可见的部分组成，形状上不可见的重叠部分将被删除。图2-132所示为联合对象后的效果。

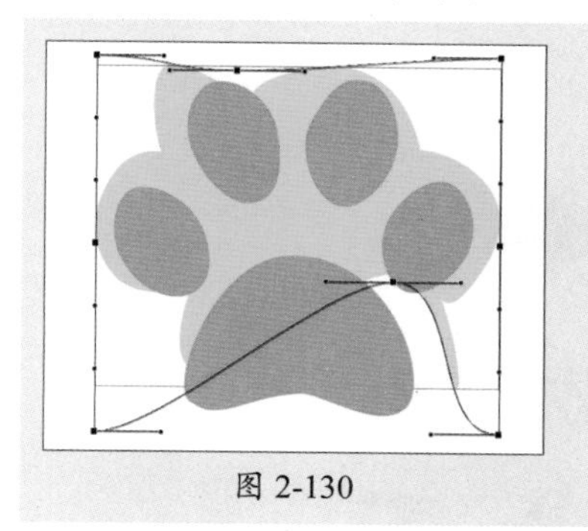
图 2-130

图 2-131

图 2-132

3. 交集对象

执行“修改”|“合并对象”|“交集”命令，可以将两个或多个形状重合的部分创建为新形状，该形状由合并的形状的重叠部分组成，形状中不重叠的部分将被删除。生成的形状使用堆叠中最上面的形状的填充和笔触。图2-133所示为交集对象后的效果。

4. 打孔对象

执行“修改”|“合并对象”|“打孔”命令，可以删除所选对象的某些部分，删除的部分由所选对象的重叠部分决定。图2-134所示为打孔后效果。

5. 裁切对象

执行“修改”|“合并对象”|“裁切”命令，可以使用一个对象的形状裁切另一个对象。用上面的对象定义裁切区域的形状。下层对象中与最上面的对象重叠的所有部分将被保留，下层对象的所有其他部分及最上面的对象将被删除。图2-135所示为裁切对象后的效果。

图 2-133

图 2-134

图 2-135

提示 “交集”命令与“裁切”命令类似，区别在于“交集”命令保留上面的图形，“裁切”命令保留下面的图形。

2.5.6 组合和分离对象

用户可以将多个对象组合成一个整体进行操作，也可以将整体图形或元件分离为矢量图形。下面对组合和分离对象进行介绍。

1. 组合对象

组合是将图形块或部分图形组成一个独立的整体，可以在舞台中任意拖动，而其中的图形内容及周围的图形内容不会发生改变，以便于绘制或进行再编辑。选中对象后执行“修改”|“组合”命令，或按Ctrl+G组合键，可将选择的对象编组。图2-136、图2-137所示为组合对象前后的效果对比。

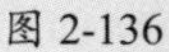
图 2-136

图 2-137

组合后的图形可以与其他图形或组再次组合，从而得到一个复杂的多层组合图形。一个组合中可以同时包含多个组合及多层次的组合。若需要对组中的单个对象进行编辑，可以执行“修改”|“取消组合”命令，或按Ctrl+Shift+G组合键，进行解组；也可以选中对象双击，进入该组的编辑状态进行编辑。

2. 分离对象

“分离”命令与“组合”命令的作用相反。“分离”命令可以将已有的整体图形分离为可进行编辑的矢量图形，使用户可以对其再进行编辑。在制作变形动画时，需用“分离”命令将图形的组合、图像、文字或组件转变成图形。

执行“修改”|“分离”命令，或按Ctrl+B组合键，将分离选择的对象。图2-138、图2-139所示为分离对象前后的效果对比。

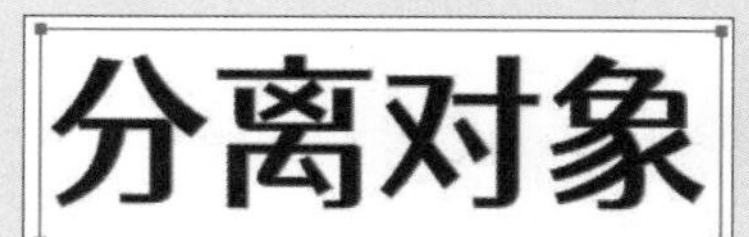

图 2-138

图 2-139

2.5.7 对齐和分布对象

“对齐”和“分布”命令可以调整所选图形的相对位置关系，使舞台中的对象排列整齐。选中对象后执行“修改”|“对齐”命令，在弹出的菜单中执行子命令，即可完成相应操作。也

可以执行“窗口”|“对齐”命令，或者按Ctrl+K组合键，打开“对齐”面板进行对齐和分布操作，如图2-140所示。

“对齐”面板包括对齐、分布、匹配大小、间隔和与舞台对齐5个功能区。下面对5个功能区进行介绍。

1. 对齐

对齐是按照选定的方式排列对齐对象。该功能区包括“左对齐”、“水平中齐”、“右对齐”、“顶对齐”、“垂直中齐”以及“底对齐”6个按钮。图2-141、图2-142所示为单击“垂直中齐”按钮的前后效果对比。

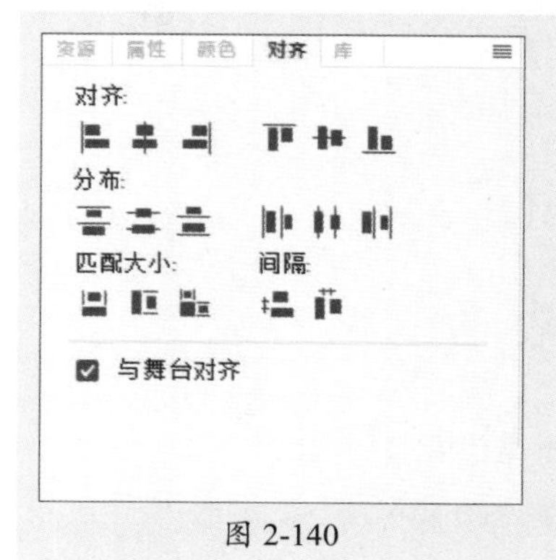

图 2-140

图 2-141

图 2-142

2. 分布

分布是将舞台上间距不一的图形，均匀地分布在舞台中，使画面效果更加美观。在默认状态下，均匀分布图形将以所选图形的两端为基准，对其中的图形进行位置调整。

该功能区包括“顶部分布”、“垂直居中分布”、“底部分布”、“左侧分布”、“水平居中分布”以及“右侧分布”6个按钮。图2-143所示为单击“水平居中分布”按钮后的效果。

3. 匹配大小

匹配大小功能区包括“匹配宽度”、“匹配高度”、“匹配宽和高”3个按钮。单击3个按钮，可将选择的对象进行水平缩放、垂直缩放、等比例缩放。图2-144所示为单击“匹配宽和高”按钮后的效果。

4. 间隔

间隔与分布有些相似，但是分布的间距标准是多个对象的同一侧，间距则是相邻两对象的间距。该功能区包括“垂直平均间隔”和“水平平均间隔”两个按钮，可使选择的对象在垂直方向或水平方向的间隔距离相等。图2-145所示为单击“垂直平均间隔”按钮后的效果。

5. 与舞台对齐

勾选“与舞台对齐”复选框后，可使对齐、分布、匹配大小、间隔功能区的操作以舞台为基准。

图 2-143

图 2-144

图 2-145

提示 在同一图层中，对象按照创建的先后顺序分别位于不同的层次。执行“修改”|“排列”命令，在弹出的菜单中执行子命令调整选中对象的顺序，使画面效果更加美观。要注意的是，绘制的线条和形状默认在组合元件下方，只有组合它们或将其变为元件才可以移动至上方。

动手练 绘制生物课件背景

案例素材：本书实例/第2章/动手练/绘制生物课件背景

本案例以生物课件背景的绘制为例，介绍图形对象的编辑操作，具体操作过程如下。

步骤 01 新建550×400px的空白文档，使用矩形工具绘制一个与舞台等大的矩形，并设置“笔触”为无、“填充”颜色为#99CC99，如图2-146所示。

步骤 02 选中绘制的矩形，按F8键打开“转换为元件”对话框，设置参数，如图2-147所示。完成后单击“确定”按钮，将矩形转换为图形元件。

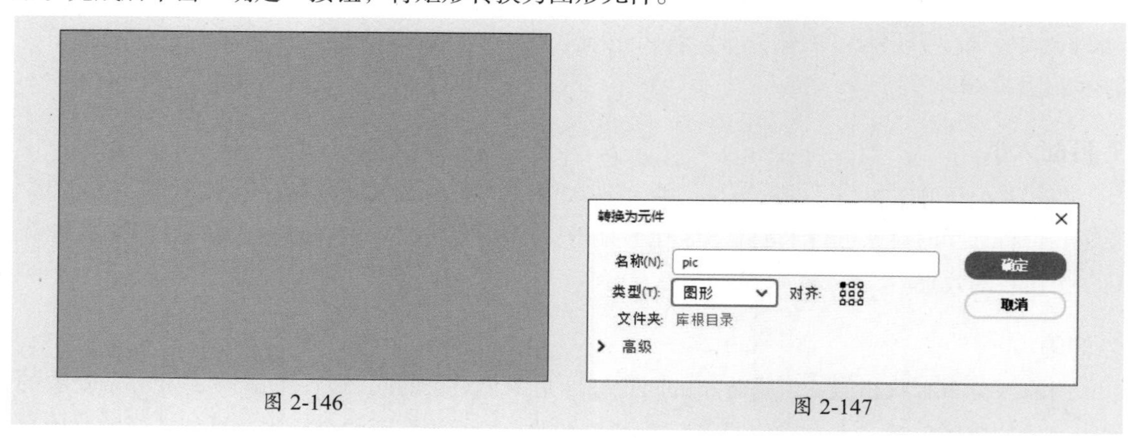

图 2-146　　图 2-147

步骤 03 选择基本椭圆工具，设置“填充”颜色为#F8DC41、“笔触”为无，按住Shift键拖曳绘制圆形，如图2-148所示。

步骤 04 选中绘制的圆形，按Ctrl+C组合键复制，按Ctrl+Shift+V组合键原位粘贴。选择任意变形工具，缩小圆形，并在“属性”面板中设置“填充”颜色为#F7ED6D，效果如图2-149所示。

步骤 05 使用相同的方法复制并调整圆形，设置“填充”颜色分别为#F6F58D和#F6F9D2，效果如图2-150所示。

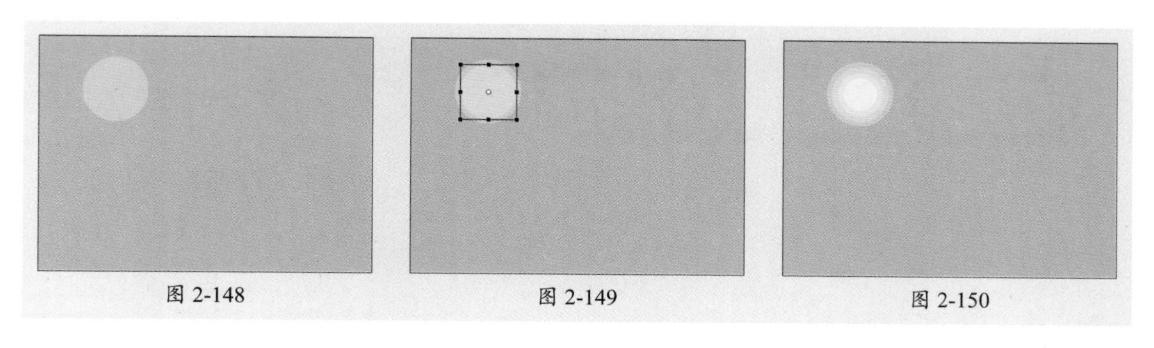
图 2-148　　图 2-149　　图 2-150

步骤 06 选中所有圆形，按Ctrl+B组合键分离，按F8键打开“转换为元件”对话框，设置参数，如图2-151所示。完成后单击“确定”按钮，将圆形转换为图形元件。

步骤 07 双击元件进入编辑状态，选中分离后的对象，选择任意变形工具，单击“工具”面板底部的“封套”按钮，在舞台中调整形状，如图2-152所示。

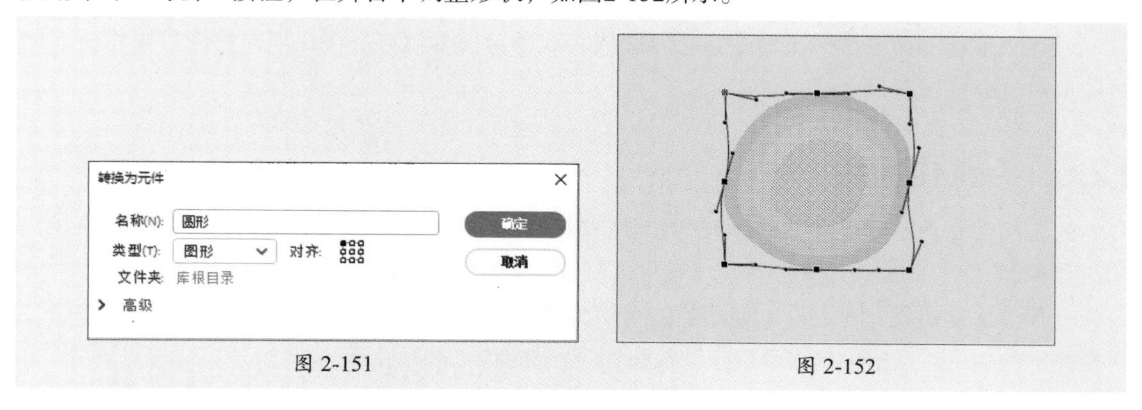

图 2-151　　图 2-152

步骤 08 返回“场景1”，选中圆形元件，按F8键打开“转换为元件”对话框，设置参数，如图2-153所示。完成后单击“确定”按钮，将其转换为影片剪辑元件。

步骤 09 双击影片剪辑元件进入编辑状态，在第10帧和第20帧按F6键插入关键帧，在第10帧使用任意变形工具缩小形状，如图2-154所示。

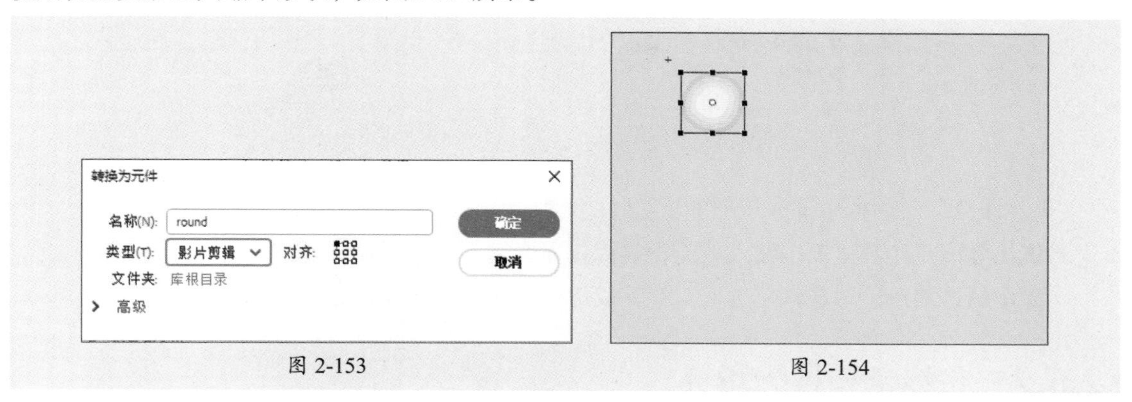

图 2-153　　图 2-154

步骤 10 选中第1～10帧、10～20帧，单击“时间轴”面板中的“插入传统补间”按钮创建补间动画，如图2-155所示。

步骤 11 返回“场景1”，选中圆形影片剪辑元件，按住Alt键拖曳复制，重复多次，并调整大小，如图2-156所示。

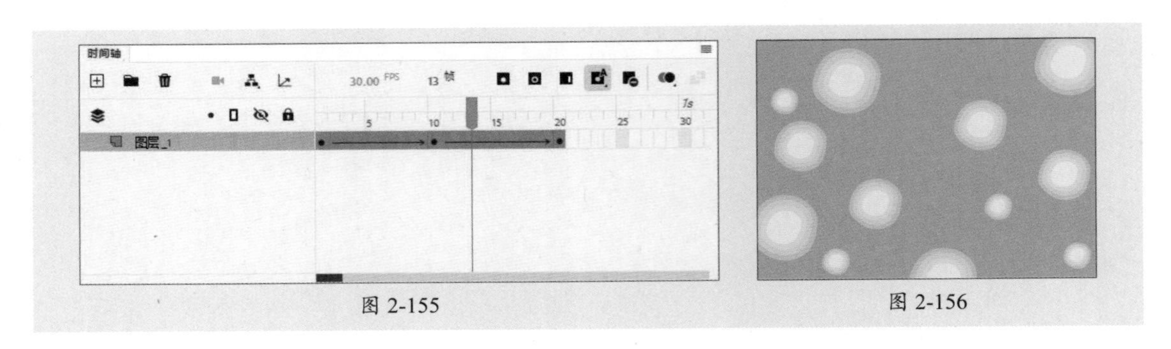

图 2-155　　图 2-156

至此，完成生物课件背景的制作。

2.6 修饰图形对象

通过“形状”命令中的子命令，可以完成将线条转换为填充、柔化填充边缘等操作。下面对图形对象的修饰进行介绍。

2.6.1 优化曲线

优化功能是通过改进曲线和填充的轮廓，减少用于定义这些元素的曲线数量来平滑曲线，同时该操作还可以减小文件的大小。选中要优化的图形，执行“修改”|“形状”|“优化”命令，打开“优化曲线”对话框，如图2-157所示。在该对话框中设置参数并单击“确定”按钮，再在弹出的提示对话框中单击“确定”按钮即可，如图2-158所示。

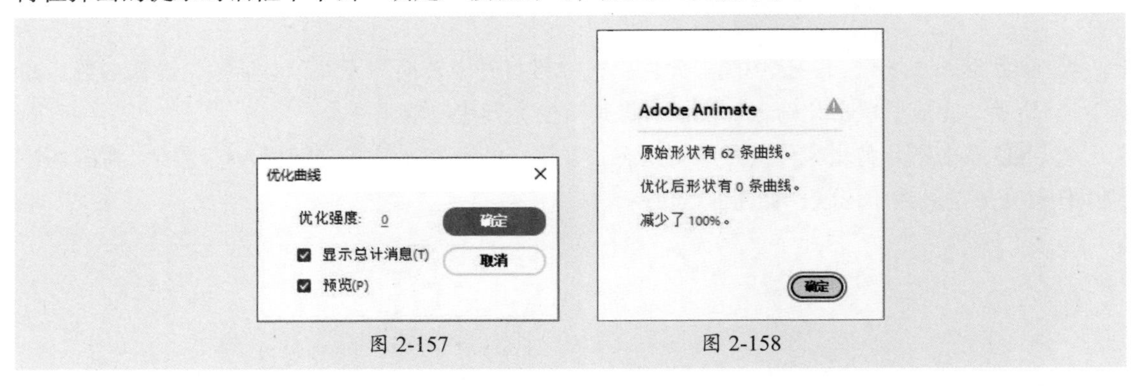

图 2-157　　图 2-158

“优化曲线”对话框中部分选项如下。

- **优化强度：** 在数值框中输入数值设置优化强度。
- **显示总计消息：** 勾选该复选框，在完成优化操作时，将弹出提示对话框。

2.6.2 将线条转换为填充

将线条转换为填充命令可以将矢量线条转换为填充色块，方便用户制作出更加丰富的效果，同时避免传统动画线条粗细不一致的现象。缺点是文件会变大。

选中线条对象，执行“修改”|“形状”|“将线条转换为填充”命令，将外边线转换为填充色块。此时，使用选择工具，将光标移至线条附近，按住鼠标拖曳，可以将转换为填充的线条

拉伸变形，如图2-159、图2-160所示。

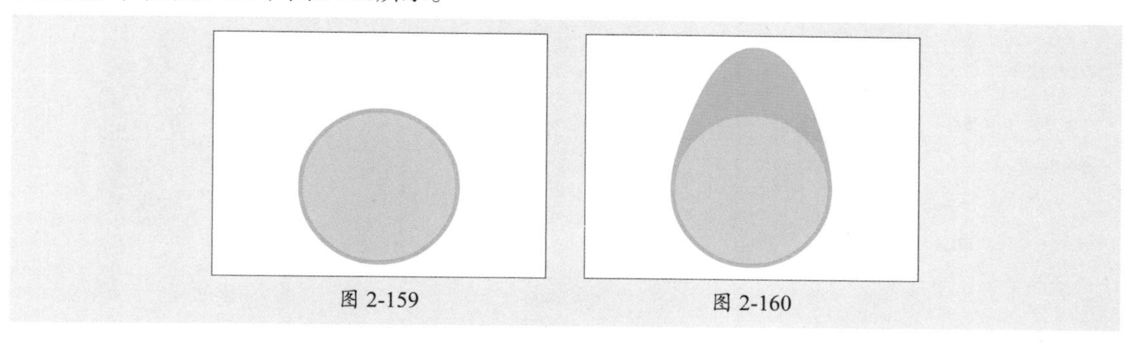

图 2-159　　图 2-160

2.6.3　扩展填充

扩展填充命令可以向内收缩或向外扩展对象。执行“修改”|“形状”|“扩展填充”命令，打开“扩展填充”对话框，如图2-161所示。在该对话框中设置参数可对所选图形的外形进行修改。

扩展填充
距离 20像素　确定
方向 扩展(E)　取消
插入(I)

图 2-161

1. 扩展填充

扩展是以图形的轮廓为界，向外扩展、放大填充。选中图形的填充颜色，执行“修改”|“形状”|“扩展填充”命令，打开“扩展填充”对话框，“方向”为“扩展”，设置完成后单击“确定”按钮，填充色向外扩展。图2-162、图2-163所示为扩展前后效果对比。

2. 插入填充

插入是以图形的轮廓为界，向内收紧、缩小填充。选中图形的填充颜色，执行“修改”|“形状”|“扩展填充”命令，打开“扩展填充”对话框，“方向”为“插入”，设置完成后单击“确定”按钮，填充色向内收缩。图2-164所示为插入效果。

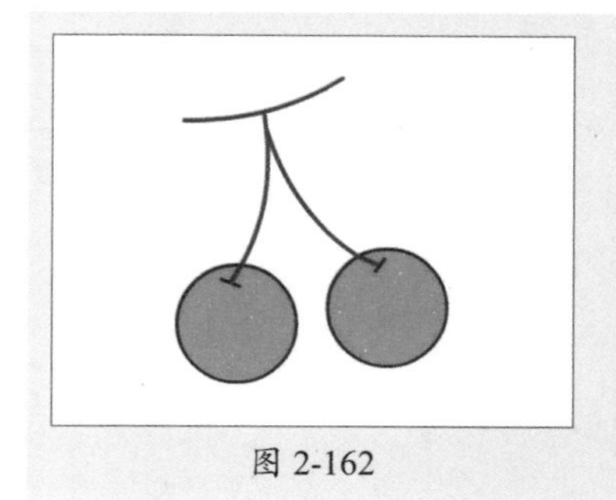

图 2-162

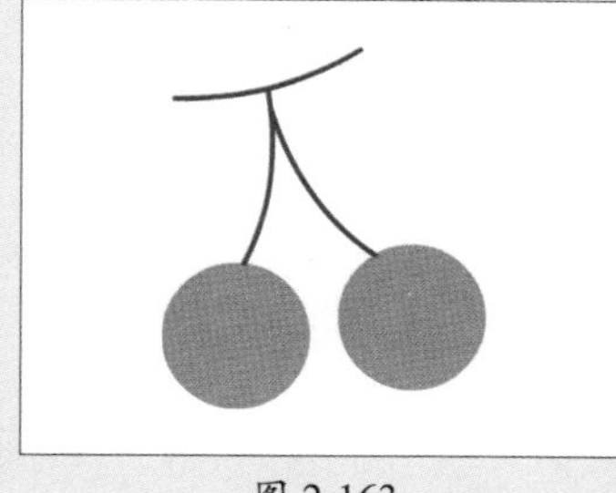

图 2-163

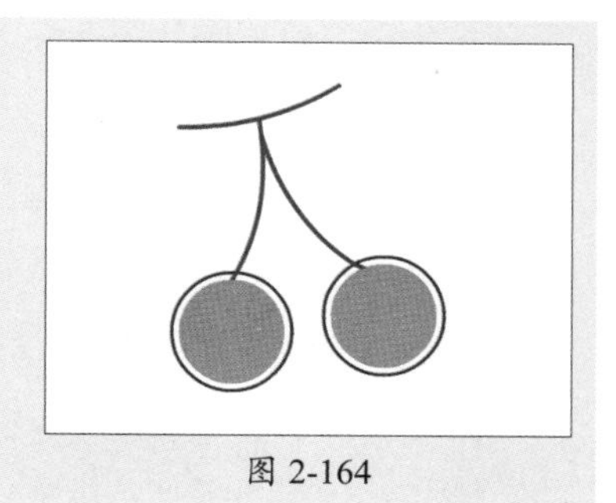

图 2-164

2.6.4　柔化填充边缘

柔化填充边缘命令与扩展填充命令相似，都是对图形的轮廓进行放大或缩小填充。不同的是，柔化填充边缘可以在填充边缘产生多个逐渐透明的图形层，形成边缘柔化的效果。执行“修改”|“形状”|“柔化填充边缘”命令，在弹出的“柔化填充边缘”对话框中设置边缘柔化效果，如图2-165所示。完成后单击“确定”按钮即可。图2-166、图2-167所示为柔化填充边缘前后效果对比。

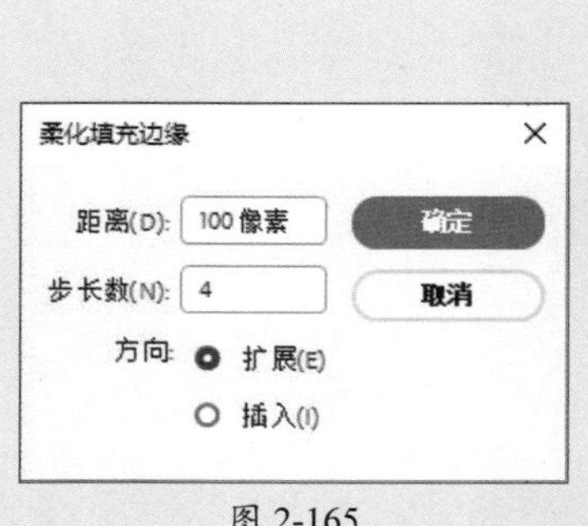

图 2-165

图 2-166

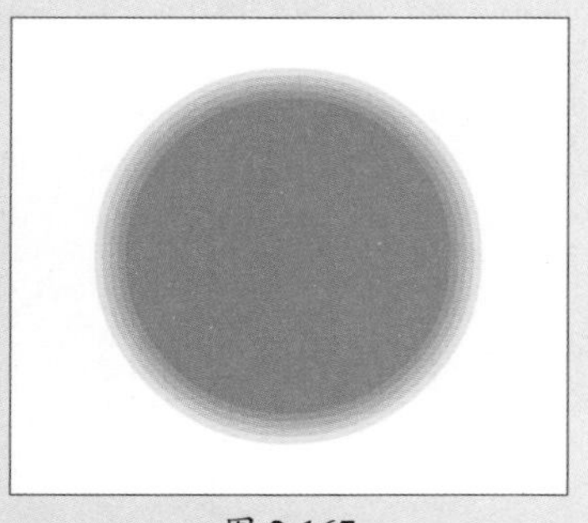
图 2-167

“柔化填充边缘”对话框中各选项如下。

- **距离：** 用于设置边缘柔化的范围，单位为像素。值越大，柔化边缘越宽。
- **步长数：** 用于设置柔化边缘生成的渐变层数。步长数越多，效果越平滑。
- **方向：** 用于设置边缘向内收缩或向外拓展。选中“扩展”单选按钮，则向外扩大柔化边缘；选中“插入”单选按钮，则向内缩小柔化边缘。

2.7 案例实战：制作生物课件

案例素材：本书实例/第2章/案例实战/制作生物课件

本案例以生物课件的制作为例，介绍图形绘制与编辑的方法，制作过程中通过AIGC工具了解细胞组成部分，再在软件中根据实际需要整理绘制，关键字及生成内容如下。

关键字：植物细胞的主要结构和功能

生成内容：植物细胞是植物体的基本结构和功能单位，具有一些独特的结构特征。以下是植物细胞的主要结构及其功能。

1. 细胞壁

结构：细胞壁是植物细胞外部的坚固层，主要由纤维素、半纤维素和果胶构成。

功能：提供细胞形状和结构支持，保护细胞免受外界环境的伤害，并防止水分流失。

2. 细胞膜

结构：细胞膜是细胞壁内的薄膜，由磷脂双层和嵌入的蛋白质组成。

功能：控制物质进出细胞，参与细胞信号传导和物质运输。

3. 细胞质

结构：细胞质是细胞内部的胶状液体，包含水、盐、酶和其他溶解物质。

功能：为细胞内的各种细胞器提供支持，并进行代谢反应。

4. 细胞核

结构：细胞核是细胞内的一个膜包围的结构，包含核膜、核质和染色体。

功能：存储遗传信息（DNA），控制细胞的生长、发育和代谢。

5. 叶绿体

结构：叶绿体是含有叶绿素的细胞器，具有双层膜结构，内部含有类囊体。

功能：进行光合作用，将光能转化为化学能（如葡萄糖），是植物细胞特有的结构。

6. 线粒体

结构：线粒体是具有双层膜的细胞器，内部含有基质和皱褶的内膜。

功能：进行细胞呼吸，产生ATP（能量货币），为细胞提供能量。

7. 液泡

结构：液泡是由单层膜包围的液体囊泡，通常较大。

功能：储存水分、营养物质和废物，维持细胞的膨压，参与细胞的物质运输。

8. 内质网

结构：内质网是一种膜系统，分为粗面内质网（带有核糖体）和光滑内质网（无核糖体）。

功能：粗面内质网负责合成和加工蛋白质，光滑内质网参与脂质合成和代谢。

9. 高尔基体

结构：高尔基体由多个扁平的膜囊组成。

功能：对合成的蛋白质和脂质进行加工、包装和分发。

10. 核糖体

结构：核糖体是由RNA和蛋白质组成的小颗粒，分布在细胞质和粗面内质网上。

功能：合成蛋白质，是细胞内的“工厂”。

总结

植物细胞的结构和功能相互关联，确保植物的正常生理功能。细胞壁和叶绿体是植物细胞的独特特征，使其能够进行光合作用并保持细胞的稳定性。同时，细胞核、线粒体、内质网等细胞器在细胞的代谢、能量生产和物质合成中发挥着重要作用。

课件制作具体操作过程如下。

步骤 01 打开绘制的生物课件背景，按Ctrl+Shift+S组合键将其另存。按Ctrl+F8组合键打开“创建新元件”对话框，设置参数，如图2-168所示。

步骤 02 完成后单击“确定”按钮进入元件编辑状态，使用钢笔工具绘制图形，设置“笔触”为0.1、“填充”颜色为#FF99CC，如图2-169所示。

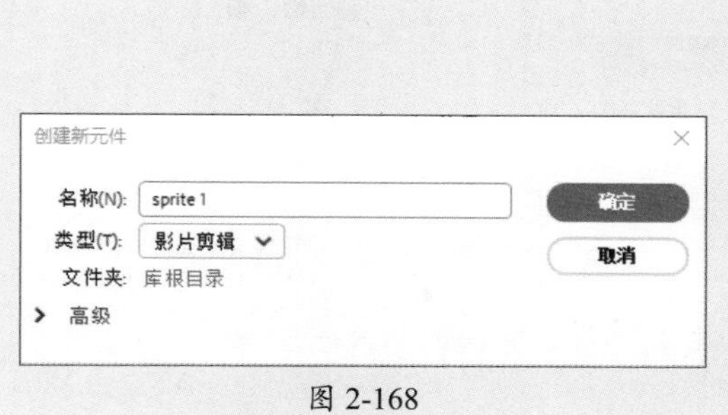

图 2-168

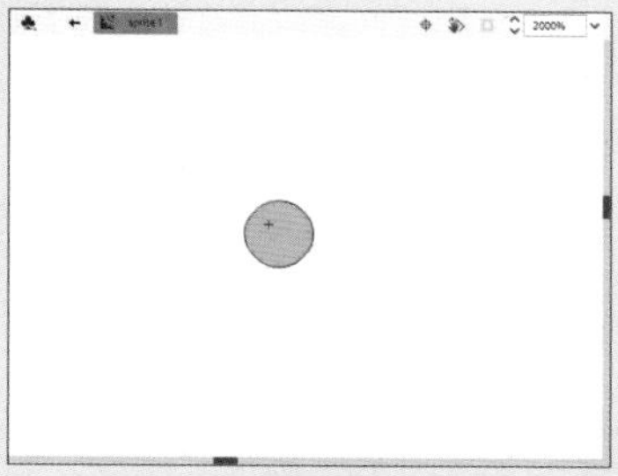

图 2-169

步骤 03 在第3帧按F6键插入关键帧，使用任意变形工具变形图形，如图2-170所示。

步骤 04 选中第2帧，单击“时间轴”面板中的“插入形状补间”按钮创建补间动画，在第4帧按F5键插入帧，如图2-171所示。

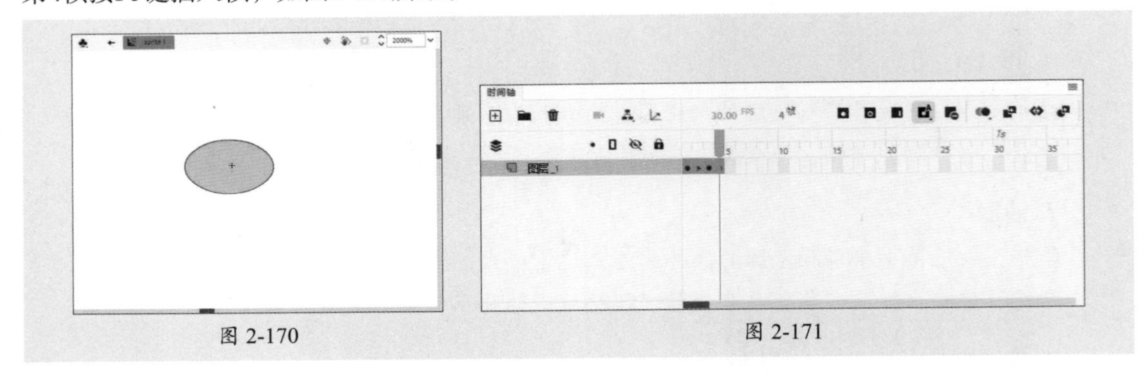

图 2-170

图 2-171

步骤 05 新建影片剪辑元件“sprite 2”，使用钢笔工具绘制图形，设置“笔触”为6、“填充”颜色为#FECE0F，如图2-172所示。

步骤 06 选中绘制的笔触，执行“修改”|“形状”|“将线条转换为填充”命令，将其转换为填充，并添加0.25粗细的黑色笔触，在最内部填充白色，如图2-173所示。

步骤 07 继续绘制图形并进行调整，如图2-174所示。

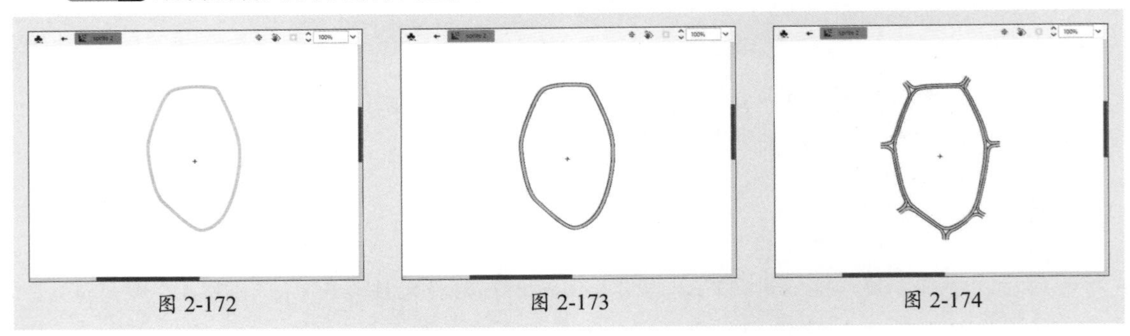

图 2-172

图 2-173

图 2-174

步骤 08 选中绘制的图形，按F8键打开“转换为元件”对话框，设置参数，如图2-175所示。完成后单击“确定”按钮，将其转换为图形元件。

步骤 09 新建“图层_2”，使用椭圆工具、线条工具绘制眼睛，如图2-176所示。

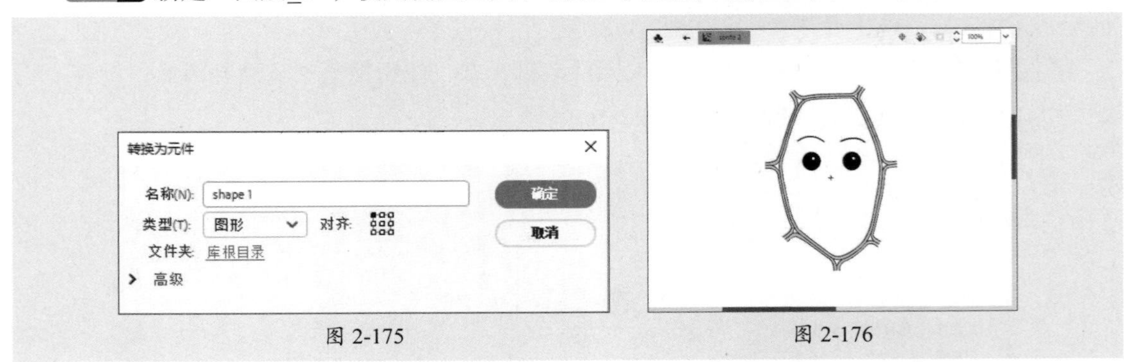

图 2-175

图 2-176

步骤 10 在“库”面板中选择“sprite 1”元件，拖曳至舞台中合适位置，调整大小，如图2-177所示。

步骤 11 新建影片剪辑元件“sprite 3”，将“sprite 2”元件拖曳至舞台中，在第4帧、第57帧按F6键插入关键帧。选中第4帧，在舞台中向左移动图形对象并缩小，如图2-178所示。

步骤 12 在第54帧按F6键插入关键帧，在第1～4帧、54～57帧创建传统补间动画。选中第58帧，按F7键插入空白关键帧，将图形元件“shape 1”拖曳至舞台中，如图2-179所示。

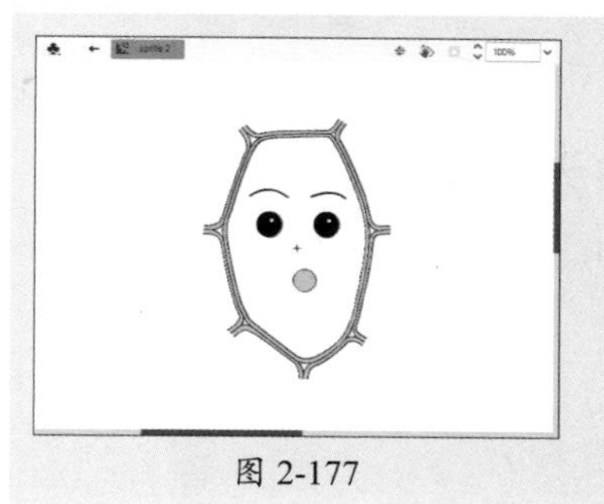
图 2-177

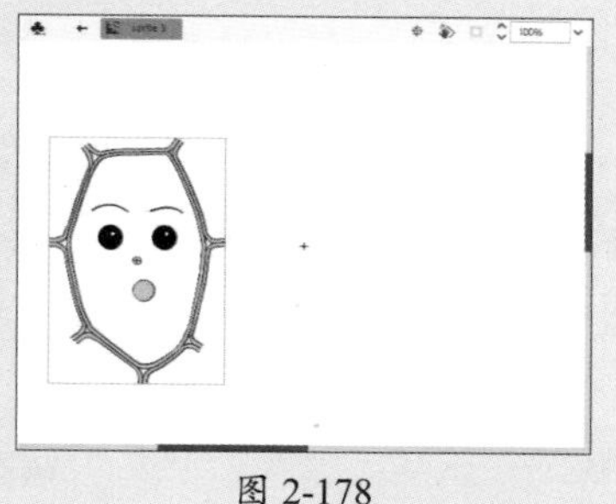
图 2-178

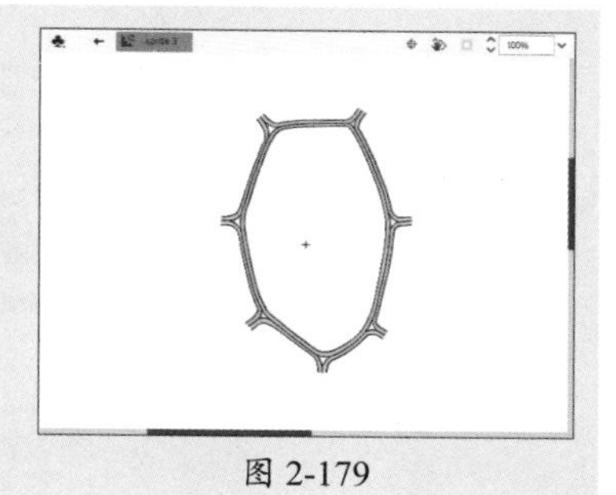
图 2-179

步骤 13 新建“图层_2”，在第4帧按F7键插入空白关键帧，选择文本工具在舞台中单击并输入文本，如图2-180所示。将文本转换为图形元件“text 1”。

步骤 14 选中“图层_2”的第20帧，按F7键插入空白关键帧，输入文本，并转换为图形元件“text 2”，如图2-181所示。选中第54～58帧，按Shift+F5组合键删除。新建“图层_3”，在第58帧按F7键插入空白关键帧，右击，在弹出的快捷菜单中执行“动作”命令，打开“动作”面板，输入脚本stop()。

步骤 15 新建按钮元件“button 1”，将图形元件“shape 1”拖曳至舞台中，如图2-182所示。

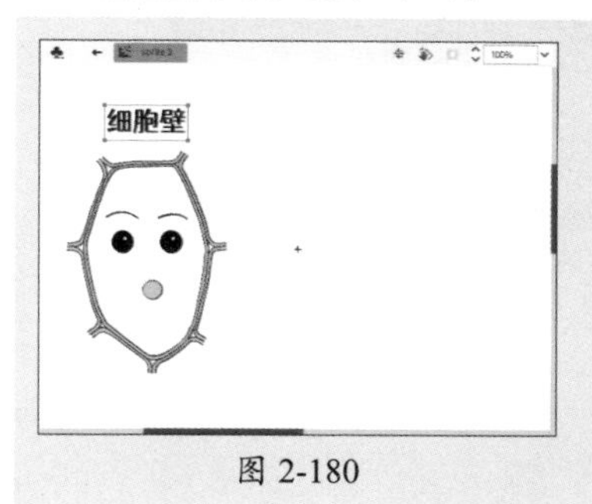

图 2-180

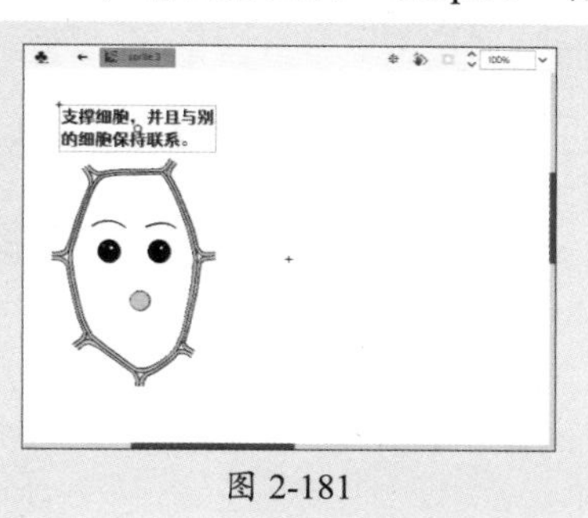

图 2-181

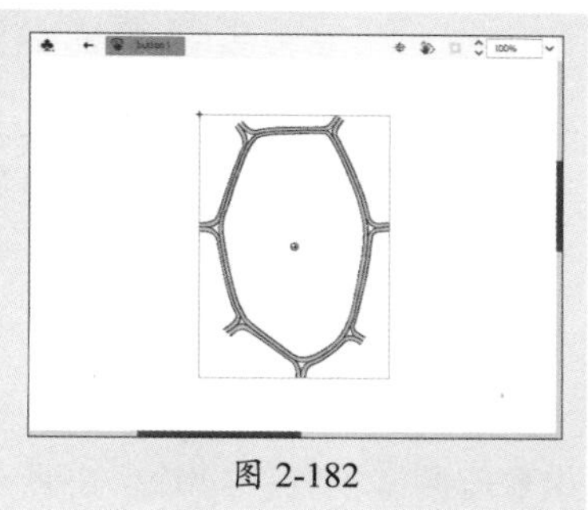
图 2-182

步骤 16 在第2帧按F7键插入空白关键帧，将影片剪辑元件“sprite 3”拖曳至舞台中，如图2-183所示。在第4帧按F5键插入帧。至此，完成细胞壁的制作。

步骤 17 使用相同的方法制作其他细胞组织。新建影片剪辑元件“细胞”，将其他细胞组织拖曳至舞台合适位置，如图2-184所示。

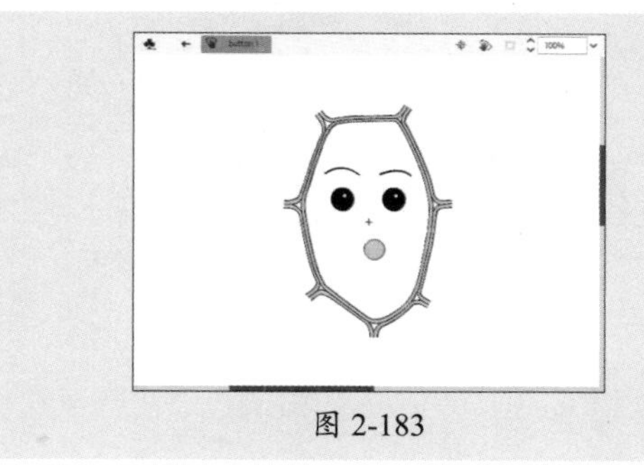
图 2-183

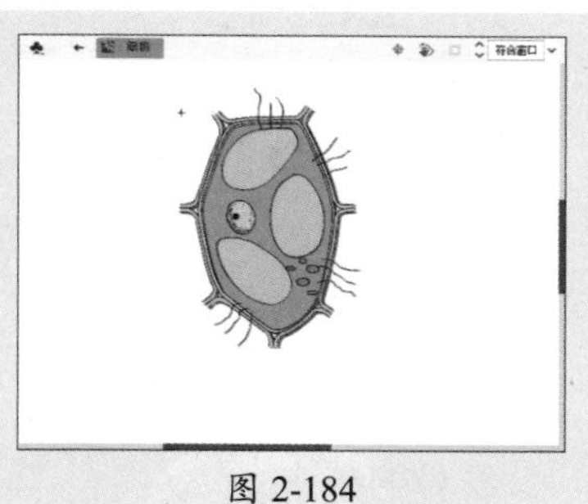
图 2-184

步骤18 新建“图层_2”，输入文本，并将其转换为图形元件“text 3”，如图2-185所示。

步骤19 新建“图层_3”，在第1帧打开“动作”面板并添加脚本stop()。返回“场景1”，新建“图层_2”，输入文本，打散后添加笔触，并将其转换为图形元件“text 4”，如图2-186所示。

图 2-185　　图 2-186

步骤20 在“图层_2”第7帧插入关键帧，选中第1帧中的对象，将其缩小，如图2-187所示。在第1～7帧创建传统补间动画，在第20帧按F5键插入帧。

步骤21 新建“图层_3”，在“图层_1”的第21帧按F5键插入帧，在“图层_3”的第21帧按F7键插入空白关键帧，将影片剪辑元件“细胞”拖曳至舞台中，如图2-188所示。

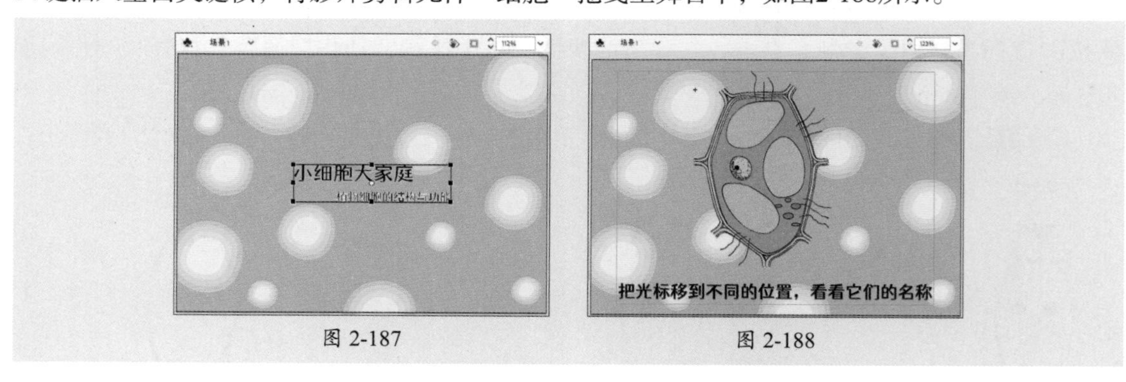

图 2-187　　图 2-188

步骤22 新建“图层_4”，在第21帧按F7键插入空白关键帧，并添加脚本stop()。按Ctrl+Enter组合键测试预览，如图2-189所示。

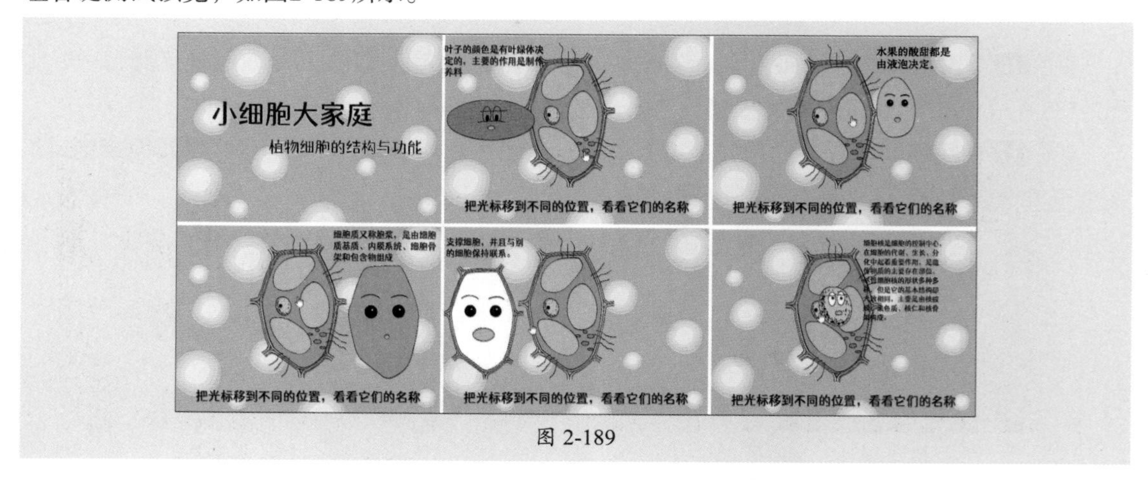

图 2-189

至此，完成生物课件的制作。

2.8 拓展练习

练习1　绘制老式电视机

案例素材：本书实例/第2章/拓展练习/绘制老式电视机

下面练习使用椭圆工具、矩形工具、线条工具绘制老式电视机，并通过宽度工具和变形命令进行调整。

制作思路

使用矩形工具绘制圆角矩形，复制并调整大小，如图2-190所示。绘制完成后，使用椭圆工具绘制圆形和椭圆形作为按钮和装饰，并调整图形顺序，如图2-191所示。使用线条工具绘制天线，通过宽度工具调整线条宽度，使用椭圆工具绘制装饰，完成后复制绘制的线条和椭圆，如图2-192所示。

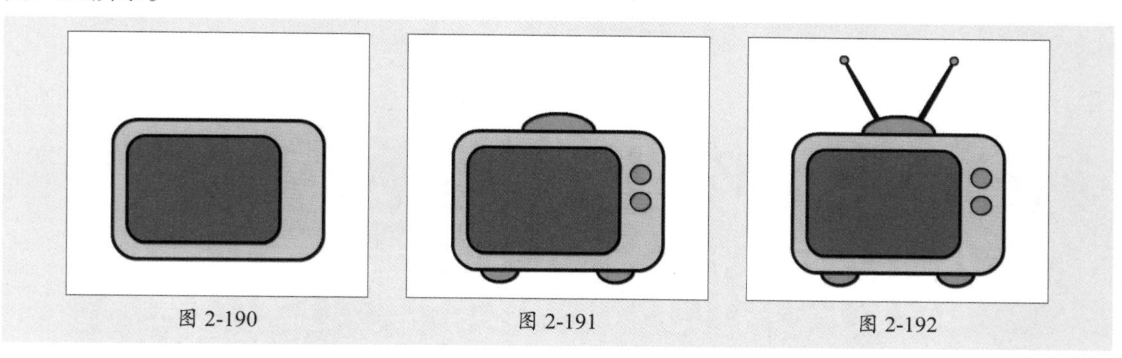

图 2-190　　图 2-191　　图 2-192

练习2　绘制雪花造型

案例素材：本书实例/第2章/拓展练习/绘制雪花造型

下面练习使用线条工具、将线条转换为填充命令、柔化填充边缘命令，绘制雪花造型。

制作思路

使用线条工具绘制线条，选中绘制的线条，按住Alt键拖曳复制，执行“水平翻转”命令进行翻转，如图2-193所示。继续复制绘制的线条，如图2-194所示。选中线条，执行“将线条转换为填充”命令将其转换为填充，然后执行“柔化填充边缘”命令柔化边缘，如图2-195所示。

图 2-193　　图 2-194　　图 2-195

第3章

核心技能：时间轴、帧与图层

本章概述

在动画制作中，时间轴和图层是不可或缺的核心功能。时间轴不仅是控制动画节奏和流畅性的关键工具，还决定各元素的表现顺序和时机。本章对时间轴与图层的相关知识进行介绍，包括认识时间轴和帧、帧的编辑，以及图层的编辑。掌握这些知识，能够加深对动画制作过程的理解，提升动画创作的核心技能。

要点难点

- 时间轴和帧
- 帧的编辑
- 图层的编辑

3.1 时间轴和帧

时间轴和帧是制作动画的核心元素，时间轴可以组织和控制一定时间内的图层和帧中的文档内容，帧可以设置不同的关键状态，形成变化的效果。下面对时间轴和帧进行介绍。

3.1.1 时间轴概述

时间轴承载着有关帧和图层的操作，是创建动画的核心组成部分。打开Animate软件后，执行“窗口”|“时间轴”命令，或按Ctrl+Alt+T组合键打开“时间轴”面板，如图3-1所示。

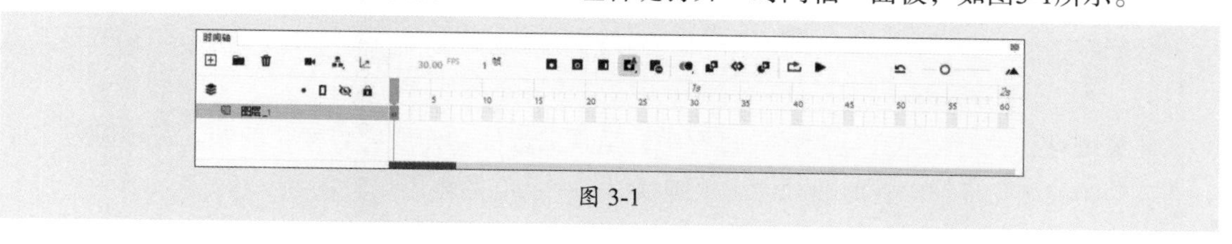

图 3-1

“时间轴”面板中部分常用选项如下。

- **图层：**在不同的图层中放置对象，可以制作层次丰富、变化多样的动画效果。
- **播放头：**用于指示当前在舞台中显示的帧。
- **帧：**动画的基本单位，代表不同的时刻。
- **帧速率30.00 FPS：**用于显示当前动画每秒钟播放的帧数。
- **仅查看现用图层：**用于切换多图层视图和单图层视图。单击即可切换。
- **添加/删除摄像头：**用于添加/删除摄像头。
- **显示/隐藏父级视图：**用于显示/隐藏图层的父子层次结构。
- **单击以调用“图层深度”面板：**单击该按钮将打开“图层深度”面板，以便修改列表中提供现用图层的深度，如图3-2所示。

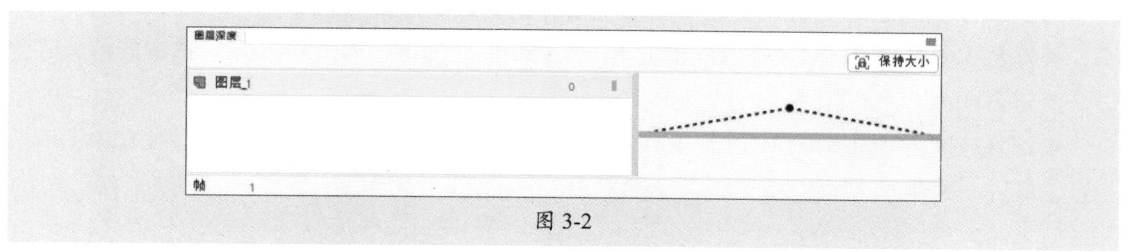

图 3-2

- **插入关键帧：**单击该按钮将插入关键帧。
- **插入空白关键帧：**单击该按钮将插入空白关键帧。
- **插入帧：**单击该按钮将插入普通帧。
- **绘图纸外观：**用于启用或禁用绘图纸外观。启用后，在“起始绘图纸外观”和“结束绘图纸外观”标记（在时间轴标题中）之间的所有帧都会被重叠为“文档”窗口中的一帧。长按“绘图纸外观”按钮，在弹出的菜单中执行命令可以设置绘图纸外观的效果。
- **插入传统补间：**在时间轴中选择帧，单击该按钮将创建传统补间动画。
- **插入补间动画：**在时间轴中选择帧，单击该按钮将创建补间动画。
- **插入形状补间：**在时间轴中选择帧，单击该按钮将创建形状补间动画。

- **调整时间轴视图大小**：用于调整时间轴缩放级别，向左滑动为缩小，向右滑动为放大。单击左侧的“将时间轴缩放重设为默认级别”按钮可重置为默认缩放级别。

3.1.2 帧的类型

Animate中的帧包括三种类型：普通帧、关键帧和空白关键帧，如图3-3所示。

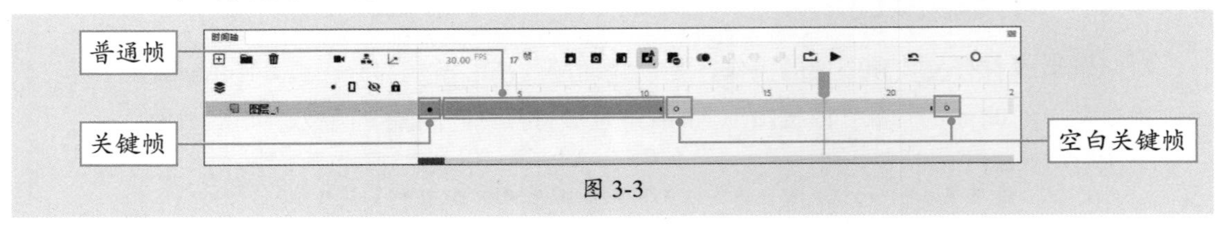

图 3-3

- **关键帧**：关键帧是在动画播放过程中，呈现关键性动作或内容变化的帧。关键帧定义了动画的变化环节。在时间轴中，关键帧以一个实心的小黑点表示。
- **普通帧**：普通帧一般处于关键帧后方，其作用是延长关键帧中动画的播放时间。一个关键帧后的普通帧越多，该关键帧的播放时间越长。普通帧呈灰色方格状态。
- **空白关键帧**：空白关键帧在时间轴中以一个空心圆表示，该关键帧中没有任何内容。若在其中添加内容，将转变为关键帧。

3.2 帧的编辑

帧是动画制作的基础，对它的编辑将影响整个动画的呈现效果。本节对帧的编辑进行介绍。

3.2.1 选择帧

选中帧后才可以对其进行编辑，常用的选择帧的方式包括以下4种。

- 若要选中单个帧，只需在时间轴上单击要选中的帧即可，如图3-4所示。选中的帧呈蓝色高亮显示。
- 若要选择连续的多个帧，可以直接按住鼠标拖动。或先选择第1帧，然后按住Shift键单击最后一帧即可，如图3-5所示。

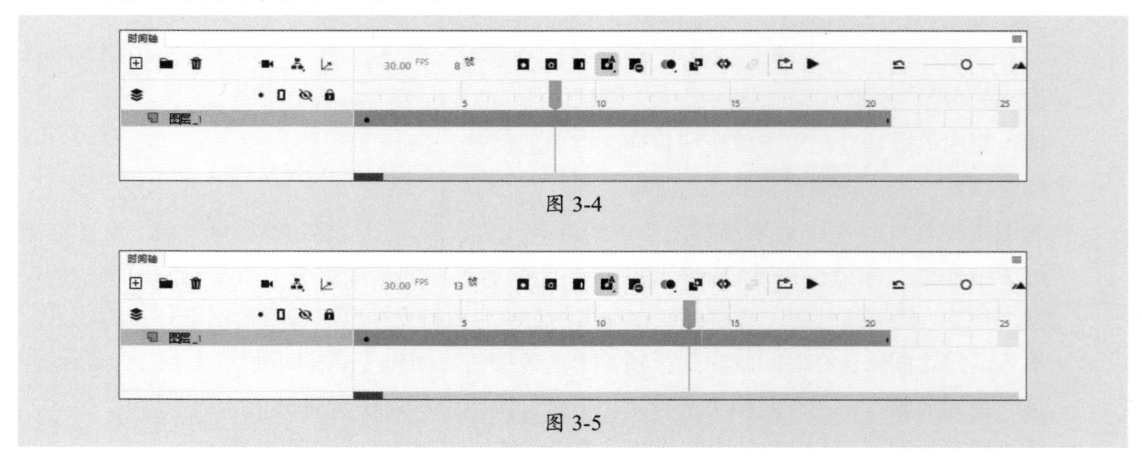

图 3-4

图 3-5

● 若要选择不连续的多个帧，按住Ctrl键依次单击要选择的帧即可，如图3-6所示。

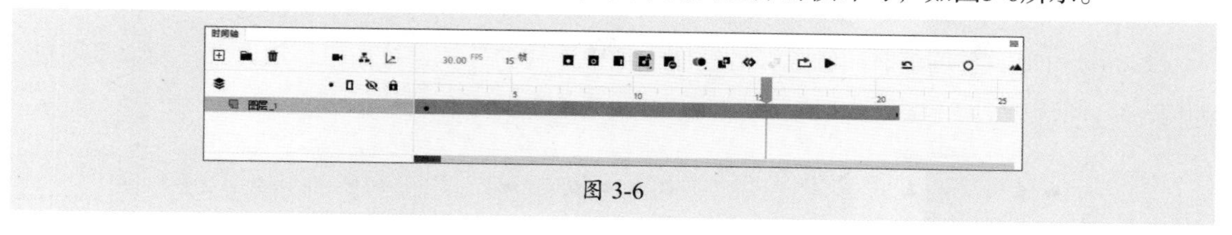

图 3-6

● 若要选择所有帧，只需选择某一帧后右击，在弹出的快捷菜单中执行“选择所有帧”命令即可，如图3-7所示。

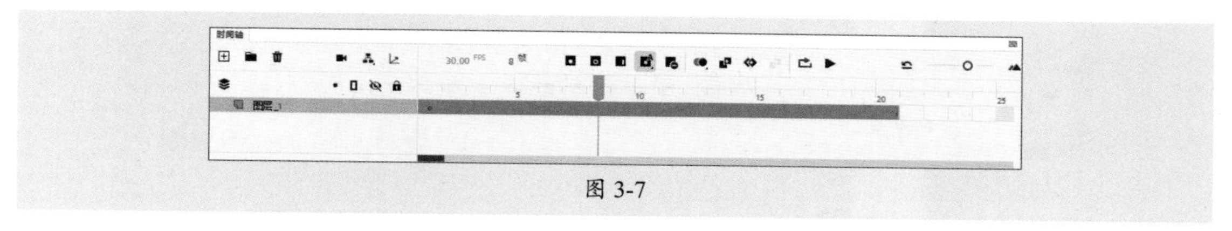

图 3-7

3.2.2 插入帧

不同帧的插入方式略有不同，下面进行详细介绍。

1. 插入普通帧

插入普通帧的方法主要有以下4种。

● 在需要插入帧的位置右击，在弹出的快捷菜单中执行“插入帧”命令。
● 在需要插入帧的位置单击，执行“插入”|“时间轴”|“帧”命令。
● 在需要插入帧的位置单击，按F5键。
● 在需要插入帧的位置单击，再单击“时间轴”面板中的“插入帧”按钮。

2. 插入关键帧

插入关键帧的方法主要有以下4种。

● 在需要插入关键帧的位置右击，在弹出的快捷菜单中执行“插入关键帧”命令。
● 在需要插入关键帧的位置单击，执行“插入”|“时间轴”|“关键帧”命令。
● 在需要插入关键帧的位置单击，按F6键。
● 在需要插入关键帧的位置单击，再单击“时间轴”面板中的“插入关键帧”按钮。

3. 插入空白关键帧

插入空白关键帧的方法主要有以下5种。

● 在需要插入空白关键帧的位置右击，在弹出的快捷菜单中选择“插入空白关键帧”命令。
● 若前一个关键帧中有内容，在需要插入空白关键帧的位置单击，执行“插入”|“时间轴”|“空白关键帧”命令。
● 若前一个关键帧中没有内容，直接插入关键帧即可得到空白关键帧。
● 在需要插入空白关键帧的位置单击，按F7键。
● 在需要插入空白关键帧的位置单击，再单击“时间轴”面板中的“插入空白关键帧”按钮。

3.2.3 移动帧

移动帧可以重新调整时间轴上帧的顺序。选中要移动的帧，按住鼠标拖曳至目标位置即可，如图3-8、图3-9所示。

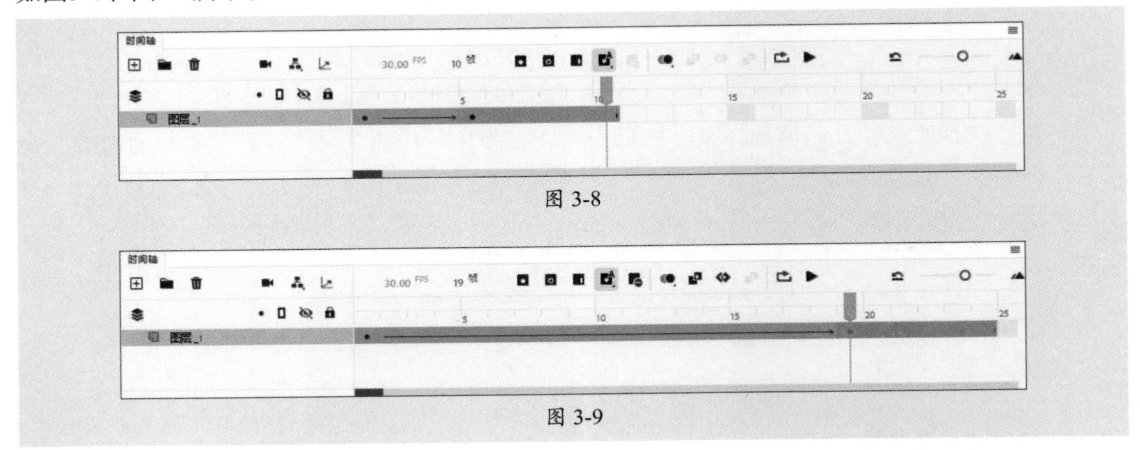

图 3-8

图 3-9

3.2.4 复制粘贴帧

复制粘贴帧可以得到内容完全相同的帧，常用的复制粘贴帧的方式有以下两种。

- 选中要复制的帧，按住Alt键拖曳至目标位置，如图3-10、图3-11所示。
- 选中要复制的帧右击，在弹出的快捷菜单中执行“复制帧”命令，移动光标至目标位置右击，在弹出的快捷菜单中执行“粘贴帧”命令。

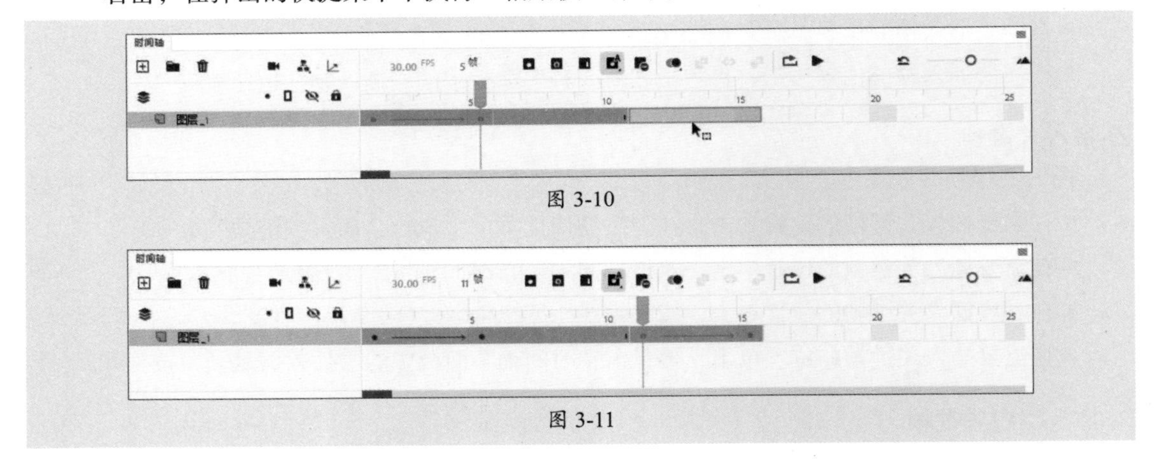

图 3-10

图 3-11

3.2.5 删除和清除帧

删除和清除帧都可用于处理文档中不需要的帧。区别在于删除帧可以将帧删除；清除帧只清除帧中的内容，将选中的帧转换为空白帧，不删除帧。

- **删除帧：** 选中要删除的帧右击，在弹出的快捷菜单中执行“删除帧”命令，或按Shift+F5组合键，即可将帧删除。
- **清除帧：** 选中要清除的帧右击，在弹出的快捷菜单中执行“清除帧”命令，将清除帧中的内容，并且当前帧变为空白关键帧，如图3-12所示。

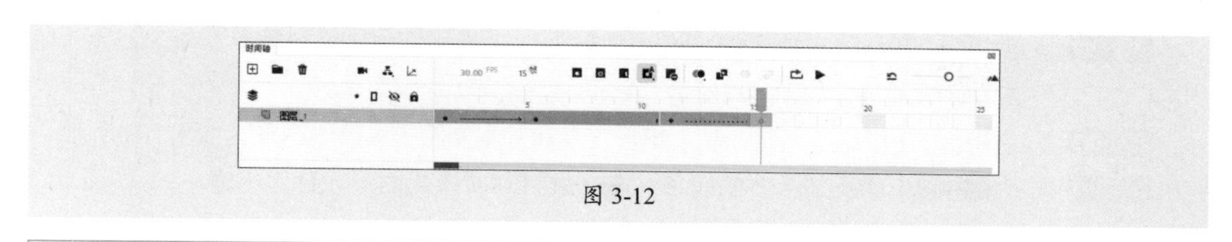

图 3-12

提示 选中关键帧后右击，在弹出的快捷菜单中执行“清除关键帧”命令，或按Shift+F6组合键，可将选中的关键帧转换为普通帧。

3.2.6 翻转帧

翻转帧可以将选中的帧的播放序列进行颠倒，即最后一个关键帧变为第一个关键帧，第一个关键帧成为最后一个关键帧。首先选择时间轴中的某一图层上的所有帧（该图层至少包含两个关键帧，且位于帧序的开始和结束位置）或多个帧，然后使用以下任意一种方式完成翻转帧的操作。

- 执行“修改”|“时间轴”|“翻转帧”命令。
- 在选择的帧上右击，在弹出的快捷菜单中执行“翻转帧”命令。

3.2.7 转换帧

将帧转换为关键帧或空白关键帧的方式如下。

- **转换为关键帧**：选中要转换为关键帧的帧右击，在弹出的快捷菜单中执行“转换为关键帧”命令或按F6键，可将选中帧转换为关键帧，如图3-13所示。

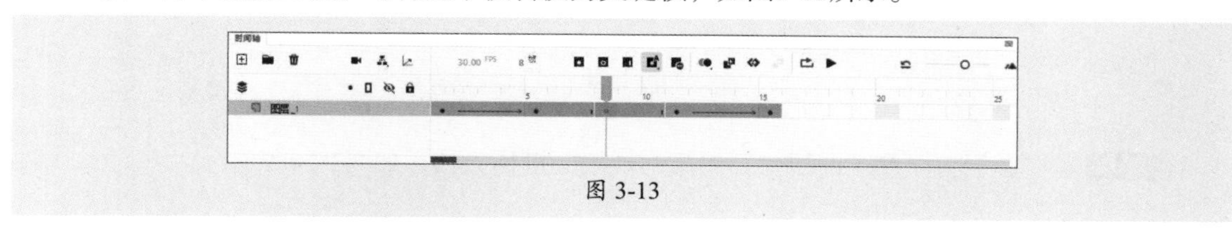

图 3-13

- **转换为空白关键帧**：“转换为空白关键帧”命令可以将当前帧转换为空白关键帧，并删除该帧以后的帧中的内容。选中需要转换为空白关键帧的帧右击，在弹出的快捷菜单中执行“转换为空白关键帧”命令或按F7键，可将选中帧转换为空白关键帧，如图3-14所示。

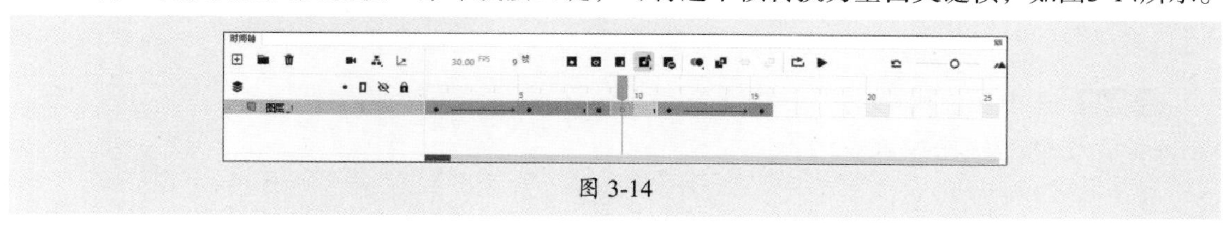

图 3-14

动手练 小球碰撞实验动画

案例素材：本书实例/第3章/动手练/小球碰撞实验动画

本案例以小球碰撞实验动画的制作为例，介绍编辑帧的方法。具体操作过程如下。

步骤 01 新建720×720px的空白文档，执行"文件"|"导入"|"导入到舞台"命令，导入使用AIGC工具生成的背景素材，如图3-15所示。

步骤 02 新建图层，使用线条工具、基本矩形工具和基本椭圆工具绘制图形，如图3-16所示。

步骤 03 选中最左侧小球及其上方的线条，按F8键将其转换为图形元件"小球左"，如图3-17所示。

步骤 04 使用相同的方法，将最右侧小球及其上方的线条转换为图形元件"小球右"，如图3-18所示。

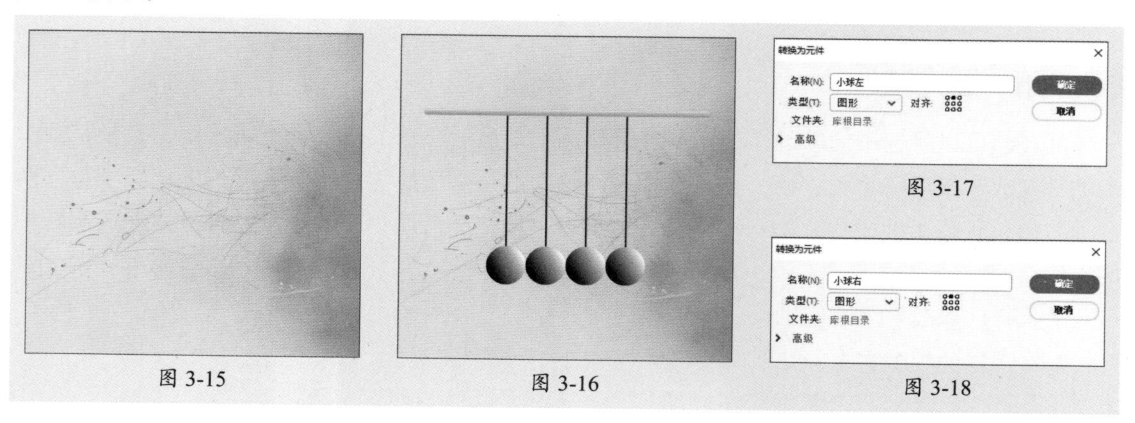

图 3-15　　图 3-16　　图 3-17　　图 3-18

步骤 05 选中两个元件，按Ctrl+Shift+D组合键分散到图层，如图3-19所示。

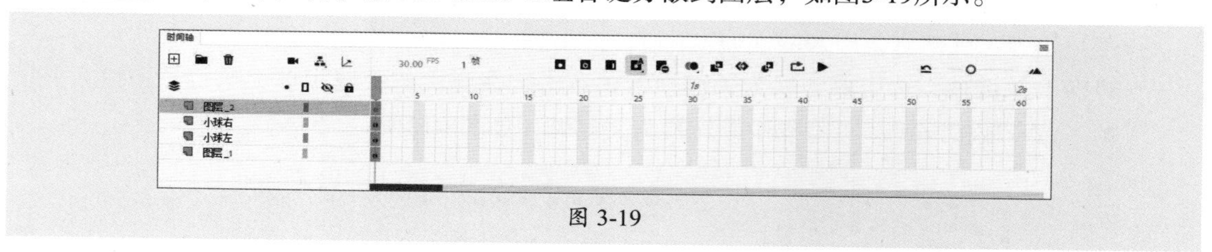

图 3-19

步骤 06 在"图层_1"和"图层_2"的第60帧按F5键插入帧，如图3-20所示。

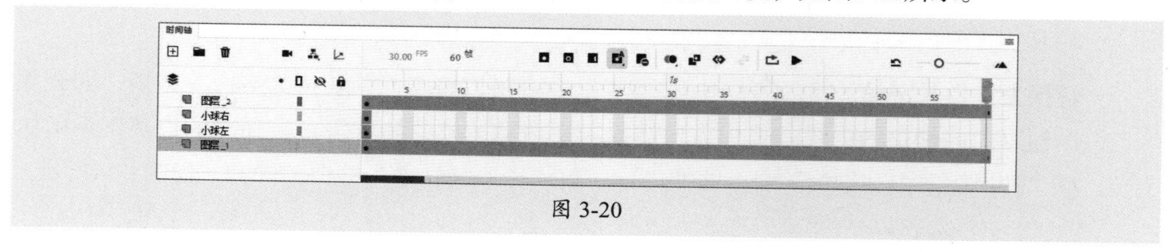

图 3-20

步骤 07 选中第1帧中的"小球左"实例，选择任意变形工具，调整其旋转中心位于线条顶端，如图3-21所示。

步骤 08 使用相同的方法，调整第1帧中的"小球右"实例的旋转中心位于线条顶端，如图3-22所示。

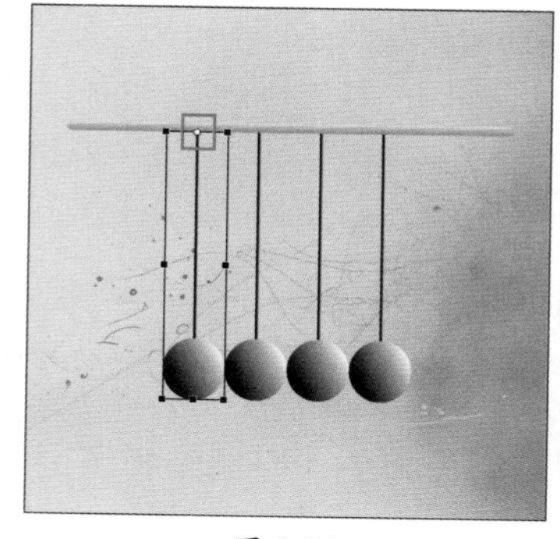
图 3-21

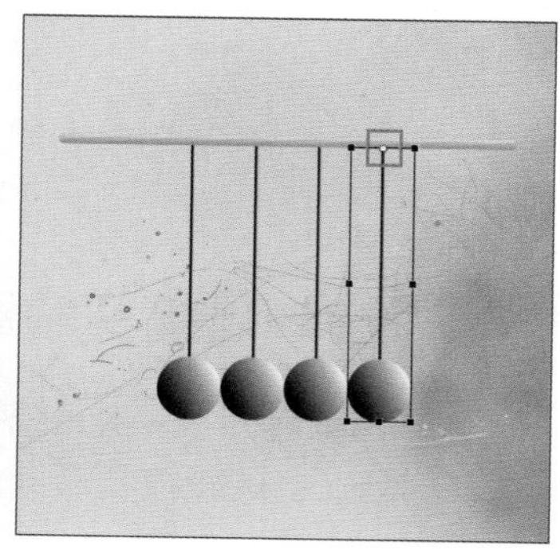
图 3-22

步骤 09 在“小球左”和“小球右”图层的第5帧、第9帧、第13帧和第17帧插入关键帧，如图3-23所示。

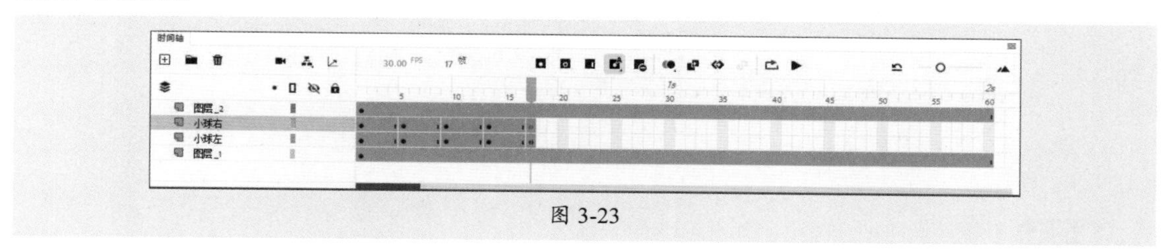

图 3-23

步骤 10 选中“小球右”图层的第1帧，选中“小球右”实例，使用任意变形工具将其旋转，如图3-24所示。使用参考线定位小球底端，如图3-25所示。

步骤 11 选中“小球左”图层的第9帧，选中“小球左”实例，根据参考线定位进行旋转，如图3-26所示。

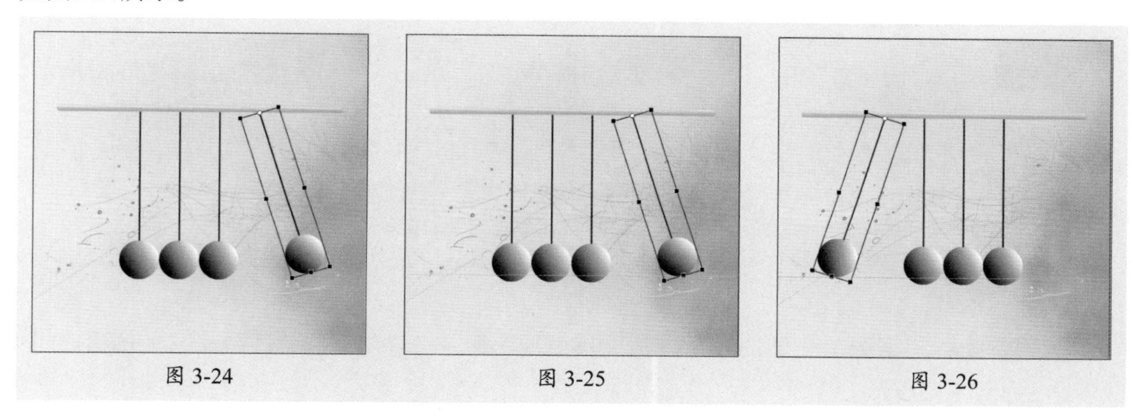

图 3-24　　图 3-25　　图 3-26

步骤 12 选中“小球右”图层的第1帧，右击，在弹出的快捷菜单中执行“复制帧”命令，选中“小球右”图层的第17帧，右击，在弹出的快捷菜单中执行“粘贴帧”命令，复制帧。按住Ctrl键，单击选择“小球右”第1～5帧、13～17帧的任意一帧，“小球左”第5～9帧、10～13帧的任意一帧，如图3-27所示。

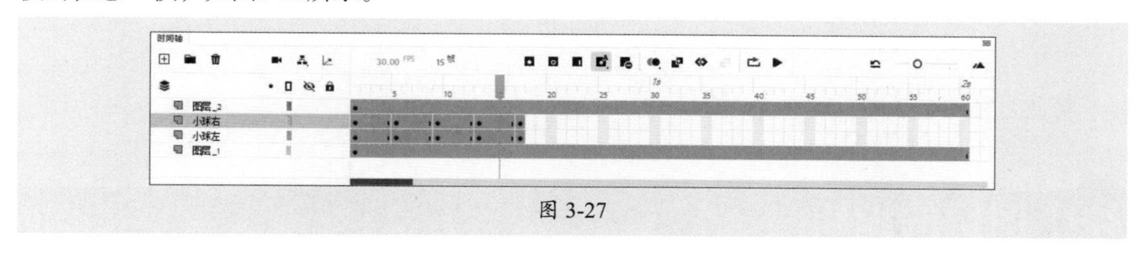

图 3-27

步骤 13 单击“时间轴”面板中的“插入传统补间”按钮创建传统补间动画，如图3-28所示。

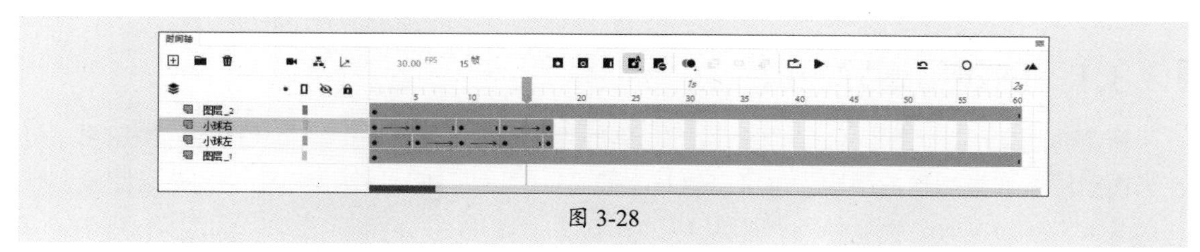

图 3-28

步骤 14 选中“小球左”和“小球右”图层的所有帧，按住Alt键向右拖曳复制，如图3-29所示。

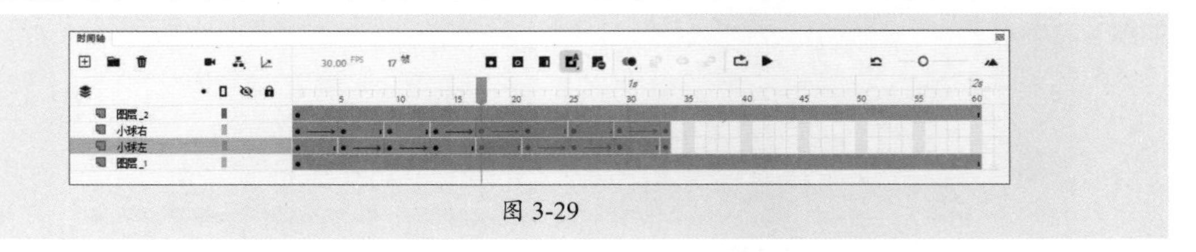

图 3-29

步骤 15 重复步骤14的操作，如图3-30所示。

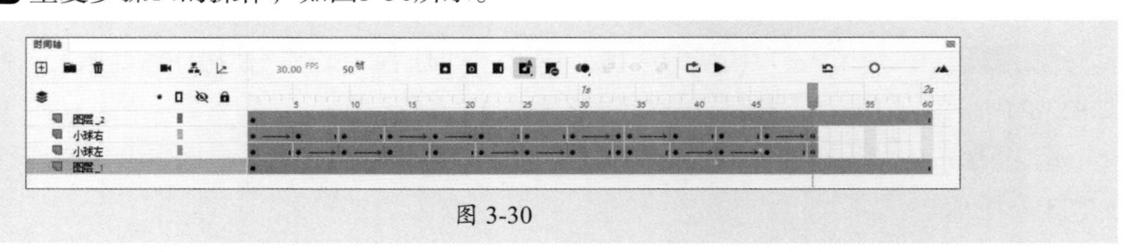

图 3-30

步骤 16 选中“图层_1”和“图层_2”的第51～60帧，按Shift+F5组合键删除，如图3-31所示。

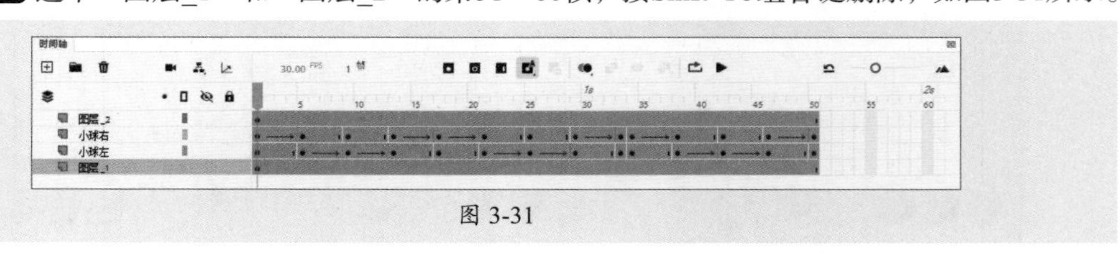

图 3-31

步骤 17 执行“视图”|“辅助线”|“清除辅助线”命令清除辅助线，按Ctrl+Enter组合键测试预览，如图3-32所示。

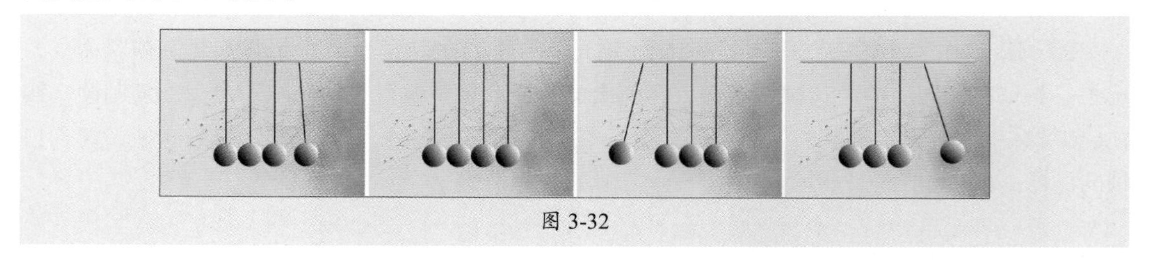

图 3-32

至此，完成小球碰撞实验动画的制作。

3.3 图层的编辑

图层是组织和管理动画、图形和其他元素的重要工具，通过应用和编辑图层，可以制作出更加复杂的动画效果。本节对图层的编辑进行介绍。

3.3.1 创建与删除图层

新建动画文档后，默认只有“图层_1”。单击“时间轴”面板中的“新建图层”按钮⊞，将在当前图层上方添加新的图层。也可以执行“插入”|“时间轴”|“图层”命令创建新图层。默认情况下，新创建的图层将按照“图层_1”“图层_2”“图层_3”的顺序命名，如图3-33所示。

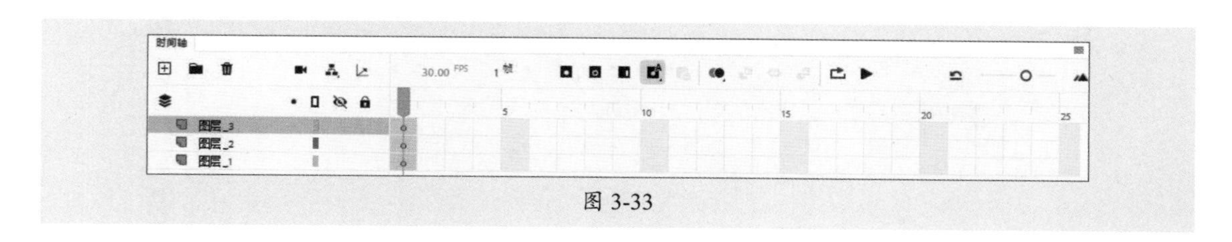

图 3-33

制作动画的过程中，对于不需要的图层，可以选择将其删除。常用的删除图层的方式有以下三种。

- 选中图层后右击，在弹出的快捷菜单中执行“删除图层”命令。
- 选中图层后，单击“时间轴”面板中的“删除”按钮。
- 将要删除的图层拖曳至“删除”按钮上。

3.3.2 选择图层

选中图层后才可对其进行编辑。下面对单个图层和多个图层的选择方式进行介绍。

1. 选择单个图层

选择单个图层有以下三种方法。

- 在“时间轴”面板中单击图层名称，即可将其选择。
- 选择“时间轴”面板中的帧，即可选择该帧所对应的图层。
- 在舞台中单击选中要选择图层中所含的对象，即可选择该图层。

2. 选择多个图层

按住Shift键在要选中的第一个图层和最后一个图层上单击，即可选中这两个图层之间的所有图层，如图3-34所示；按住Ctrl键单击要选中的图层，可以选择多个不相邻的图层，如图3-35所示。

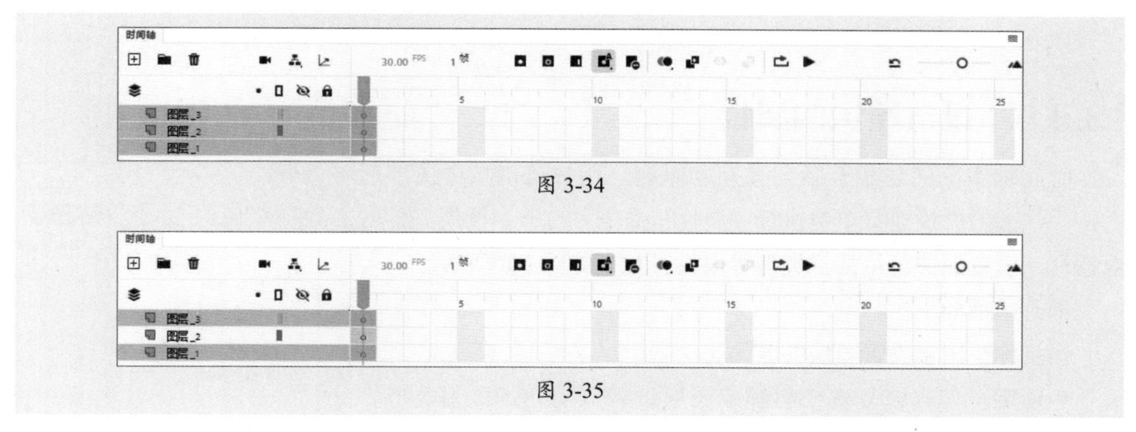

图 3-34

图 3-35

3.3.3 重命名图层

重命名图层可以使图层更具辨识度，方便管理。双击“时间轴”面板中的图层名称进入编辑状态，如图3-36所示。在文本框中输入新名称，按Enter键或在空白处单击确认即可，如图3-37所示。

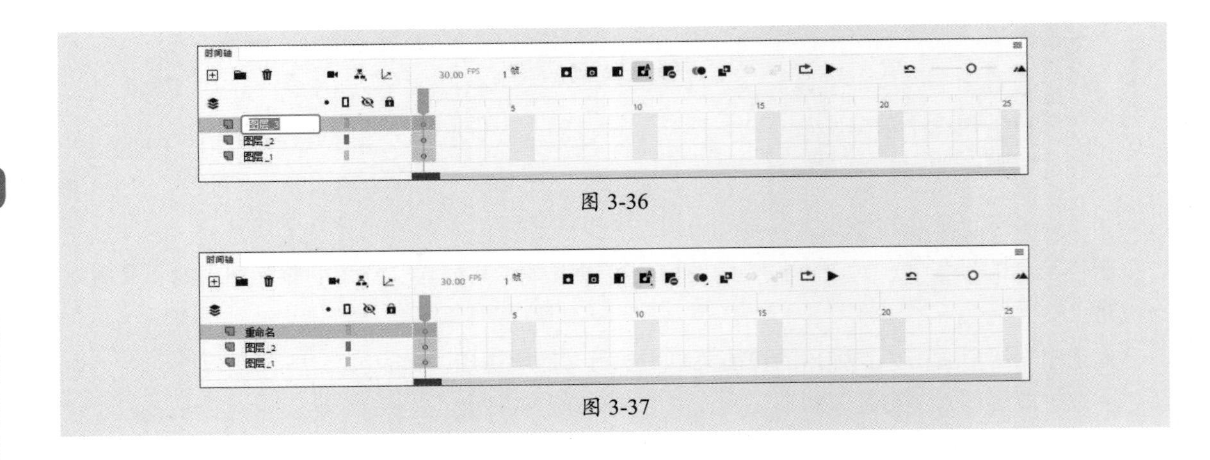

图 3-36

图 3-37

3.3.4　调整图层的顺序

图层顺序影响舞台中对象的显示。用户可以根据需要调整图层顺序，以满足制作需要。选择需要移动的图层，按住鼠标拖曳至合适位置后释放鼠标，即可将图层拖动到新的位置，如图3-38、图3-39所示。

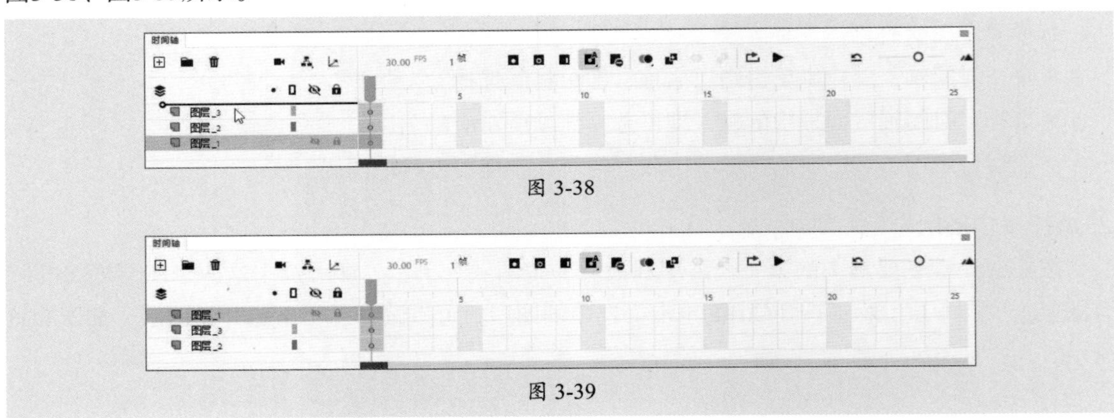

图 3-38

图 3-39

3.3.5　设置图层的属性

时间轴中的图层相互独立又互相影响。用户可以选中图层后右击，在弹出的快捷菜单中执行“属性”命令，打开“图层属性”对话框，设置图层可见性、类型等属性参数，如图3-40所示。

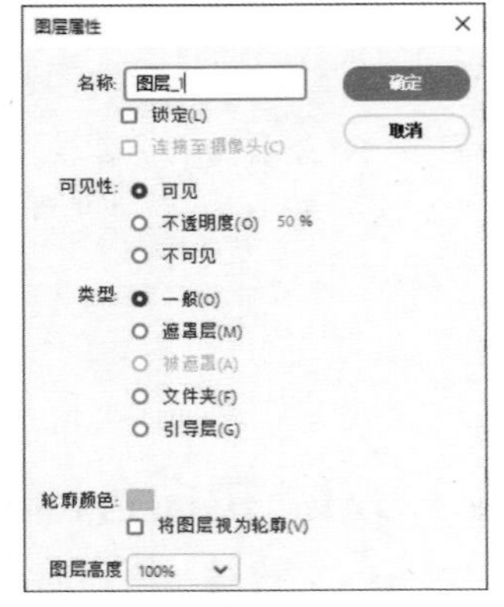

图 3-40

部分选项如下。

- **名称：** 用于设置图层的名称。
- **锁定：** 勾选该复选框将锁定图层；若取消勾选该复选框，可以解锁图层。
- **可见性：** 用于设置图层是否可见。若选中“可见”单选按钮，则显示图层；若选中“不可见”单选按钮，则隐藏图层；若选中“不透明度”单选按钮，则可以设置图层不透明度。默认选中“可见”单选按钮。

- **类型：** 用于设置图层类型，包括“一般”“遮罩层”“被遮罩”“文件夹”和“引导层”5种。若选中“一般”单选按钮，则默认为普通图层；若选中“遮罩层”单选按钮，则将该图层创建为遮罩图层；若选中“被遮罩”单选按钮，则该图层与上面的遮罩层建立链接关系，成为被遮罩层，该选项只有在选择遮罩层下面一层时才可用；若选中“文件夹”单选按钮，则会将图层转换为图层文件夹；若选中“引导层”单选按钮，则会将当前图层设为引导层。默认选中“一般”单选按钮。
- **轮廓颜色：** 用于设置图层轮廓颜色。
- **将图层视为轮廓：** 勾选该复选框后，图层中的对象将以线框模式显示。
- **图层高度：** 用于设置图层的高度。

3.3.6 设置图层的状态

图层的状态影响图层对象的编辑，用户可以在“时间轴”面板中设置图层的状态。下面进行介绍。

1. 突出显示图层

突出显示图层可以使图层以轮廓颜色突出显示，便于用户标注重点图层。单击“时间轴”面板中图层名称右侧的“突出显示图层”按钮，可使该图层以轮廓颜色显示，如图3-41所示。再次单击可取消突出显示。

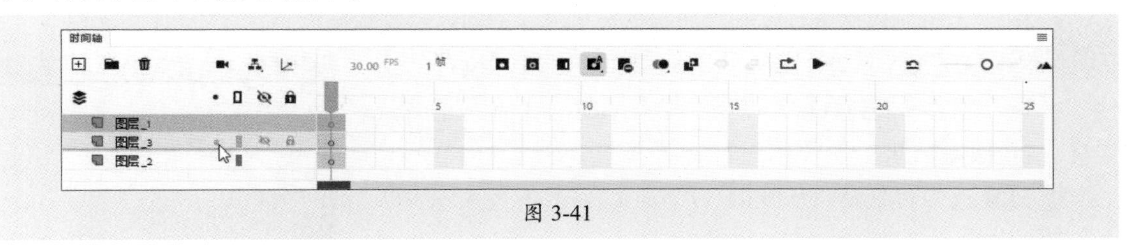

图 3-41

2. 显示图层的轮廓

当某个图层中的对象被另外一个图层中的对象遮盖时，可以使上层图层处于轮廓显示状态，以便对当前图层进行编辑。图层处于轮廓显示时，舞台中的对象只显示其外轮廓。单击图层中的“轮廓显示”按钮，即可使该图层中的对象以轮廓方式显示，如图3-42所示。再次单击“轮廓显示”按钮，可恢复图层中对象的正常显示，如图3-43所示。

图 3-42

图 3-43

3. 显示与隐藏图层

用户可以根据需要控制图层的隐藏与显示。隐藏状态下的图层不可见也不能被编辑，完成编辑后可以再将隐藏的图层显示出来。单击图层名称右侧隐藏栏中的图标即可隐藏图层，隐藏的图层上将标记一个图标，如图3-44所示。再次单击隐藏栏中标记的图标将显示图层。

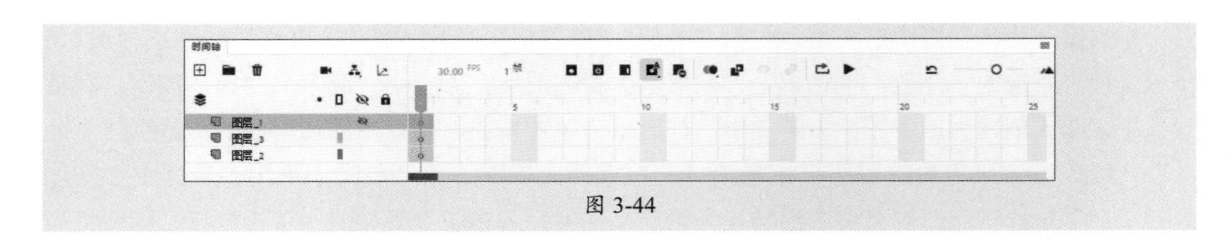

图 3-44

4. 锁定与解锁图层

图层被锁定后不能对其进行编辑，但可在舞台中显示。单击图层名称右侧锁定栏中的▢图标即可锁定图层，锁定的图层上将标记一个🔒图标，如图3-45所示。再次单击锁定栏中标记的图标将解锁图层。

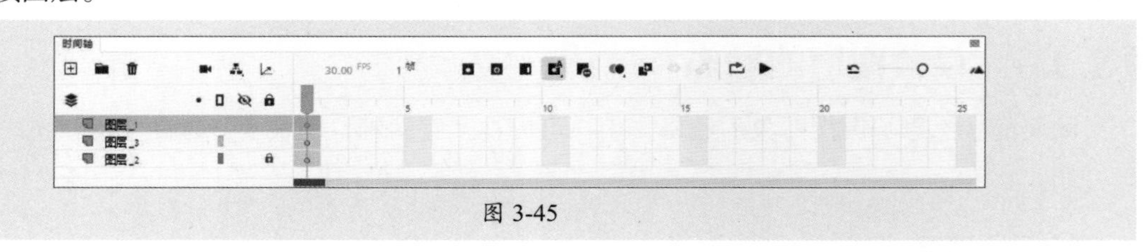

图 3-45

动手练 文本弹跳动画

案例素材：本书实例/第3章/动手练/文本弹跳动画

本案例以文本弹跳动画的制作为例，介绍图层的编辑操作。具体操作过程如下。

步骤 01 新建720×720px的空白文档，执行“文件”|“导入”|“导入到舞台”命令，导入AIGC工具生成的背景素材，如图3-46所示。

图 3-46

步骤 02 选中背景素材所在的“图层_1”，双击进入编辑状态，重命名为“背景”，如图3-47所示。

步骤 03 在“背景”图层的第60帧按F5键插入帧，锁定图层。单击“时间轴”面板中的“新建图层”按钮⊞，新建图层，并重命名为“文本”，如图3-48所示。

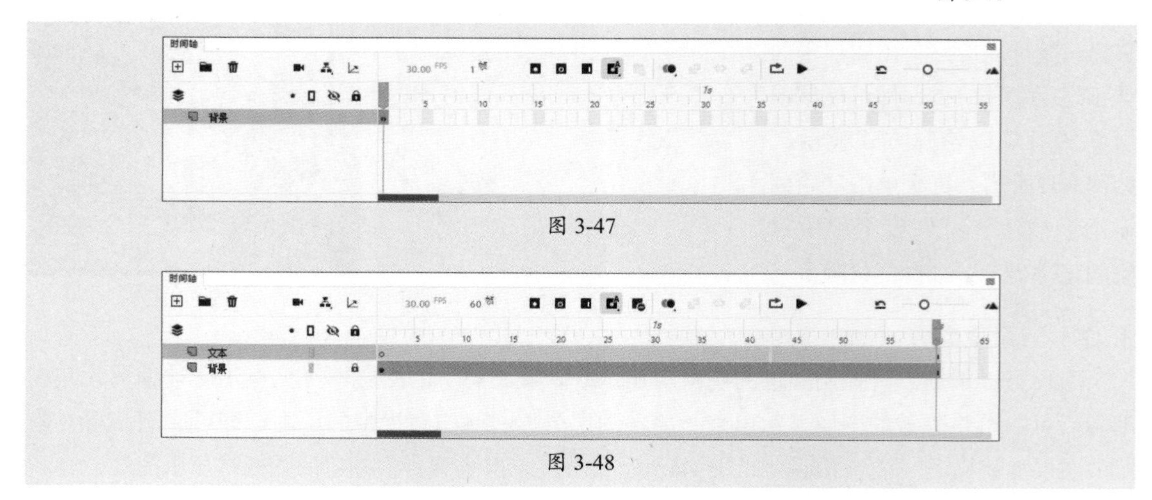

图 3-47

图 3-48

步骤04 选中“文本”图层的第1帧，选择文本工具，在舞台中单击并输入文本，在“属性”面板中设置喜欢的字体样式，效果如图3-49所示。

步骤05 选中文本，按Ctrl+B组合键分离，分别将文本转换为图形元件“文本_1”～“文本_6”，如图3-50所示。

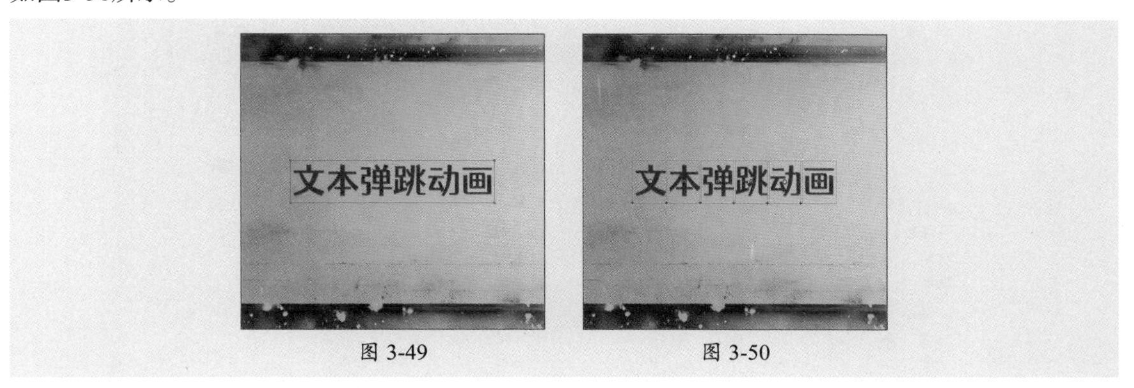

图 3-49　　图 3-50

步骤06 选中图形元件“文本_1”～“文本_6”，按Ctrl+Shift+D组合键分散到图层，如图3-51所示。

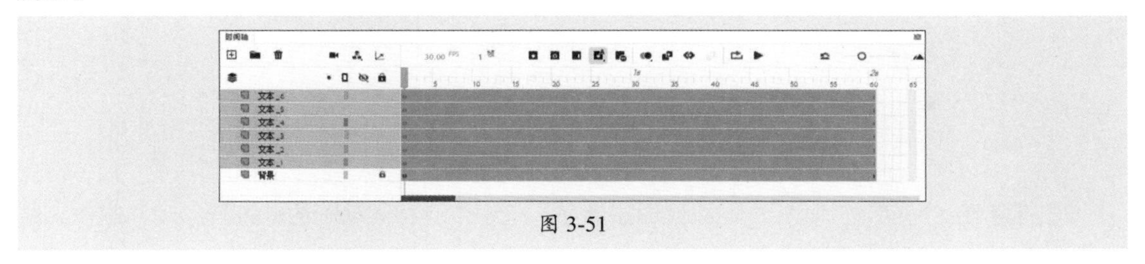

图 3-51

步骤07 选中“文本_1”～“文本_6”图层的第5帧和第9帧，按F6键插入关键帧，如图3-52所示。

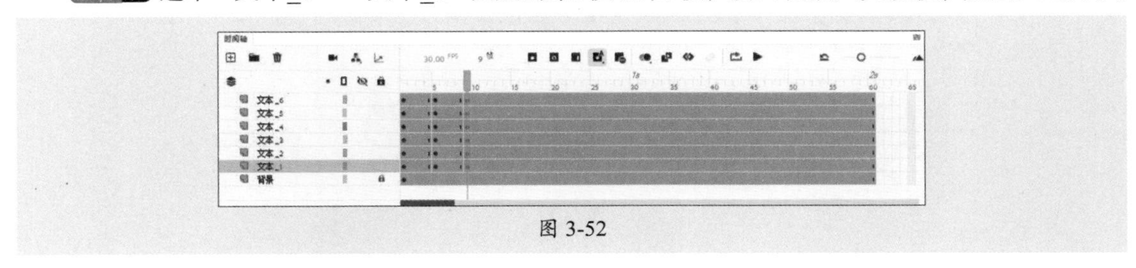

图 3-52

步骤08 选中第5帧，选择舞台中的对象，向上移动，如图3-53所示。

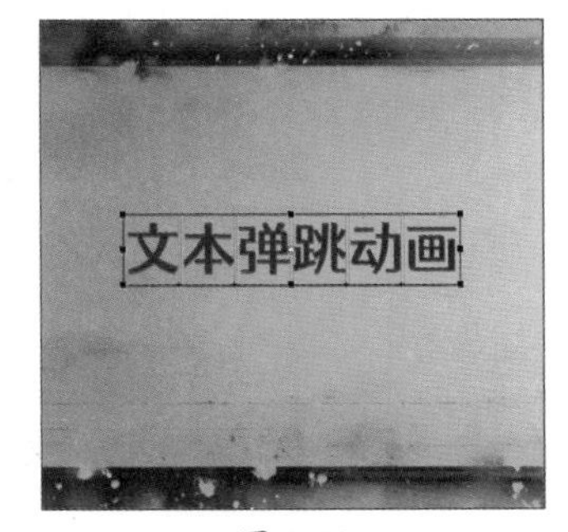

图 3-53

步骤09 选中“文本_1”～“文本_6”图层的第1～5、5～9帧的任意帧，单击“时间轴”面板中的“插入传统补间”按钮创建传统补间动画，如图3-54所示。

步骤10 选中“文本_1”～“文本_6”图层的第1～5帧任意帧，在“属性”面板“补间”选项组中设置“效果”中的“缓动强度”为-100，如图3-55所示。

步骤11 选中“文本_1”～“文本_6”图层的第5～9帧任意帧，在“属性”面板“补间”选项组中设置“效果”中的“缓动强度”为100，如图3-56所示。

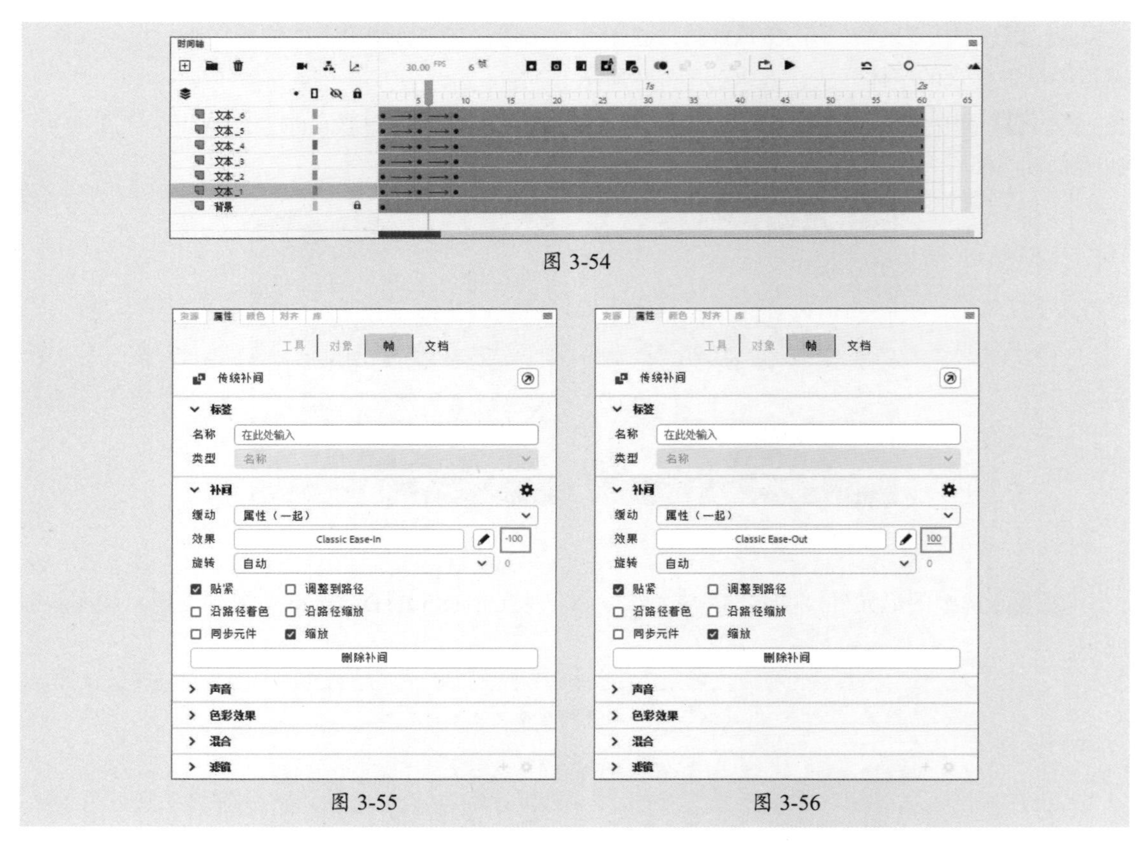

图 3-54

图 3-55　　图 3-56

步骤 12 在“时间轴”面板中，按照图层顺序，选中带有补间动画的帧进行移动，制作出错落播放的效果，如图3-57所示。

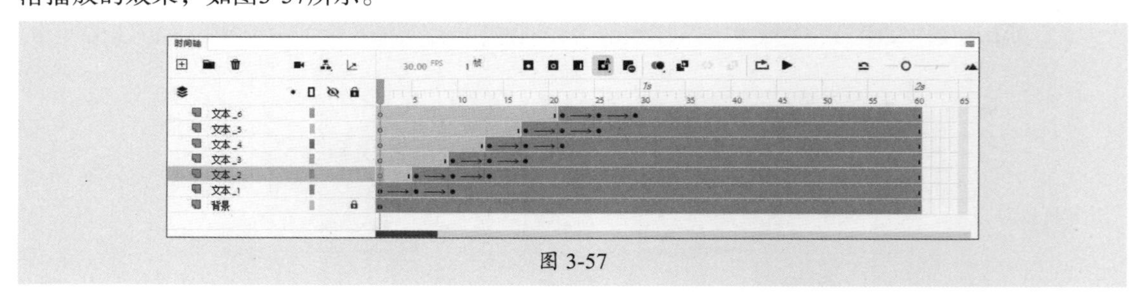

图 3-57

步骤 13 按Ctrl+Enter组合键测试预览，如图3-58所示。

图 3-58

至此，完成文本弹跳动画的制作。

3.4 案例实战：制作语文课件

案例素材：本书实例/第3章/案例实战/制作语文课件

本案例以语文课件的制作为例，介绍时间轴和图层的应用方法，制作前可以通过AIGC工具提炼常见的文本动画，再在软件中进行制作，关键字及生成内容如下。

关键帧：课件中常见的文本动画

生成内容：在制作课件时，常见的文本出现动画效果包括如下几种。

- 淡入效果：文本逐渐显现，适合引入新概念。
- 飞入效果：文本从一侧飞入，强调重点内容。
- 打字效果：逐字出现，增加悬念。
- 缩放效果：文本放大或缩小，突出重要信息。
- 旋转效果：文本旋转进入，活跃气氛。
- 上下滑动效果：文本从上或下滑入，适合展示列表。
- 闪烁效果：文本快速闪烁，吸引注意。
- 弹跳效果：文本跳动出现，增加趣味性。
- 渐变效果：文本颜色逐渐变化，强调主题。
- 分组出现：文本分组逐个出现，便于理解复杂信息。

使用建议

- 适度使用：避免过多动画造成注意力分散。
- 保持一致性：确保动画风格统一。
- 与内容结合：选择合适的动画服务于教学目标。

这些动画效果可以提高课件的趣味性和互动性，帮助学生更好地理解和记忆内容。

具体操作过程如下。

步骤 01 新建一个800×600px的空白文档，执行“文件”|“导入”|“导入到舞台”命令，导入本章背景素材，调整合适大小和位置，如图3-59所示。重命名图层为“背景”，并在第284帧按F5键插入帧，锁定图层。

步骤 02 新建图层，重命名为“文本1”，在第7帧按F7键插入空白关键帧，使用文本工具在舞台中单击并输入文本，如图3-60所示。

步骤 03 选中输入的文本，按F8键将其换转为图形元件“text 1”，如图3-61所示。

图 3-59

图 3-60

图 3-61

步骤04 在“文本1”图层的第17帧插入关键帧，选中第7帧中的对象，使用任意变形工具放大，如图3-62所示。选中元件，在“属性”面板中设置色彩效果为Alpha，数值为0%，如图3-63所示。

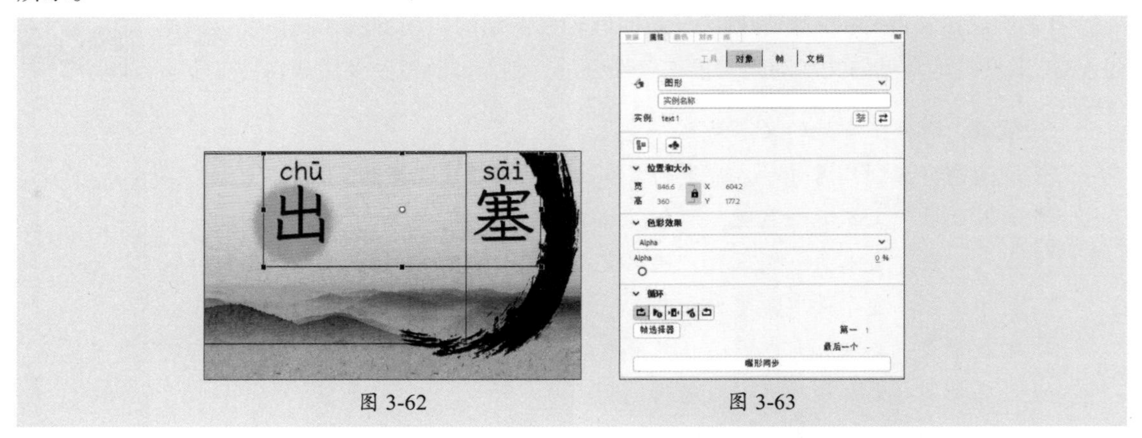

图 3-62　　图 3-63

步骤05 选中“文本1”图层第7～17帧任意帧，单击“时间轴”面板中的“插入传统补间”按钮创建传统补间动画，如图3-64所示。

步骤06 新建图层，并重命名为“文本2”，在第25帧插入空白关键帧，输入文本，并转换为图形元件“text 2”，如图3-65所示。

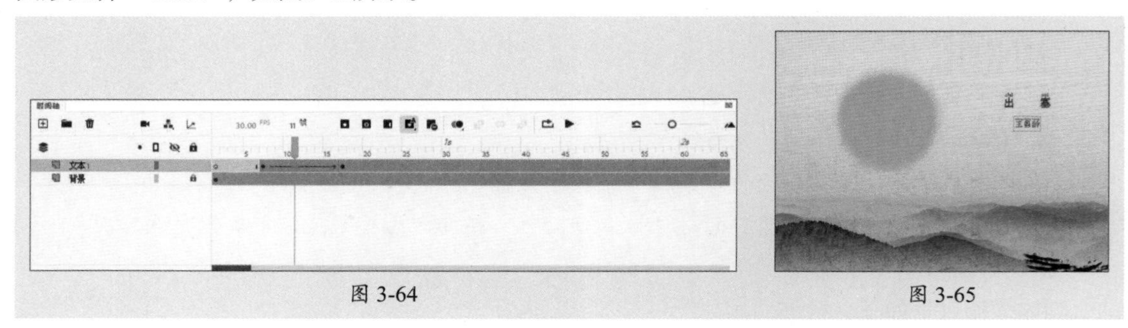

图 3-64　　图 3-65

步骤07 在“文本2”图层的第39帧插入关键帧，选中第25帧中的对象，将其右移出舞台，如图3-66所示。选中“文本2”图层第25～39帧任意帧，单击“时间轴”面板中的“插入传统补间”按钮创建传统补间动画，如图3-67所示。

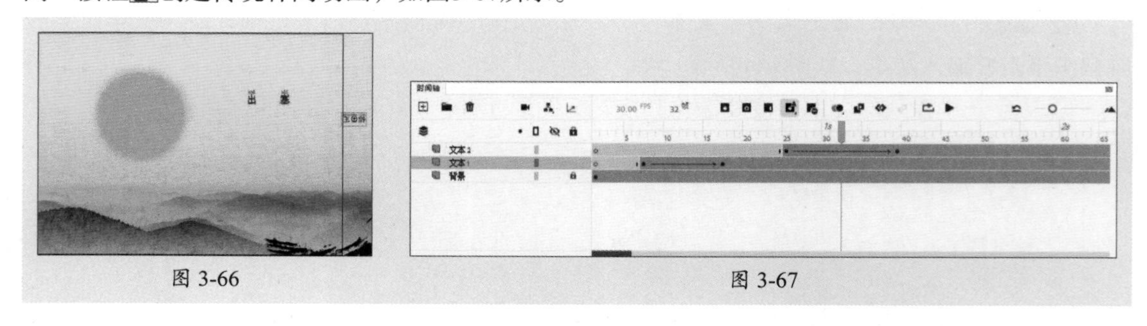

图 3-66　　图 3-67

步骤08 新建“文本3”图层，在第62帧插入空白关键帧，输入文本，打散后按行转换为图形元件“text_3”～“text_6”，如图3-68所示。

步骤09 选中元件“text_3”～“text_6”，按Ctrl+Shift+D组合键分散到图层，如图3-69所示。

图 3-68

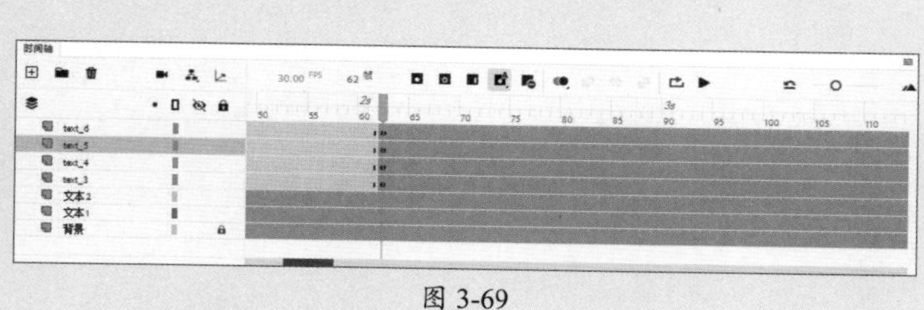

图 3-69

步骤 10 新建图层，在第62帧插入空白关键帧，使用矩形工具绘制矩形，如图3-70所示。

步骤 11 选中绘制的矩形，依次转换为图形元件“z1”～“z4”，如图3-71所示。

步骤 12 选中元件“z1”～“z4”，按Ctrl+Shift+D组合键分散到图层，如图3-72所示。

图 3-70

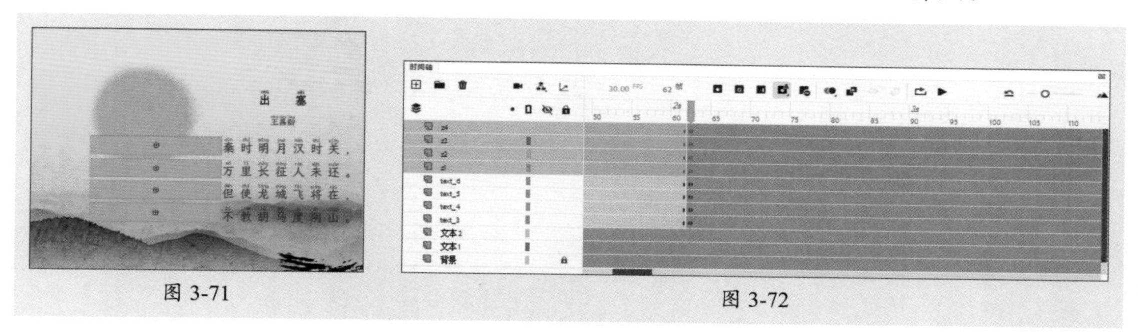

图 3-71　　图 3-72

步骤 13 在“z1”～“z4”图层的第108帧插入关键帧，在舞台中移动元件“z1”～“z4”，使其完全覆盖诗句，如图3-73所示。

步骤 14 选中“z1”～“z4”图层第62～108帧任意一帧，单击“时间轴”面板中的“插入传统补间”按钮创建传统补间动画，如图3-74所示。

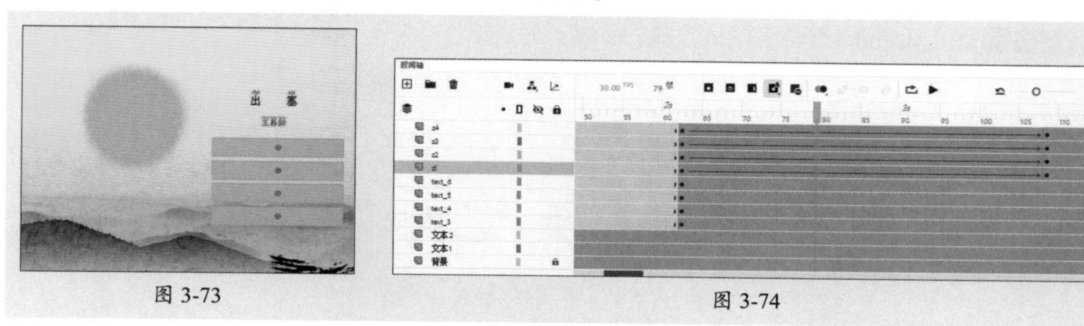

图 3-73　　图 3-74

步骤 15 根据矩形和诗句对应关系调整图层顺序，如图3-75所示。

步骤 16 选中“z1”～“z4”图层，右击，在弹出的快捷菜单中执行“遮罩层”命令创建遮罩，如图3-76所示。

步骤 17 选中创建补间的帧及其下方图层的帧，移动位置，如图3-77所示。

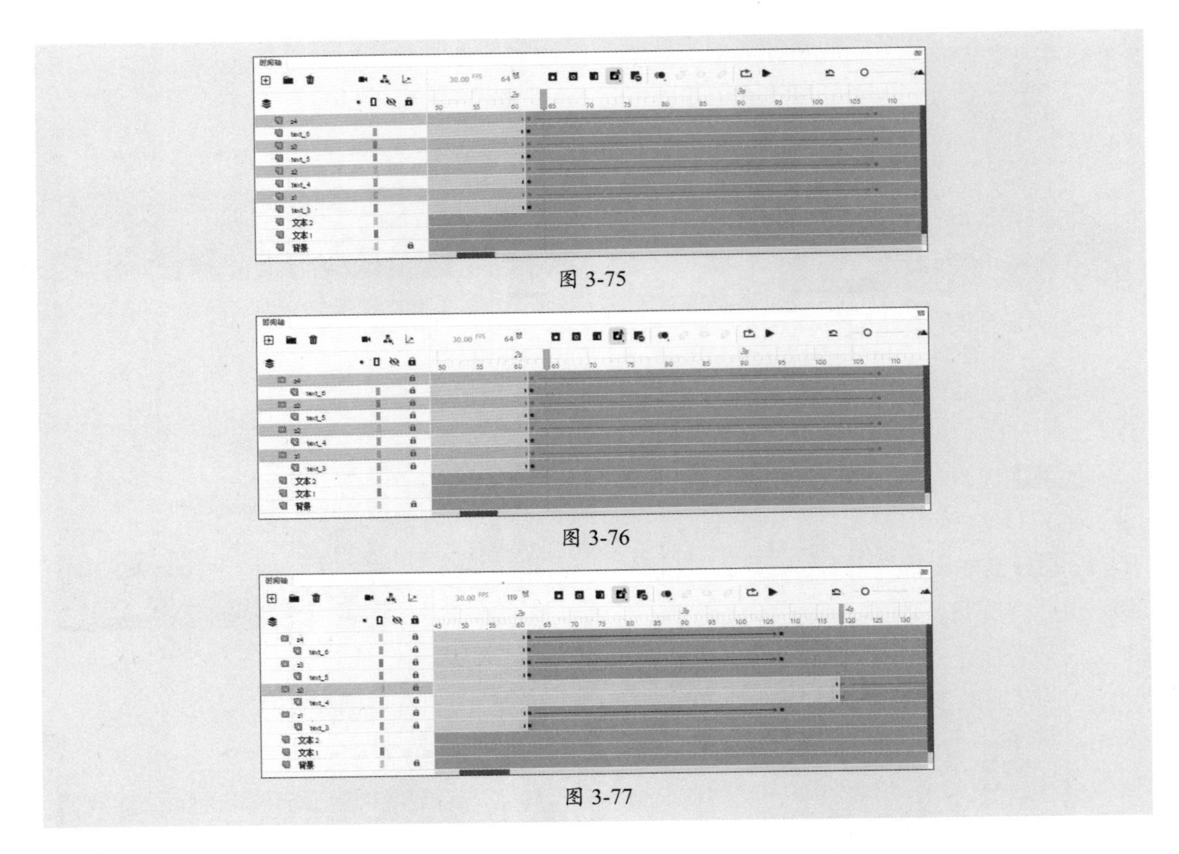

图 3-75

图 3-76

图 3-77

步骤18 重复步骤17的操作，效果如图3-78所示。

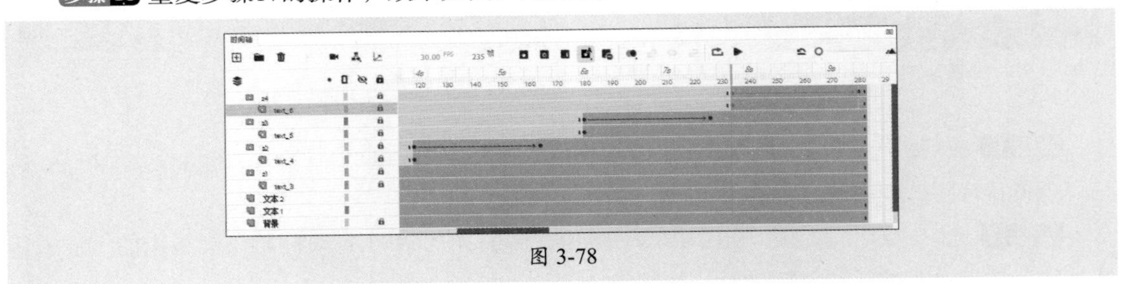

图 3-78

步骤19 按Ctrl+Enter组合键测试预览，如图3-79所示。

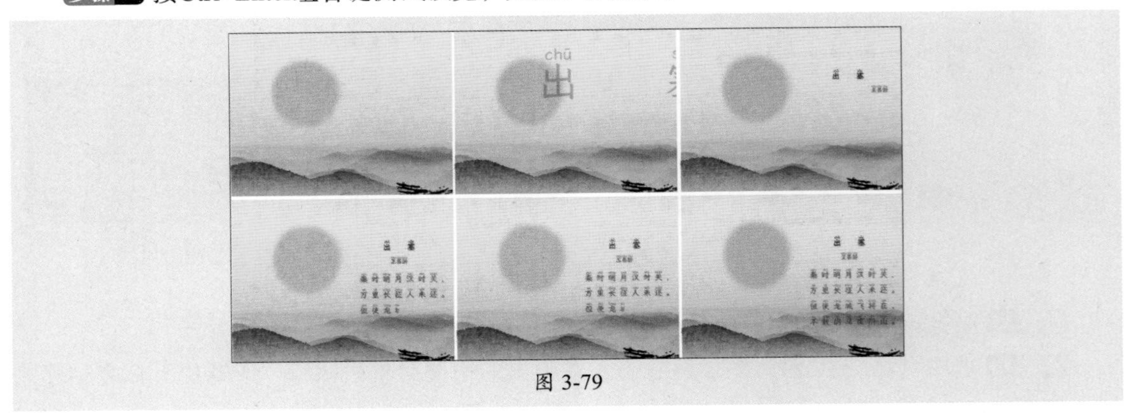

图 3-79

至此，完成语文课件的制作。

3.5 拓展练习

练习1　游动的鱼

案例素材：本书实例/第3章/拓展练习/ 游动的鱼

下面练习通过创建关键帧、创建图层、“插入传统补间”按钮制作游动的鱼动画。

制作思路

打开本章素材文件，新建图层，将素材添加至新图层中，如图3-80所示。新建图层，绘制路线，将路线所在的图层设置为引导层，添加关键帧，设置素材在第1帧和最后一帧的位置，如图3-81、图3-82所示。创建传统补间动画。

图 3-80

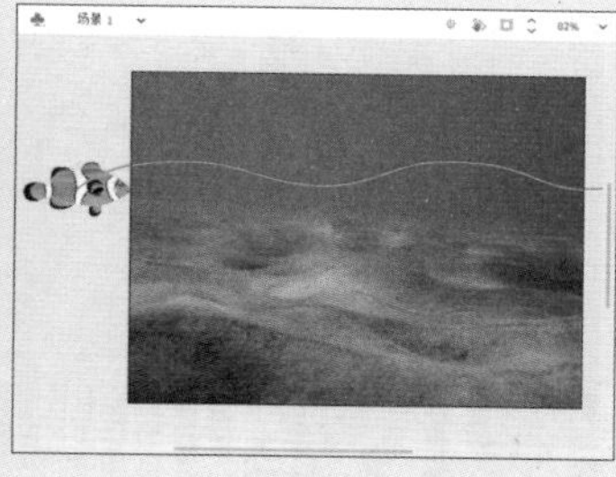

图 3-81

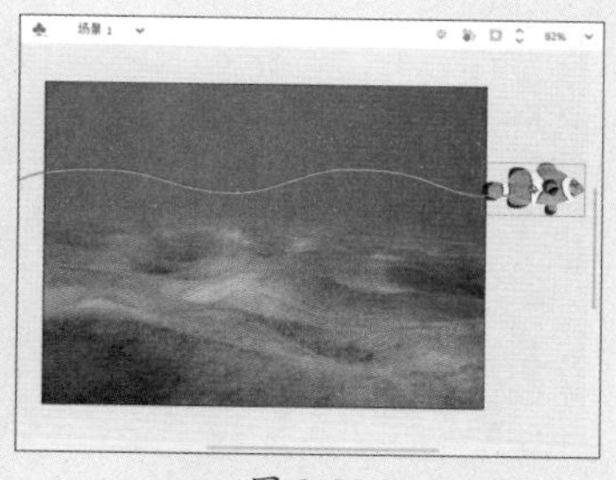

图 3-82

练习2　文本弹出动画

案例素材：本书实例/第3章/拓展练习/文本弹出动画

下面练习使用文本工具、分离操作、“转换为元件”命令及创建关键帧制作文本弹出动画。

制作思路

新建文档后导入背景素材，使用文本工具输入文本，如图3-83所示。选中输入的文本，将其分离并分散到图层，转换为元件，添加关键帧，放大文本，如图3-84所示。缩小第1帧中的文本，并设置为透明，创建传统补间动画，调整帧的位置，如图3-85所示。

图 3-83

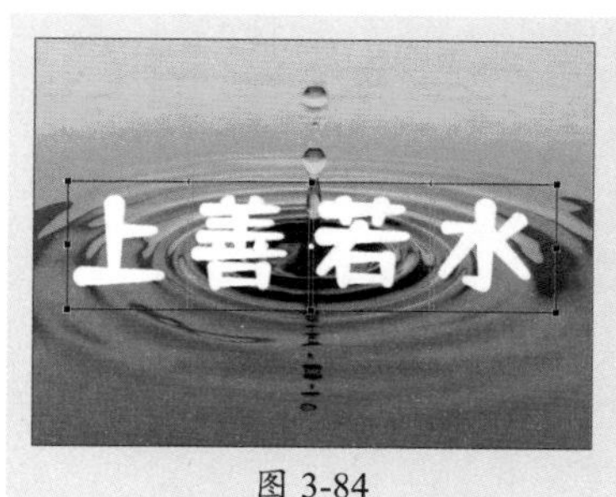

图 3-84

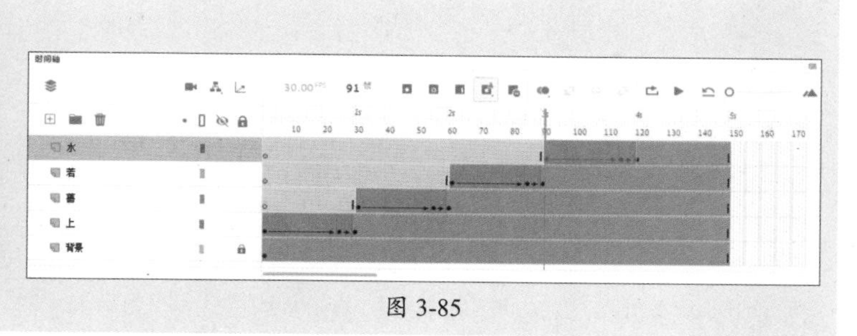

图 3-85

第4章

文本动画：文字表现与动态效果

本章概述

文本在动画中不仅可以明确传达主题，还能直观地传递信息和情感。本章对文本的创建与编辑知识进行介绍，包括文本工具的使用、文本样式的设置、文本的分离与变形，以及滤镜功能的应用。学习并掌握这些知识，有助于创造出丰富多样的文本效果，增强动画作品的表现力与吸引力。

要点难点

- 文本工具的使用
- 文本样式的设置
- 文本的分离与变形
- 滤镜功能的应用

4.1 文本工具的使用

文本在动画中不仅是信息的载体，还可以增强动画的视觉表现力和吸引力，提升动画的整体效果。下面对不同类型文本的文本工具的使用方法进行介绍。

4.1.1 静态文本

静态文本是大量信息的传播载体，在动画运行期间不可以编辑修改。该类型文本主要用于文字的输入与编排，起到解释说明的作用。选择“文本工具”T，或按T键切换至文本工具，在“属性”面板“实例行为”下拉列表中选择“静态文本”选项，如图4-1所示。

创建静态文本包括文本标签和文本框两种方式。两种方式的区别在于有无自动换行。下面对静态文本的创建进行介绍。

（1）文本标签

选择“文本工具”T或按T键切换至文本工具，在“属性”面板中设置文本类型为静态文本，在舞台中单击，即可看到一个右上角显示圆形手柄的文字输入框，在该文字输入框中输入文字，文字输入框会随着文字的添加自动扩展，而不会自动换行，如图4-2所示。按Enter键可进行换行。

（2）文本框

选择文本工具T后，在舞台中单击并拖曳绘制出一个虚线文本框，调整文本框的宽度，释放鼠标后将得到一个文本框，此时可以看到文本框的右上角显示方形手柄。这说明文本框已经限定了宽度，当输入的文字超过限定宽度时，Animate将自动换行，如图4-3所示。

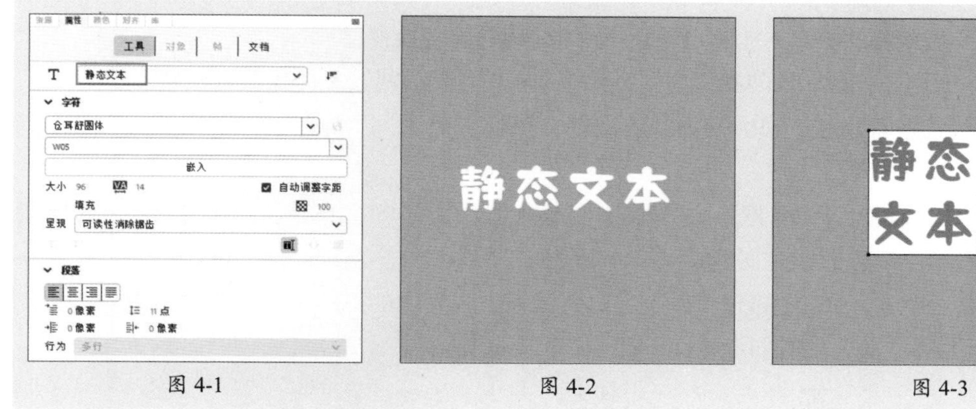

图 4-1　　图 4-2

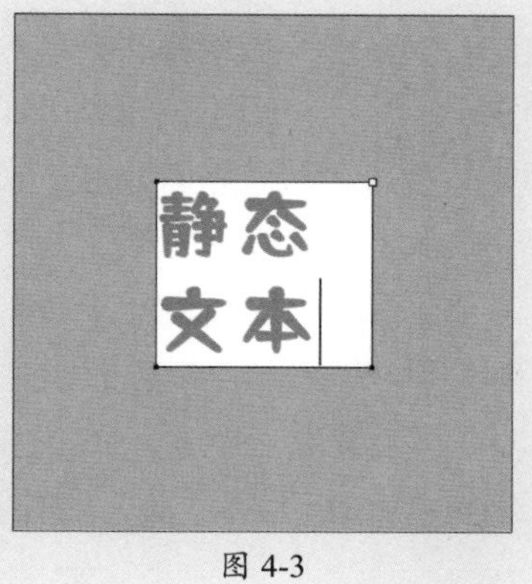

图 4-3

通过鼠标拖曳可以随意调整文本框的宽度，如果需要对文本框的尺寸进行精确的调整，可以在“属性”面板中输入具体的数值。

提示 双击文本框右上角的方形手柄，可将文本框转换为文本标签。

4.1.2 动态文本

动态文本在动画运行的过程中可以通过ActionScript脚本进行编辑修改。动态文本可以显示外部文件的文本，主要应用于数据的更新。制作动态文本区域后，接着创建一个外部文件，并通过脚本语言使外部文件链接到动态文本框中。若需要修改文本框中的内容，则只需更改外部文件中的内容。

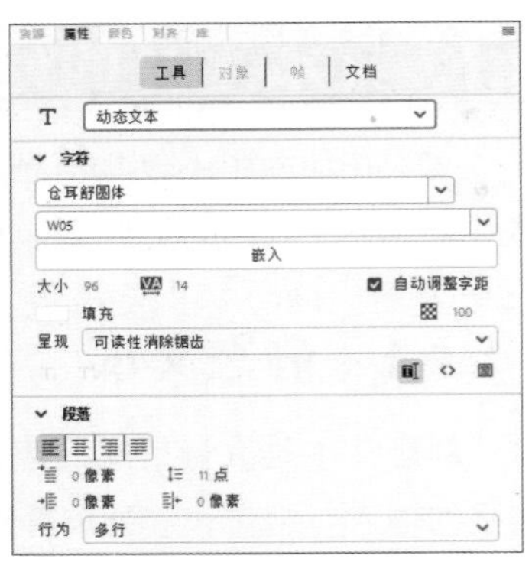

图 4-4

在“属性”面板“实例行为”下拉列表中选择“动态文本”选项，切换至动态文本输入状态，如图4-4所示。部分选项如下。

- **将文本呈现为HTML**：在“字符”区域中单击该按钮，可设置当前的文本框内容为HTML内容，这样一些简单的HTML标记就可以被Flash播放器识别并进行渲染。
- **在文本周围显示边框**：在“字符”区域中单击该按钮，可显示文本框的边框和背景。
- **行为**：当文本包含的文本内容多于1行时，在“段落”区域中的“行为”下拉列表中可以选择单行、多行或多行不换行显示方式。

4.1.3 输入文本

输入文本可以实现交互式操作，在生成影片时浏览者可以在创建的文本框中输入文本，以达到某种信息交换或收集的目的。在“属性”面板“实例行为”下拉列表中选择“输入文本”选项，切换至输入文本状态。

在输入文本类型中，对文本各种属性的设置主要是为浏览者的输入服务的。当浏览者输入文字时，会按照在“属性”面板中对文字颜色、字体和字号等参数的设置来显示输入的文字。

动手练 制作古诗课件

案例素材：本书实例/第4章/动手练/制作古诗课件

本案例以古诗课件的制作为例，介绍文本的创建方法。具体操作过程如下。

步骤 01 新建800×600px的空白文档，执行“文件”|“导入”|“导入到库”命令，导入AIGC工具生成的素材文件，如图4-5所示。

步骤 02 修改“图层_1”名称为“背景”，将导入的“月光.jpg”图像拖曳至舞台中，按F8键将其转换为图形元件“yg”，如图4-6所示。

步骤 03 在“背景”图层的第2帧插入空白关键帧，将库中的另一个图像素材拖曳至舞台，并转换为图形元件“pb”，如图4-7所示。锁定“背景”图层。

图 4-5

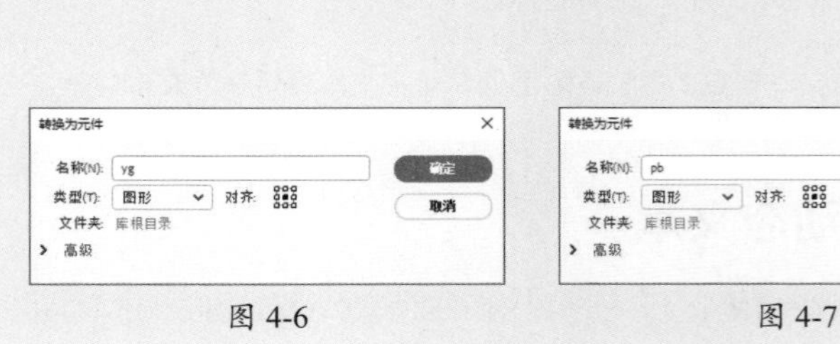

图 4-6　　图 4-7

步骤 04 新建“古诗”图层，选中第1帧，使用文本工具在舞台中单击并输入文本，按Enter键换行，如图4-8所示。在“属性”面板中设置文本参数，如图4-9所示。

图 4-8

步骤 05 双击文本进入编辑模式，选中作者及朝代，在“属性”面板中设置大小参数，如图4-10所示。

步骤 06 选中标题，在“属性”面板中设置行距，如图4-11所示。

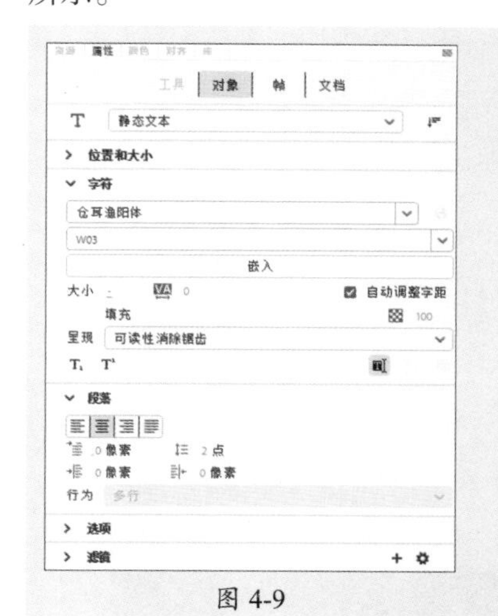

图 4-9

图 4-10

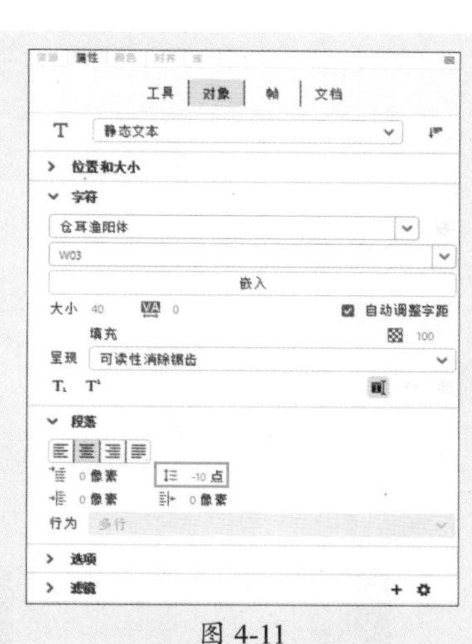

图 4-11

步骤 07 效果如图4-12所示。在“古诗”图层的第2帧插入关键帧，更改文本内容，调整文本至合适位置，如图4-13所示。新建“切换”图层，选中第1帧，绘制向右的箭头，如图4-14所示。

图 4-12

图 4-13

图 4-14

步骤 08 选中绘制的箭头，按F8键将其转换为“右按钮”元件。在“属性”面板中设置实例名称为“bty”，如图4-15所示。

步骤 09 在“切换”图层的第2帧插入空白关键帧，绘制向左的箭头，并将其转换为“左按钮”元件。在“属性”面板中设置实例名称为“btz”，如图4-16所示。

图 4-15

图 4-16

步骤10 新建“动作”图层，在第1帧右击，在弹出的快捷菜单中执行“动作”命令，打开“动作”面板，输入以下代码：

```
stop();
bty.addEventListener(MouseEvent.CLICK,btHd);
function btHd(e:MouseEvent){
    this.nextFrame();
    }
```

步骤11 在“动作”图层的第2帧插入空白关键帧，输入以下代码：

```
stop();
btz.addEventListener(MouseEvent.CLICK,a1ClickHandler);
function a1ClickHandler(event:MouseEvent)
{
    gotoAndPlay(1);
}
```

步骤12 按Ctrl+Enter组合键测试预览，单击箭头进行切换，如图4-17所示。使用相同的方法，可以继续增加课件内容，丰富课件效果。

图 4-17

至此，完成古诗课件的制作。

4.2 文本样式的设置

创建文本后，可以通过“属性”面板调整文本样式，以改变文本的表现效果。下面对文本样式的设置进行介绍。

4.2.1 设置文字属性

选中输入的文本，在“属性”面板“字符”选项区域中可设置字符属性，如图4-18所示。该区域中部分常用选项如下。

- **字体：** 用于设置文本字体。图4-19、图4-20所示为不同字体的效果。
- **字体样式：** 用于设置字体样式，包括不同字重、粗体、斜体等。部分字体可用。
- **大小：** 用于设置文本大小。
- **字符间距**：用于设置字符之间的距离，单击后可直接输入数值改变文字间距。数值越大，间距越大。

- **自动调整字距：** 用于在特定字符之间加大或缩小距离。勾选“自动调整字距”复选框，将使用字体中的字距微调信息；取消勾选“自动调整字距”复选框，将忽略字体中的字距微调信息，不应用字距调整。
- **填充：** 用于设置文本颜色。
- **呈现：** 包括使用设备字体、位图文本（无消除锯齿）、动画消除锯齿、可读性消除锯齿以及自定义消除锯齿5种选项，选择不同的选项可以看到不同的字体呈现方式。

图 4-18　　图 4-19　　图 4-20

4.2.2　设置段落格式

“属性”面板“段落”选项区域中的选项可以设置文本段落的缩进、行距、边距等属性，如图4-21所示。该区域中部分常用选项如下。

- **对齐：** 用于设置文本的对齐方式，包括“左对齐”、“居中对齐”、“右对齐”和“两端对齐”4种类型，用户可以根据需要选择合适的格式。
- **缩进：** 用于设置段落首行缩进的大小。
- **行距：** 用于设置段落中相邻行之间的距离。
- **左边距/右边距：** 用于设置段落左/右边距的大小。
- **行为：** 用于设置段落单行、多行或者多行不换行。

图4-22、图4-23所示为设置“左对齐”和“居中对齐”的对比效果。

图 4-21　　图 4-22　　图 4-23

提示 选中文本后在“属性”面板“选项”区域中的链接文本框中输入地址，可以创建链接文本。

4.3 文本的分离与变形

分离和变形文本可以制作出更加丰富的文本效果，提升动画的视觉体验。下面对文本的分离与变形进行介绍。

4.3.1 分离文本

Animate中的文本可以分离成单个文本或填充对象进行编辑。选中文本后执行“修改”|“分离”命令，或按Ctrl+B组合键，可将文本分离成单个文本，如图4-24、图4-25所示。再次执行“修改”|“分离”命令可将单个文本分离成填充对象，如图4-26所示。此时文本将不再具备文本的属性。

图 4-24

图 4-25

图 4-26

4.3.2 文本变形

任意变形工具或“变形”命令同样可以作用于文本对象，下面对此进行介绍。

（1）缩放文本

选中文本，选择任意变形工具移动光标至控制点处，按住鼠标拖曳可缩放选中的文本，如图4-27、图4-28所示。

（2）旋转文本

选中文本，选择任意变形工具移动光标至任意一个角点上，当光标变为状，按住鼠标拖曳可旋转文本，如图4-29所示。

图 4-27

图 4-28

图 4-29

（3）倾斜文本

选中文本，选择任意变形工具移动光标至任意一边上，当光标变为或状，按住鼠标拖曳可在垂直或水平方向倾斜选中的对象，如图4-30所示。

（4）翻转文本

选择文本，执行“修改”|“变形”|“水平翻转”命令或“垂直翻转”命令，即可实现文本对象的翻转操作。图4-31、图4-32所示为水平翻转和垂直翻转的效果。

图 4-30

图 4-31

图 4-32

动手练 手写文本动画

案例素材：本书实例/第4章/动手练/手写文本动画

本案例以手写文本动画的制作为例，介绍文本的分离与变形。具体操作过程如下。

步骤 01 新建720×720px的空白文档，执行“文件”|“导入”|“导入到舞台”命令导入本章素材文件，如图4-33所示。

步骤 02 修改“图层_1”的名称为“背景”，锁定图层。新建“文本”图层，使用文本工具在舞台中单击并输入文本“仁”，在“属性”面板中设置文本参数，如图4-34所示。效果如图4-35所示。

图 4-33

图 4-34

图 4-35

步骤 03 选中输入的文本，按Ctrl+B组合键，将其分离为填充对象，如图4-36所示。

步骤 04 选中分离后的文本，按F8键将其转换为影片剪辑元件“文本”，如图4-37所示。

步骤 05 双击影片剪辑元件进入编辑模式，在第2帧按F6键插入关键帧，在舞台中删除填充对象的一部分，如图4-38所示。

图 4-36

图 4-37

图 4-38

提示 这里可以选择橡皮擦工具进行擦除。

步骤 06 在第3帧按F6键插入关键帧，继续删除填充对象的一部分，如图4-39所示。

步骤 07 按帧顺序重复插入关键帧操作，直至完全删除填充对象，如图4-40所示。

图 4-39　　图 4-40

步骤 08 选中时间轴中的关键帧，右击，在弹出的快捷菜单中执行“翻转帧”命令，翻转帧，如图4-41所示。

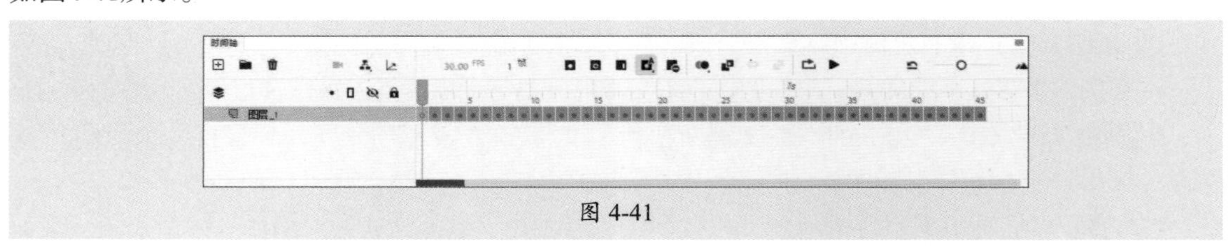

图 4-41

步骤 09 新建“动作”图层，在“图层_1”的最后一帧上方按F7键插入关键帧，按F9键打开“动作”面板，输入代码“stop();”。

步骤 10 返回“场景1”，按Ctrl+Enter组合键测试预览，如图4-42所示。

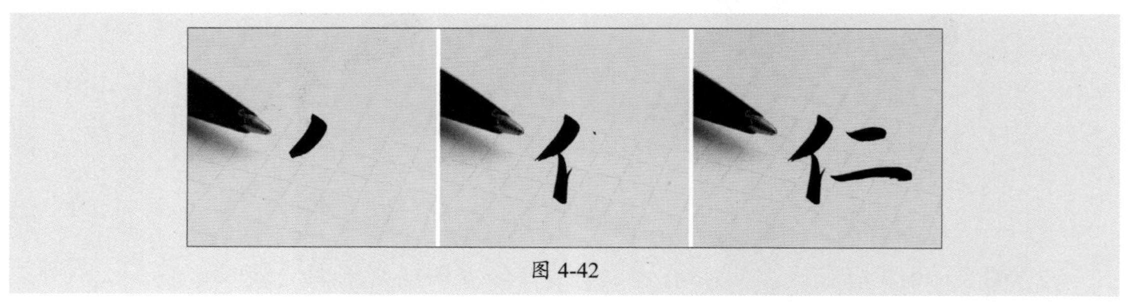

图 4-42

至此，完成手写文本动画的制作。

4.4 滤镜功能的应用

滤镜可以增强文本、按钮元件及影片剪辑元件的视觉效果，使画面更加生动。下面对滤镜功能的应用进行介绍。

4.4.1 认识滤镜

滤镜包括投影、模糊、发光、斜角、渐变发光、渐变斜角和调整颜色7种，可以模拟出不同的显示效果。

（1）投影

“投影”滤镜可以模拟投影效果，使对象更具立体感。选中要添加滤镜的对象，在“属性”面板“滤镜”区域中单击“添加滤镜”按钮[+]，在弹出的菜单中执行“投影”命令，即可添加“投影”滤镜效果。添加后可在该区域中对“投影”滤镜进行设置，如图4-43所示。图4-44、图4-45所示为添加“投影”滤镜前后对比效果。

图 4-43　　图 4-44　　图 4-45

“投影”滤镜各选项如下。

- **模糊X/模糊Y：** 用于设置投影的宽度/高度。
- **强度：** 用于设置阴影暗度。数值越大，阴影越暗。
- **角度：** 用于设置阴影角度。
- **距离：** 用于设置阴影与对象之间的距离。
- **阴影：** 用于设置阴影颜色。
- **挖空：** 勾选该复选框将从视觉上隐藏源对象，并在挖空图像上只显示投影。
- **内阴影：** 勾选该复选框将在对象边界内应用阴影。
- **隐藏对象：** 勾选该复选框将隐藏对象，只显示其阴影。
- **品质：** 用于设置投影质量级别。设置为“高”则近似于高斯模糊；设置为“低”可以实现最佳的播放性能。

（2）模糊

“模糊”滤镜可以柔化对象的边缘和细节。在“滤镜”区域中单击“添加滤镜”按钮[+]，在弹出的菜单中执行“模糊”命令即可。图4-46所示为“模糊”滤镜的选项面板。添加“模糊”滤镜前后对比效果如图4-47、图4-48所示。

图 4-46　　图 4-47　　图 4-48

（3）发光

“发光”滤镜可以为对象的整个边缘应用颜色，使对象的边缘产生光线投射效果。在Animate

软件中既可以使对象的内部发光，也可以使对象的外部发光。图4-49所示为“发光”滤镜的选项面板。添加“发光”滤镜前后对比效果如图4-50、图4-51所示。

图 4-49　　图 4-50　　图 4-51

（4）斜角

“斜角”滤镜可以使对象看起来凸出于背景表面，制作出立体的浮雕效果。在“斜角”滤镜的选项面板中，可以对模糊、强度、品质、阴影、角度、距离以及类型等参数进行设置，如图4-52所示。添加“斜角”滤镜前后对比效果如图4-53、图4-54所示。

图 4-52　　图 4-53　　图 4-54

（5）渐变发光

“渐变发光”滤镜可以在对象表面产生带渐变颜色的发光效果。“渐变发光”滤镜要求渐变开始处颜色的Alpha值为0，用户可以改变其颜色，但是不能移动其位置。“渐变发光”滤镜和“发光”滤镜的主要区别在于发光的颜色，“渐变发光”滤镜可以添加渐变颜色。图4-55所示为“渐变发光”滤镜的选项面板。添加“渐变发光”滤镜前后对比效果如图4-56、图4-57所示。

图 4-55　　图 4-56　　图 4-57

（6）渐变斜角

“渐变斜角”滤镜效果与“斜角”滤镜效果相似，可以使编辑对象表面产生一种凸起效果。

但是“斜角”滤镜效果只能更改其阴影色和加亮色两种颜色，而“渐变斜角”滤镜效果可以添加渐变色，如图4-58所示。“渐变斜角”滤镜中间颜色的Alpha值为0，用户可以改变其颜色，但是不能移动其位置。添加“渐变斜角”滤镜前后对比效果如图4-59、图4-60所示。

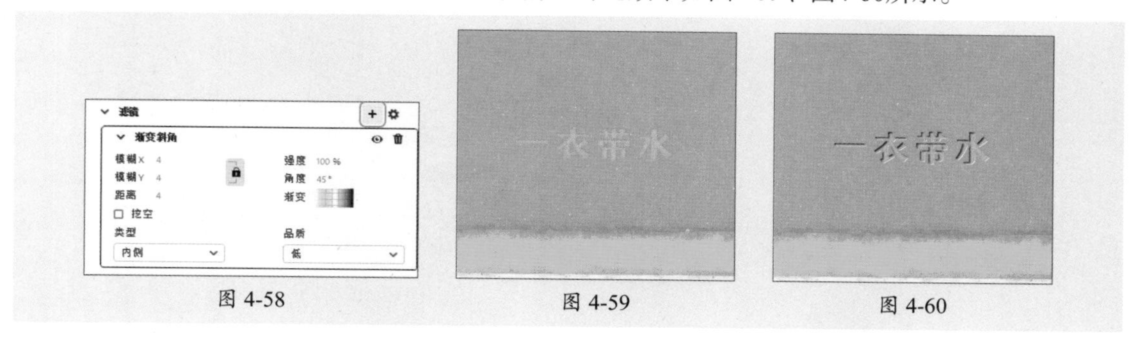

图 4-58　图 4-59　图 4-60

（7）调整颜色

“调整颜色”滤镜可以改变对象的颜色属性，包括对象的亮度、对比度、饱和度和色相属性，如图4-61所示。添加“调整颜色”滤镜前后对比效果如图4-62、图4-63所示。

图 4-61　图 4-62　图 4-63

4.4.2　应用编辑滤镜

添加滤镜后，在“属性”面板中可以调整滤镜效果，也可以复制、删除滤镜，或将设置的滤镜效果自定义为预设，便于后续使用。下面对此进行介绍。

（1）复制滤镜

复制滤镜可以为不同对象添加相同的滤镜效果。选中已添加滤镜效果的对象，在“属性”面板中选中要复制的滤镜效果，单击“滤镜”区域中的“选项”按钮，在弹出的菜单中执行“复制选定的滤镜”命令，即可复制滤镜参数，如图4-64所示。在舞台中选中要粘贴滤镜效果的对象，单击“滤镜”区域中的“选项”按钮，在弹出的菜单中执行“粘贴滤镜”命令，即可为选中的对象添加复制的滤镜效果。

（2）删除滤镜

选中添加滤镜的对象，在“属性”面板单击相应滤镜右侧的“删除滤镜”按钮即可删除该滤镜。若只是想隐藏滤镜效果，可在“属性”面板中单击相应滤镜右侧的“启用或禁用滤镜”按钮启用或隐藏该滤镜效果。

（3）自定义滤镜

Animate支持用户将常用的滤镜效果存为预设，以便制作动画时使用。选中“属性”面板“滤镜”区域中的滤镜效果，单击“滤镜”区域中的“选项”按钮，在弹出的菜单中执行“另存为预设”命令，打开“将预设另存为”对话框设置预设名称，如图4-65所示。完成后单击“确定”按钮，即可将选中的滤镜效果另存为预设，使用时单击“滤镜”区域中的“选项”按钮⚙，在弹出的菜单中执行滤镜命令即可，如图4-66所示。

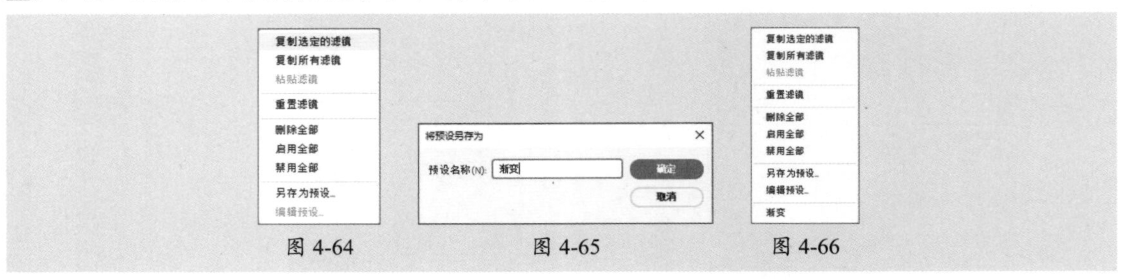

图 4-64　　图 4-65　　图 4-66

4.5 案例实战：字体的演化课件

案例素材：本书实例/第4章/案例实战/字体的演化课件

本案例以字体的演化课件为例，介绍文本的创建与编辑，制作课件之前，可以通过AIGC工具确认字体的演化过程，并从中筛选易于实现的效果进行制作，关键字及生成内容如下。

关键字：简要描述我国文本字体的演化过程

生成内容：我国文本字体的演化过程可以概括为以下几个阶段。

（1）甲骨文和金文

甲骨文：最早的成熟文字，主要用于占卜和记录。

金文：商周时期，刻在青铜器上，字形复杂，反映宗教和政治文化。

（2）篆书

小篆：秦朝李斯规范化的字体，优美严谨，成为官方标准。

大篆：早期篆书，常用于印章和铭文。

（3）隶书

隶书：汉朝出现，字形扁平，笔画简化，成为主要文书字体。

（4）楷书

楷书：隋唐时期流行，字形规范，成为标准书写字体，代表书法家有王羲之、颜真卿等。

（5）行书

行书：在楷书基础上发展，笔画连贯，适合日常书写，王羲之的《兰亭序》是经典。

（6）草书

草书：快速书写的字体，笔画连绵，主要用于书法艺术，代表书法家有张旭、怀素等。

（7）印刷体

木版印刷：唐宋时期促进字体传播。

活字印刷：明清时期引入，标准化和普及字体。

（8）现代字体

简化字：20世纪50年代为提高识字率而简化繁体字。

数字化字体：21世纪出现多种数字字体设计。

（9）当代字体

多样化：现代设计师创造新字体，适用于不同应用场景。

文化融合：注重文化传承与现代设计结合，反映全球化背景下的文化交流。

总结

我国文本字体的演化反映了历史文化的发展，从甲骨文到现代简化字，展示了中国文字的丰富性和独特性，对中华文化的传承具有重要意义。

具体操作过程如下。

步骤01 新建720×720px的空白文档，执行“文件”|“导入”|“导入到舞台”命令导入本章素材文件，如图4-67所示。按F8键将素材图像转换为图形元件“背景”，双击进入编辑模式，新建图层，使用矩形工具和线条工具绘制田字格，如图4-68所示。

步骤02 新建图层，使用文本工具在舞台中单击并输入文本，如图4-69所示。

图 4-67

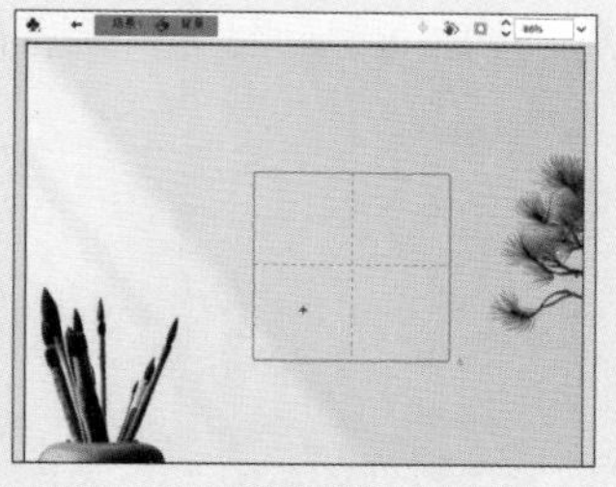

图 4-68

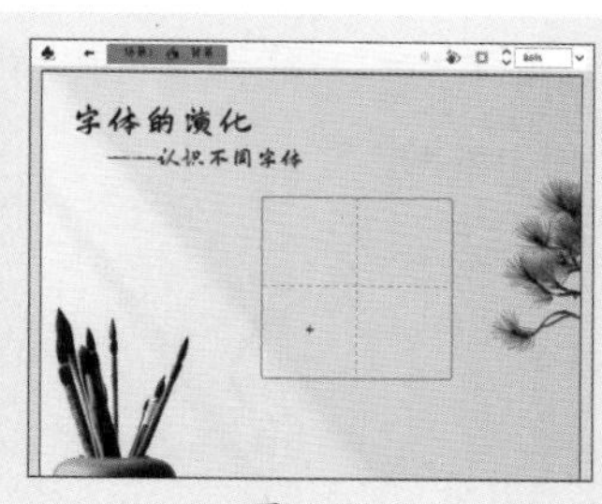

图 4-69

步骤03 返回“场景1”，修改图层名称为“背景”，并将其锁定。新建“字体”图层，使用文本工具在舞台中输入文本，如图4-70所示。选中输入的文本，按F8键将其转换为影片剪辑元件“字体”，双击进入编辑状态，如图4-71所示。

步骤04 在第45帧按F6键插入关键帧，在“属性”面板中设置字体格式为“小篆”，调整文字位于田字格正中，效果如图4-72所示。

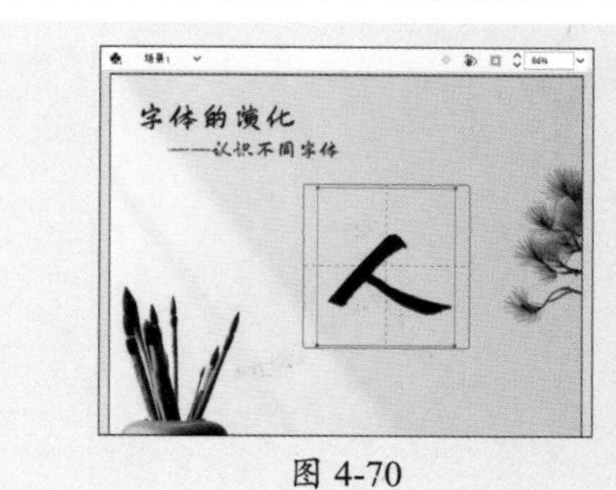

图 4-70

图 4-71

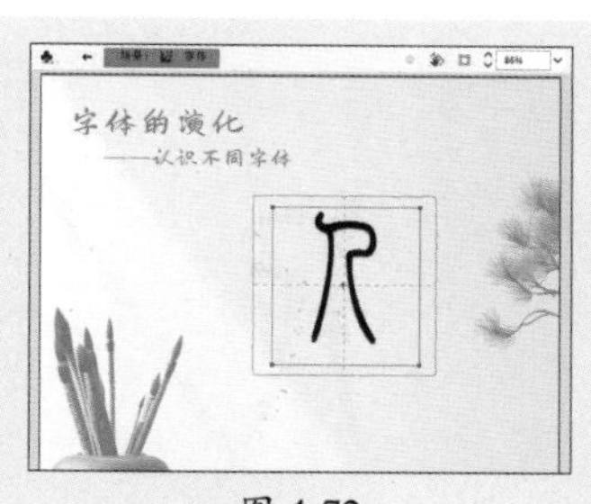

图 4-72

步骤05 在第75帧和第90帧按F6键插入关键帧，在第90帧设置字体格式为“隶书”，如图4-73所示。

步骤06 在第120帧和第135帧按F6键插入关键帧，在第135帧设置字体格式为“楷书”，如图4-74所示。在第165帧和第180帧按F6键插入关键帧，在第180帧设置字体格式为“行书”，如

图4-75所示。在第210帧按F6键插入关键帧。

图 4-73　　图 4-74　　图 4-75

步骤07 将第45帧、第75帧、第90帧、第120帧、第135帧、第165帧、第180帧和第210帧的文本，按Ctrl+B组合键分离为填充对象。选中第1帧中的文本，按Delete键删除，参考网上的资料，绘制人字的甲骨文样式，并将其扩展为填充，如图4-76所示。在第30帧按F6键插入关键帧。

步骤08 选中第30～45帧任意一帧，单击"时间轴"面板中的"插入形状补间"按钮创建形状补间动画。选中第30帧，按Ctrl+Shift+H组合键添加形状提示，移动至边缘处，如图4-77所示。选中第45帧，移动形状提示位置至第30帧，此时形状提示变为绿色，如图4-78所示。

图 4-76　　图 4-77　　图 4-78

步骤09 使用相同的方法，继续添加形状提示，使文字演变更加规范，如图4-79所示。

步骤10 使用相同的方法，在第75～90帧创建形状补间动画，并添加形状提示，如图4-80所示。在第120～135帧创建形状补间动画，并添加形状提示，如图4-81所示。

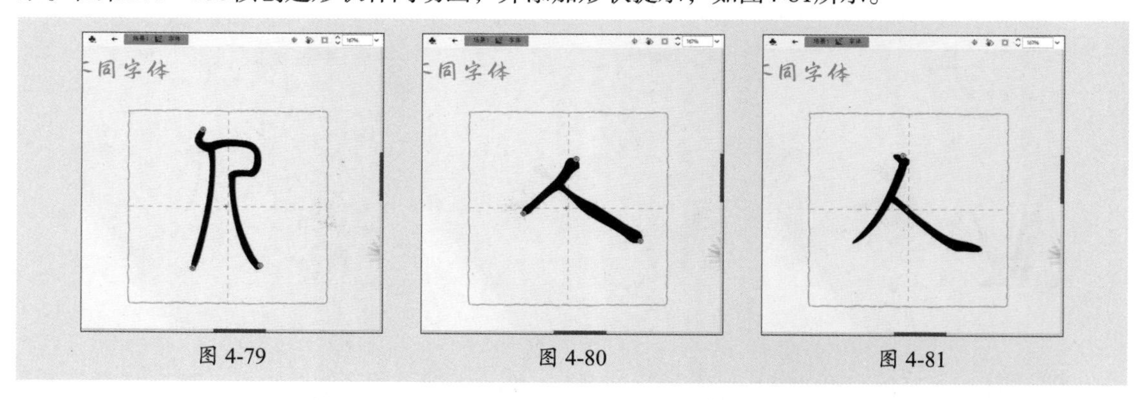
图 4-79　　图 4-80　　图 4-81

步骤11 在第165～180帧创建形状补间动画，并添加形状提示，如图4-82所示。

步骤12 新建"注释"图层，选择第1帧，使用文本工具在舞台中按住鼠标拖曳创建文本框，并输入文本，如图4-83所示。在第45帧按F6键插入关键帧，修改文本内容，如图4-84所示。

图 4-82　　图 4-83　　图 4-84

步骤 13 使用相同的方法，在第90帧、第135帧和第180帧按F6键插入关键帧，并修改文本内容，如图4-85～图4-87所示。

图 4-85　　图 4-86　　图 4-87

步骤 14 在“注释”图层的第30帧、第75帧、第120帧、第165帧，按F7键插入空白关键帧，如图4-88所示。

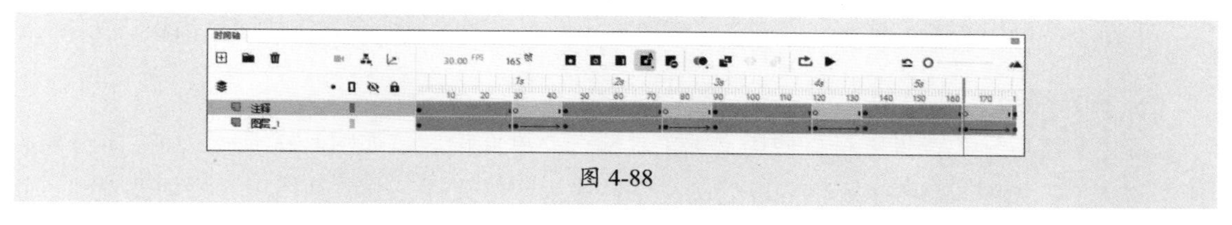

图 4-88

步骤 15 返回“场景1”，按Ctrl+Enter组合键测试预览，如图4-89所示。

图 4-89

至此，完成字体演化课件的制作。

4.6 拓展练习

练习1　文本呼吸灯

案例素材：本书实例/第4章/拓展练习/文本呼吸灯

下面练习使用文本工具、文本样式的设置、分离文本、“发光”滤镜制作文本呼吸灯的效果。

制作思路

新建文档导入背景素材，如图4-90所示。使用文本工具输入文本，并设置文本样式，如图4-91所示。选中输入的文本，分离后创建为影片剪辑元件，分散到图层，添加“发光”滤镜，如图4-92所示。使用关键帧制作发光与不发光交替出现的效果，创建传统补间动画。

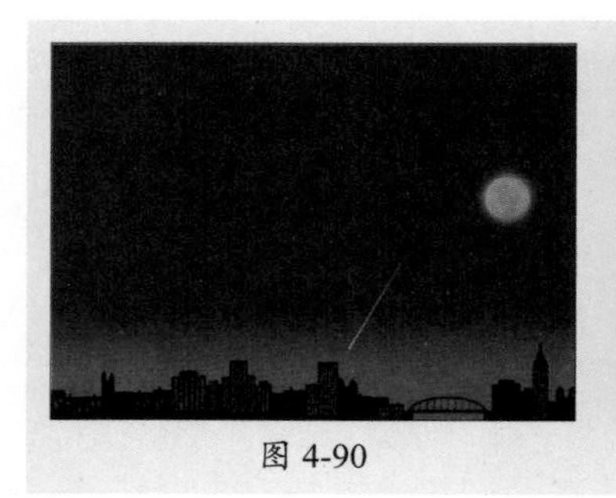
图 4-90

图 4-91

图 4-92

练习2　交错出现的文本

案例素材：本书实例/第4章/拓展练习/ 交错出现的文本

下面练习使用文本工具、分离文本、转换为元件、实例的属性设置制作交错出现的文本。

制作思路

新建文档后导入背景素材，使用文本工具输入文本并设置，如图4-93所示。将文本分离为独立的文字，如图4-94所示。将分离后的文字转换为图形元件，分散到图层，添加关键帧，并设置第1帧的透明效果，如图4-95所示。创建传统补间动画，调整关键帧错开显示效果。

图 4-93

图 4-94

图 4-95

第5章

动画构建：元件、库与实例的应用

本章概述

在动画设计中，元件、库与实例是构建动画作品的核心要素。它们不仅能提高创作效率，还能增强动画的灵活性和可重复性。本章将深入讲解这些关键概念，包括元件的创建与编辑、如何有效操作“库”面板，以及实例的创建与编辑技巧。通过对这些内容的学习，读者可掌握如何利用元件和实例来简化动画制作流程，提升作品的质量与表现力。

要点难点

- 元件的类型
- 创建与编辑元件
- 应用“库”面板
- 实例的创建与编辑
- 实例的分离

5.1 元件

元件是用于创建和管理可重用图形、动画的基本单位，是掌握动画制作的重要基础。下面对元件进行介绍。

5.1.1 元件的类型

Animate中可以创建影片剪辑、按钮和图形三种类型的元件，如图5-1所示。下面对这三种元件进行介绍。

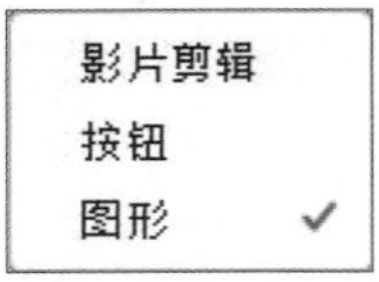

影片剪辑
按钮
图形 ✓

图 5-1

1. “图形”元件

“图形”元件用于制作动画中的静态图形，是制作动画的基本元素之一。它也可以是“影片剪辑”元件或场景的一个组成部分，但是没有交互性，不能添加声音，也不能为“图形”元件的实例添加脚本动作。“图形”元件应用到场景中时，会受到帧序列和交互设置的影响。“图形”元件与主时间轴同步运行。

2. “影片剪辑”元件

使用“影片剪辑”元件可以创建可重复使用的动画片段，这种类型的元件拥有独立的时间轴，能独立于主动画进行播放。影片剪辑是主动画的一个组成部分，可以将影片剪辑看作主时间轴内的嵌套时间轴，包含交互式控件、声音以及其他影片剪辑实例。

3. “按钮”元件

“按钮”元件是一种特殊的元件，具有一定的交互性，主要用于创建动画的交互控制按钮。“按钮”元件具有“弹起”“指针经过”“按下”“点击”4个不同状态的帧，如图5-2所示。用户可以在按钮的不同状态帧上创建不同的内容，既可以是静止图形，也可以是影片剪辑。而且可以给按钮添加时间的交互动作，使按钮具有交互功能。

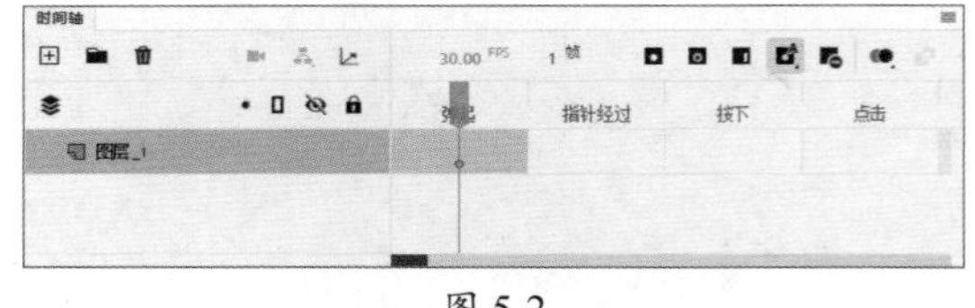

图 5-2

“按钮”元件对应时间轴上各帧的含义如下。

- **弹起：**表示鼠标没有经过按钮时的状态。
- **指针经过：**表示鼠标经过按钮时的状态。
- **按下：**表示鼠标单击按钮时的状态。
- **点击：**表示用来定义可以响应鼠标事件的最大区域。如果这一帧没有图形，鼠标的响应区域则由指针经过和弹出两帧的图形来定义。

5.1.2 创建元件

执行“新建元件”命令，可以在文档中创建一个空元件，然后在元件编辑模式下制作或导入内容。

执行“插入”|“新建元件”命令，或按Ctrl+F8组合键，打开“创建新元件”对话框，从中

设置参数，如图5-3所示。完成后单击“确定”按钮，进入元件编辑模式添加对象即可。“创建新元件”对话框中部分常用选项如下。

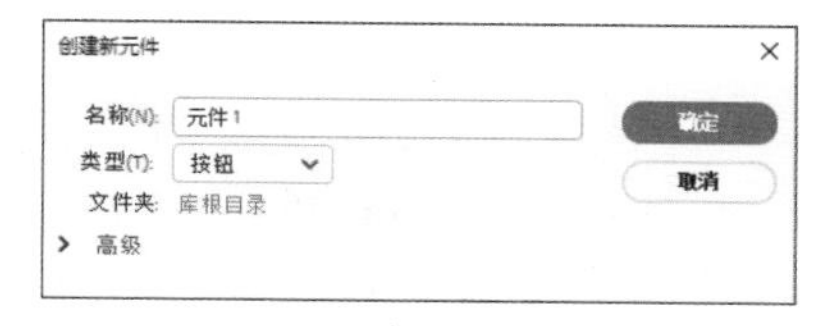

图 5-3

- **名称：**用于设置元件的名称。
- **类型：**用于设置元件的类型，包括“图形”“按钮”和“影片剪辑”三个选项。
- **文件夹：**在“库根目录”上单击，打开“移至文件夹...”对话框，如图5-4所示。在该对话框中可以设置元件放置的位置。
- **高级：**单击该链接，可将该面板展开，对元件进行更进一步的设置，如图5-5所示。

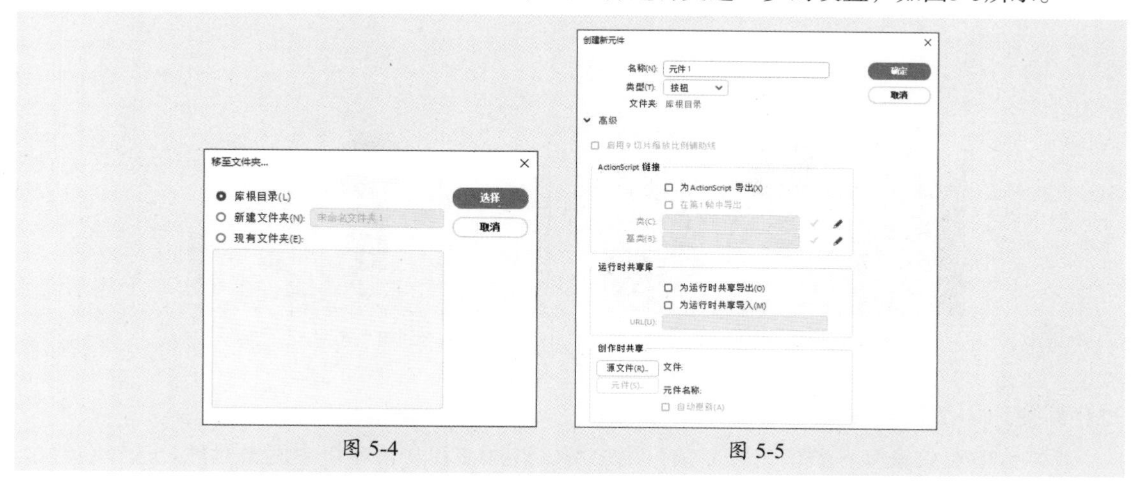

图 5-4　　图 5-5

通过“库”面板同样可以实现创建空白元件的操作，具体操作方式如下。

- 在“库”面板的空白处右击，在弹出的快捷菜单中执行“新建元件”命令。
- 单击“库”面板右上角的“菜单”按钮☰，在弹出的下拉菜单中选择“新建元件”选项。
- 单击“库”面板底部的“新建元件”按钮。

5.1.3 转换元件

Animate支持将已有的对象转换为元件。选中舞台中的对象，执行“修改”|“转换为元件”命令或按F8键，打开“转换为元件”对话框，如图5-6所示。在该对话框中设置参数后单击“确定”按钮，将选中对象转换为设置的元件。

转换为元件后，默认会将该元件添加到库中，舞台上选定的元素此时就变成了该元件的一个实例。

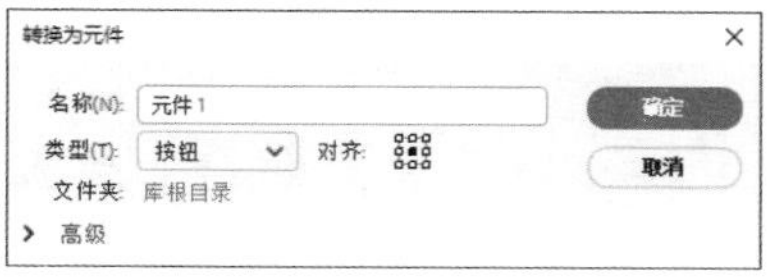

图 5-6

5.1.4 编辑元件

编辑元件将影响舞台中该对象的所有实例，用户可以在当前位置、新窗口中或元件的编辑模式下编辑元件。

1. 在当前位置编辑元件

在当前位置编辑元件的方法包括以下三种。

- 在舞台中双击要进入编辑状态元件的一个实例。
- 在舞台中选择元件的一个实例，右击，在弹出的快捷菜单中执行“在当前位置编辑”命令。
- 在舞台中选择要进入编辑状态元件的一个实例，执行“编辑”|“在当前位置编辑”命令。

在当前位置编辑元件时，其他对象以灰显方式出现，从而将它们和正在编辑的元件区别开来。正在编辑的元件的名称显示在舞台顶部的编辑栏内，位于当前场景名称的右侧，如图5-7、图5-8所示。

图 5-7　　图 5-8

2. 在新窗口中编辑元件

若舞台中对象较多、颜色比较复杂，用户可以选择在新文档窗口中编辑元件。选择在舞台中要进行编辑的元件右击，在弹出的快捷菜单中执行“在新窗口中编辑”命令，将打开新文档窗口编辑元件，如图5-9、图5-10所示。

图 5-9　　图 5-10

提示 直接单击标题栏的关闭框关闭新窗口，将退出在新窗口中编辑元件模式，并返回文档编辑模式。

3. 在元件的编辑模式下编辑元件

在元件的编辑模式下编辑元件的方法包括以下4种。

- 在“库”面板中双击要编辑元件名称左侧的图标。
- 按Ctrl+E组合键。
- 选择需要进入编辑模式的元件所对应的实例右击，在弹出的快捷菜单中执行“编辑元件”命令。

- 选择需要进入编辑模式的元件所对应的实例，执行“编辑”|“编辑元件”命令。

使用该编辑模式，可将窗口从舞台视图更改为只显示该元件的单独视图来进行编辑，如图5-11、图5-12所示。

图 5-11

图 5-12

动手练 鼠标跟随动画效果

案例素材：本书实例/第5章/动手练/鼠标跟随动画效果

本案例以鼠标跟随动画效果的制作为例，介绍元件的创建与编辑，案例中使用到的背景素材可以通过AIGC工具生成。具体操作过程如下。

步骤 01 新建540×445px的空白文档，按Ctrl+R组合键导入本章素材文件，调整合适大小，如图5-13所示。

步骤 02 按Ctrl+F8组合键，打开“创建新元件”对话框，从中设置参数，如图5-14所示。完成后单击“确定”按钮，进入新元件编辑模式，如图5-15所示。

图 5-13

图 5-14

图 5-15

步骤 03 使用钢笔工具绘制路径，使用颜料桶工具在其中填充径向渐变后删除路径，如图5-16所示。使用相同的方法绘制眼睛，如图5-17所示。

步骤 04 在第15帧和第30帧按F6键插入关键帧，在第15帧调整图形，如图5-18所示。

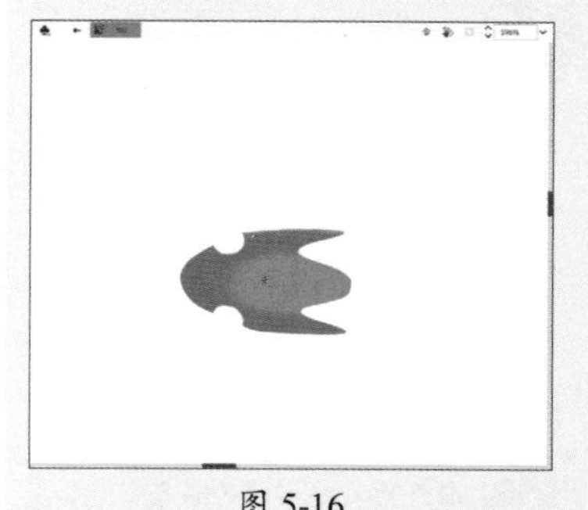
图 5-16

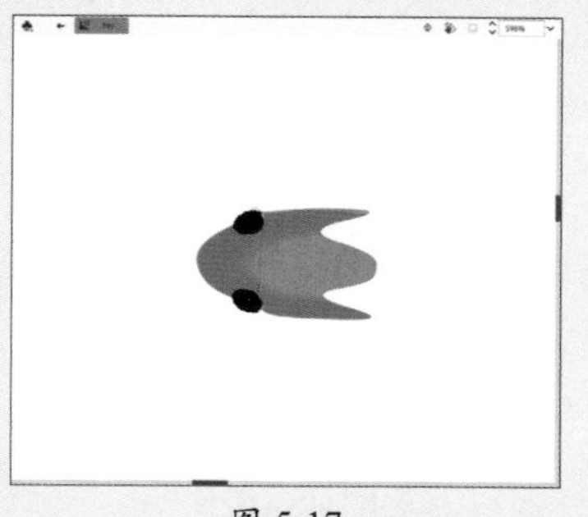
图 5-17

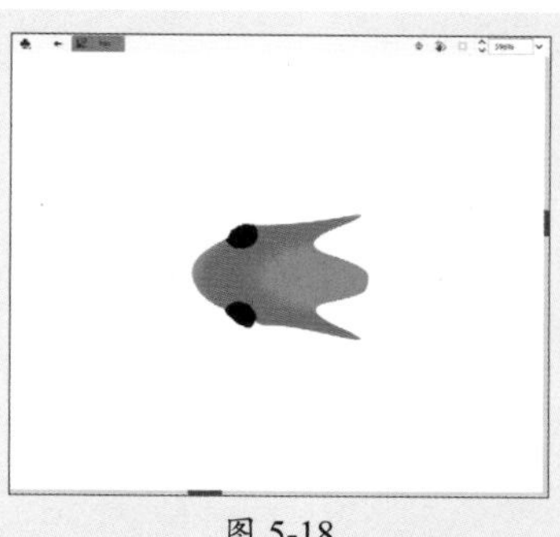
图 5-18

步骤05 在第1～15帧、第15～30帧创建形状补间动画，如图5-19所示。

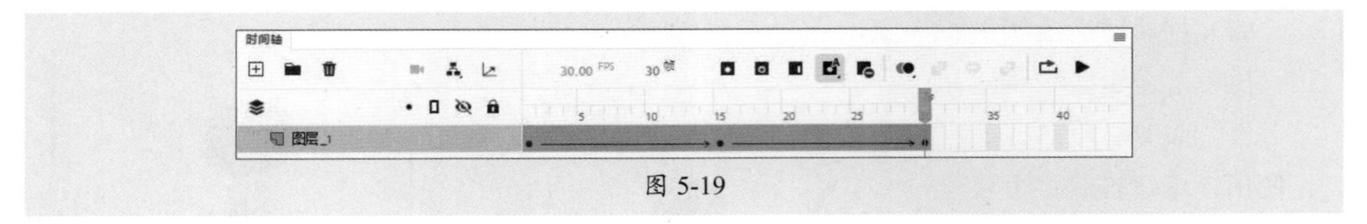

图 5-19

步骤06 参照步骤02创建新的元件“ti”，并绘制图形，如图5-20所示。

步骤07 继续创建影片剪辑元件“qi”，绘制图形，如图5-21所示。

步骤08 在第15帧和第30帧按F6键插入关键帧，在第15帧调整图形，如图5-22所示。在第1～15帧、第15～30帧创建形状补间动画。

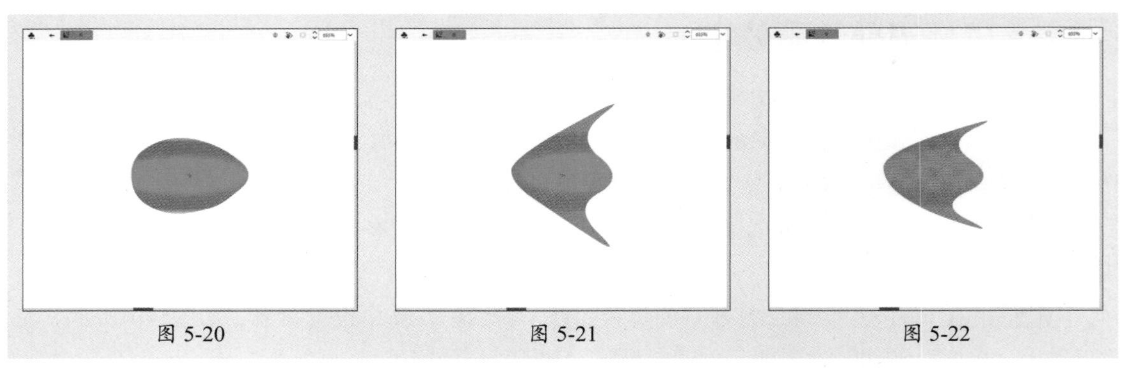

图 5-20　　图 5-21　　图 5-22

步骤09 在“库”面板中选中影片剪辑元件“tou”，右击，在弹出的快捷菜单中执行“属性”命令，打开“元件属性”对话框，设置“类”和“基类”，如图5-23所示。

步骤10 参照步骤09为影片剪辑元件“ti”和“qi”设置“类”和“基类”，如图5-24、图5-25所示。

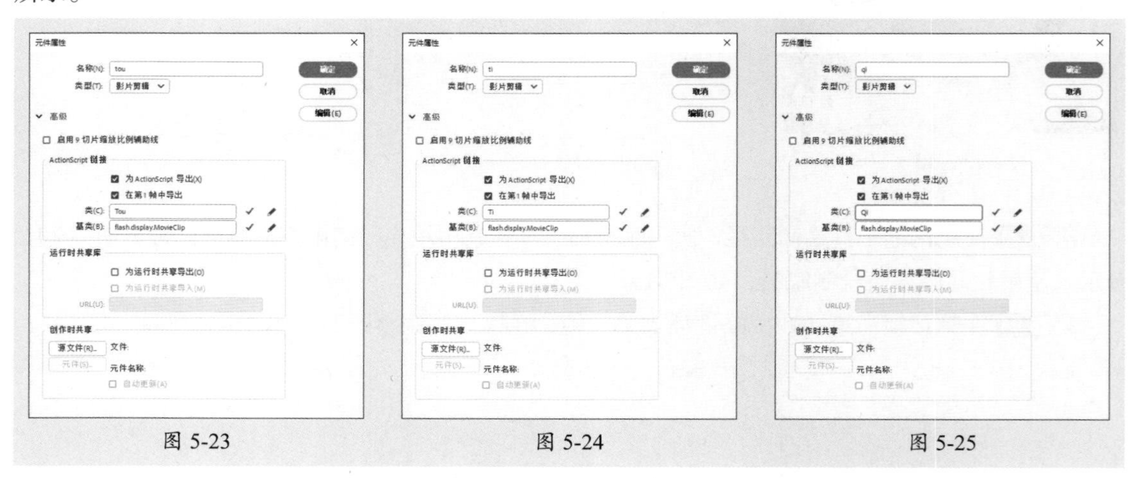

图 5-23　　图 5-24　　图 5-25

步骤11 返回“场景1”，选中第1帧按F9键打开“动作”面板，输入以下代码：

```
var i:uint;
var yu:Array=new Array();
var yur:Array=new Array();
for (i=0; i<21; i++) {
```

```
    if (i==0) {
        var tou:Tou=new Tou();
        addChild(tou);
        yu.push(tou);
    } else if ((i==2)||(i==10)) {
        var qi:Qi=new Qi();
        addChild(qi);
        yu.push(qi);
    } else {
        var ti:Ti=new Ti();
        addChild(ti);
        yu.push(ti);
    }
}
for (i=0; i<21; i++) {
    if (i<12) {
        yu[i].scaleX=(50+i-0.20*i*i)/50;
        yu[i].scaleY=(50+i-0.20*i*i)/50;
        yu[i].aa=(50+i-0.20*i*i)/5;
        yu[i].alpha=1-i*0.03;
    } else if (i<19) {
        yu[i].scaleX=1.5-i/(10+i/3);
        yu[i].scaleY=1.5-i/(10+i/3);
        yu[i].aa=10*(1.5-i/(12+i/3));
        yu[i].alpha=0.8;
    } else {
        yu[i].scaleX=.55;
        yu[i].scaleY=.45;
        yu[i].aa=7;
        yu[i].alpha=0.18;
    }
    setChildIndex(yu[i],20-i);
}

addEventListener(Event.ENTER_FRAME,fff);
function fff(e:Event) {
    yu[0].x+=(mouseX-yu[0].x)/12;
    yu[0].y+=(mouseY-yu[0].y)/12;
    yur[0]=Math.atan2(yu[0].y-mouseY,yu[1].x-mouseX);
    yu[0].rotation=yur[0]*180/Math.PI;
    for (i=1; i<21; i++) {
        yur[i]=Math.atan2(yu[i].y-yu[i-1].y,yu[i].x-yu[i-1].x);
        yu[i].x=yu[i-1].x+yu[i].aa*Math.cos(yur[i-1]);
        yu[i].y=yu[i-1].y+yu[i].aa*Math.sin(yur[i-1]);
```

```
        yu[i].rotation=yur[i]*180/Math.PI;
    }
}
```

步骤 12 保存文件，按Ctrl+Enter组合键测试预览，如图5-26所示。

图 5-26

至此，完成鼠标跟随动画效果的制作。

5.2 库

“库”面板是用于管理和组织项目中所有资源的重要工具，掌握其用法可以有效提升动画制作的效率。下面对“库”面板进行介绍。

5.2.1 “库”面板概述

“库”面板存储和组织着在当前文档中创建的各种元件和导入的素材资源。执行“窗口”|“库”命令，或按Ctrl+L组合键，打开“库”面板，如图5-27所示。“库”面板中各组成部分如下。

图 5-27

- **预览窗口：** 用于显示所选对象的内容。
- **菜单**▤**：** 单击该按钮，弹出“库”面板中的菜单。
- **新建“库”面板**⧉**：** 单击该按钮，可以新建“库”面板。
- **新建元件**⊞**：** 单击该按钮，可打开“创建新元件”对话框新建元件。
- **新建文件夹**▬**：** 用于新建文件夹。
- **属性**❶**：** 用于打开相应的“元件属性”对话框。
- **删除**🗑**：** 用于删除库项目。

5.2.2 重命名库项目

在创作过程中，用户可以根据自身习惯重命名库项目，以便区分管理。常用的重命名方式包括以下三种。

- 双击项目名称进入可编辑状态修改。
- 单击“库”面板右上角的“菜单”▤按钮，在弹出的菜单中执行“重命名”命令，使项目名称进入可编辑状态，以进行修改，如图5-28所示。

● 选择项目后右击，在弹出的快捷菜单中执行“重命名”命令，使项目名称进入可编辑状态，以进行修改，如图5-29所示。

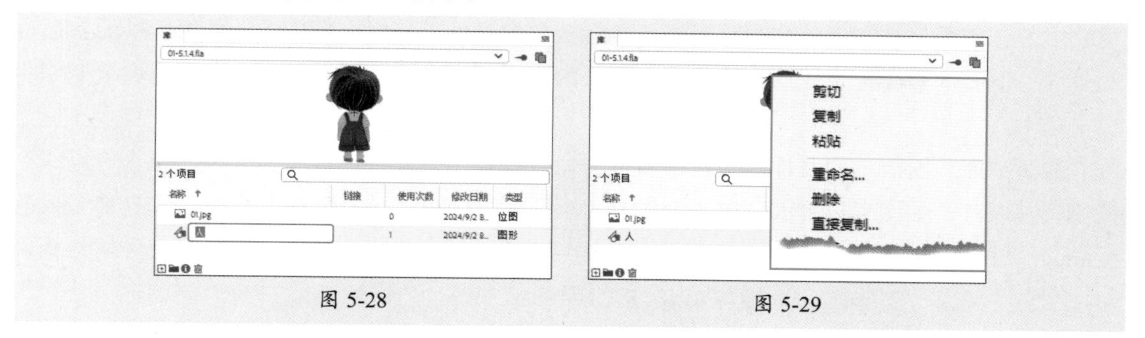

图 5-28　　图 5-29

使用以上任意方式进入编辑状态后，输入新的名称，按Enter键或在空白处单击即可。

5.2.3　创建库文件夹

库文件夹可使杂乱的库项目更加有序。单击“库”面板中的“新建文件夹”按钮，在“库”面板中新建一个文件夹，如图5-30所示。选择库项目，拖曳至库文件夹中，如图5-31所示。

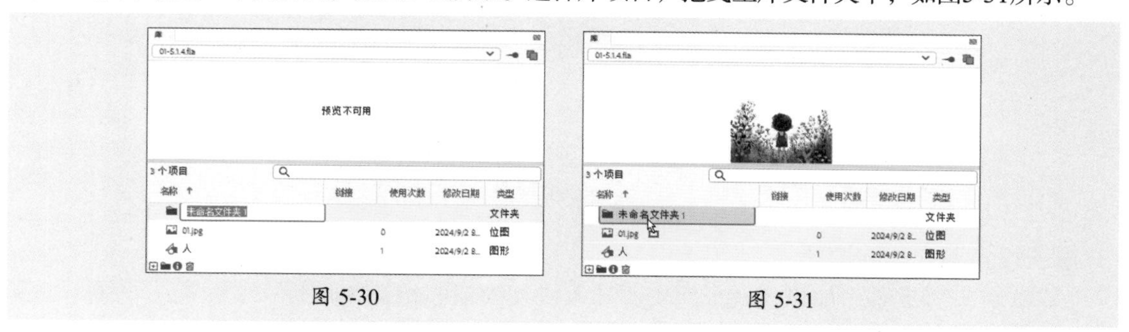

图 5-30　　图 5-31

5.2.4　应用并共享库资源

共享库项目可以提升库资源的使用率，提高制作效率。下面对应用并共享库资源进行介绍。

1. 复制库资源

通过复制可以将元件作为共享库资源在文档之间共享。常用的复制库资源的方法包括以下三种。

（1）使用“复制”和“粘贴”命令复制库资源

在源文档舞台上选择资源，执行“编辑”|“复制”命令，复制选中对象。切换至目标文档，若要将资源粘贴到舞台中心位置，移动光标至舞台，并执行“编辑”|“粘贴到中心位置”命令即可；若要将资源放置在与源文档中相同的位置，执行“编辑”|“粘贴到当前位置”命令即可。

（2）通过拖动复制库资源

在目标文档打开的情况下，在源文档的“库”面板中选择该资源，并将其拖入目标文档即可。

（3）通过在目标文档中打开源文档库复制库资源

打开目标文档，执行“文件”|“导入”|“打开外部库”命令，选择源文档并单击“打开”按钮，将资源从源文档库拖到舞台或拖入目标文档的库中。

2. 在创作时共享库中的资源

对于创作期间的共享资源，可以用本地网络上任何其他可用元件来更新或替换正在创作的文档中的任何元件。在创建文档时更新目标文档中的元件，目标文档中的元件保留了原始名称和属性，但其内容会被更新或替换为所选元件的内容。选定元件使用的所有资源也会复制到目标文档中。

选择“库”面板中的元件，执行“属性”命令，弹出“元件属性”对话框，单击“高级”按钮将其展开，如图5-32所示。在“创作时共享”区域中单击“源文件”按钮，选择要替换的Animate文档后选择元件，如图5-33所示。完成后单击“确定”按钮返回“元件属性”对话框，勾选“自动更新”复选框后单击“确定”按钮即可。

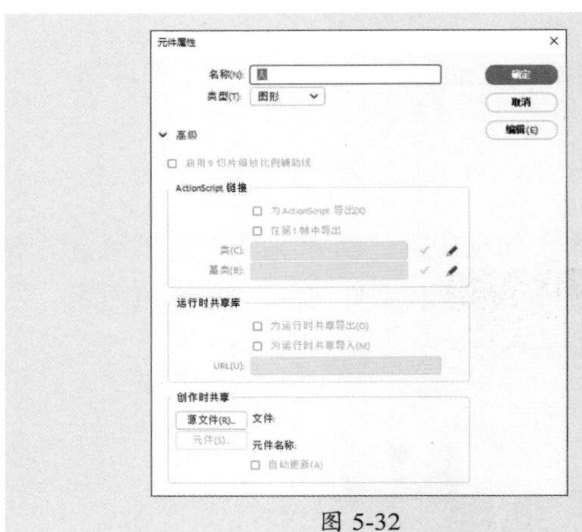

图 5-32

图 5-33

3. 解决库资源之间的冲突

库项目不可重名，如果将一个库资源导入或复制到已经含有同名的不同资源的文档中，在弹出的“解决库冲突”对话框中可以选择是否用新项目替换现有项目，如图5-34所示。

“解决库冲突”对话框中各选项如下。

- **不替换现有项目：** 选中该单选按钮可以保留目标文档中的现有资源。
- **替换现有项目：** 选中该单选按钮可以用同名的新项目替换现有资源及其实例。

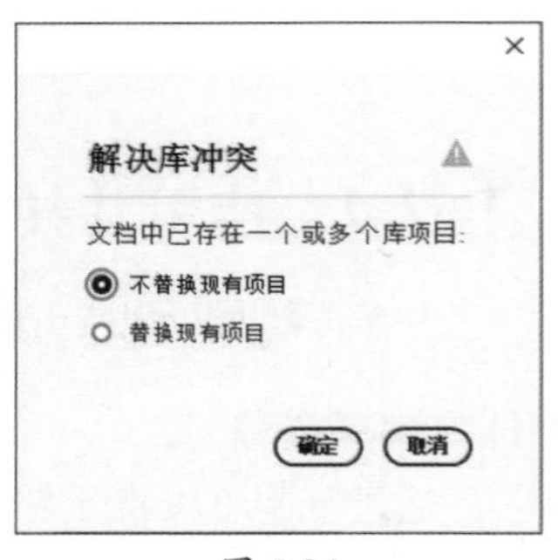

图 5-34

动手练 霓虹文本动画

案例素材：本书实例/第5章/动手练/霓虹文本动画

本案例以霓虹文本动画的制作为例，介绍库的应用方法，案例中使用到的背景素材可以通过AIGC工具生成。具体操作过程如下。

步骤 01 新建720×720px的空白文档，执行“文件”|“导入”|“导入到库”命令，导入本章素材文件，如图5-35所示。

步骤 02 将“库”面板中的图像素材拖曳至舞台中，调整大小，如图5-36所示。

步骤 03 新建“霓虹”图层，选择文本工具，在舞台中单击并输入文本，如图5-37所示。

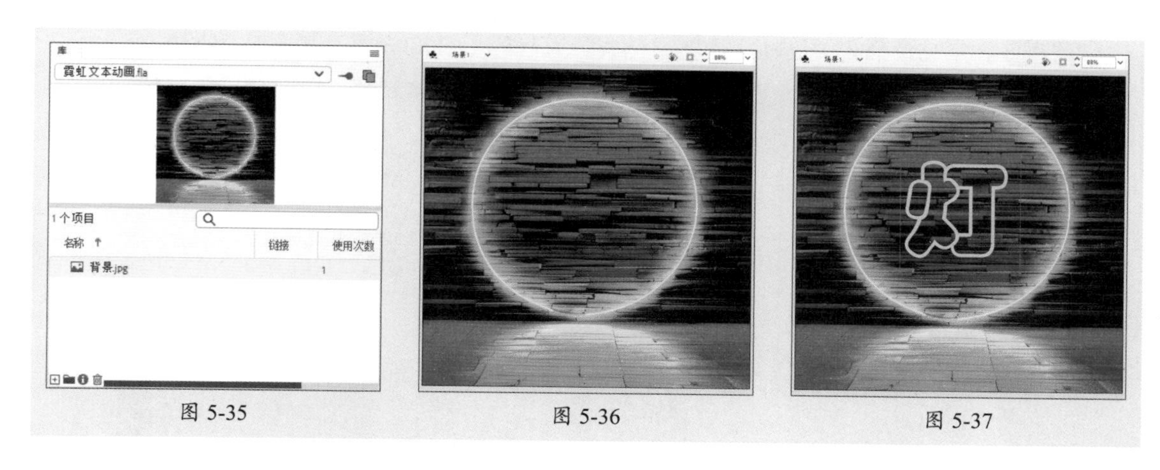

图 5-35　　图 5-36　　图 5-37

步骤 04 在“属性”面板中设置“发光”和“投影”滤镜，如图5-38所示。效果如图5-39所示。

步骤 05 选中文本，按F8键将其转换为图形元件“文本”，此时“库”面板中将出现“文本”元件，如图5-40所示。

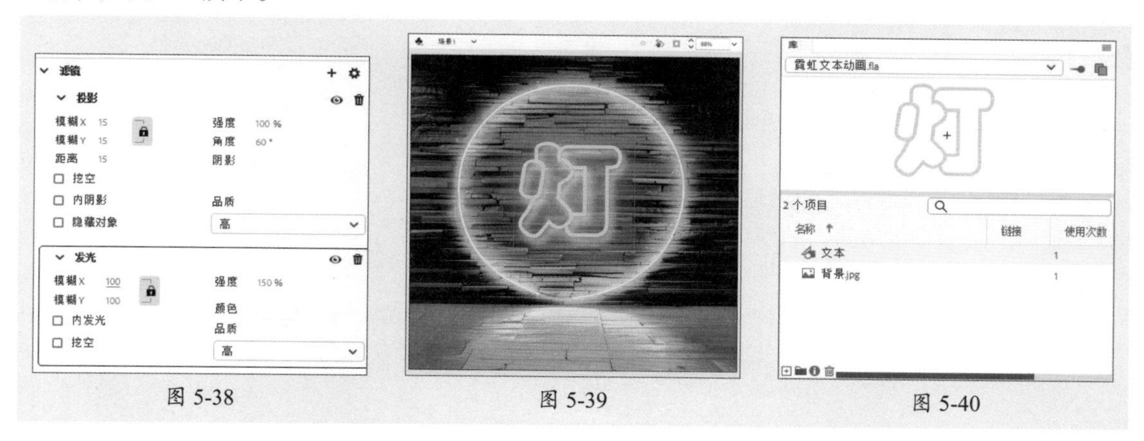

图 5-38　　图 5-39　　图 5-40

步骤 06 选中舞台中的图形元件的实例，按F8键将其转换为影片剪辑元件“霓虹文本”，如图5-41所示。双击进入影片剪辑元件的编辑模式，在第5帧插入关键帧，选中舞台中的实例，在“属性”面板中设置“色彩效果”为“色调”，调整“色调”为红色（#FF0000），如图5-42所示。效果如图5-43所示。

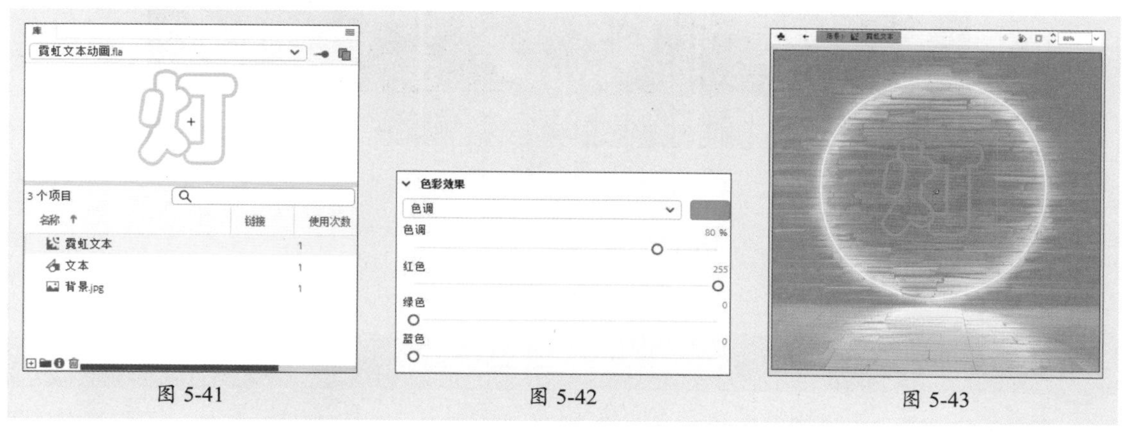

图 5-41　　图 5-42　　图 5-43

步骤 07 在第10帧插入关键帧，调整“色调”为绿色（#00FF00），如图5-44所示。

步骤 08 在第15帧插入关键帧，调整“色调”为蓝色（#0000FF），如图5-45所示。

步骤 09 使用相同的方法，在第20帧、第25帧、第30帧、第35帧、第40帧、第45帧和第50帧插入关键帧，并依次调整“色调”为亮青色（#00FFFF）、亮紫色（#FF00FF）、淡青色（#CCFFFF）、褐色（#993300）、黄绿色（#00CC33）、紫色（#660066）和黄色（#FFFF00）。图5-46所示为第50帧的效果。

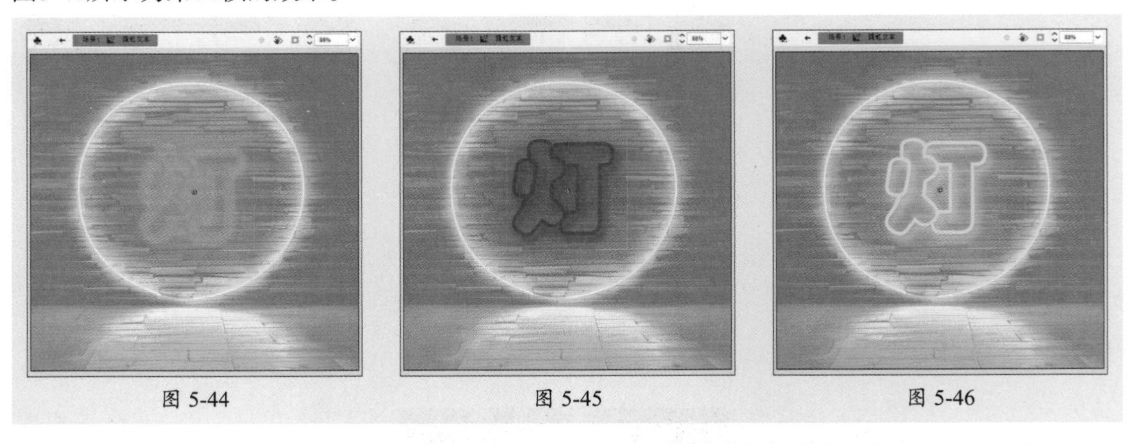

图 5-44　　图 5-45　　图 5-46

提示 也可以选择自己喜欢的颜色进行变换。

步骤 10 在各关键帧之间创建传统补间动画，如图5-47所示。

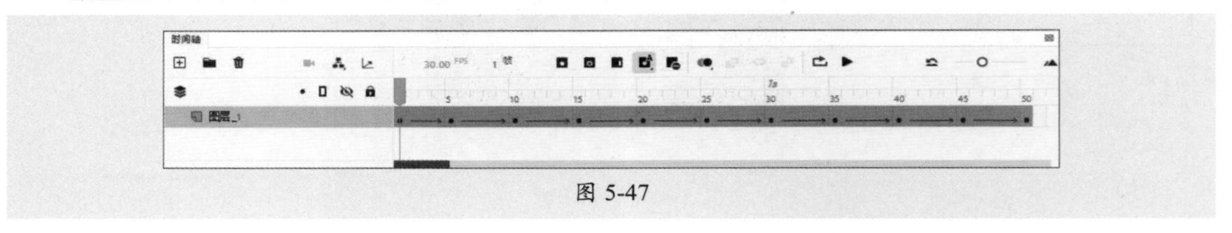

图 5-47

步骤 11 返回“场景1”，按Ctrl+Enter组合键测试预览，如图5-48所示。

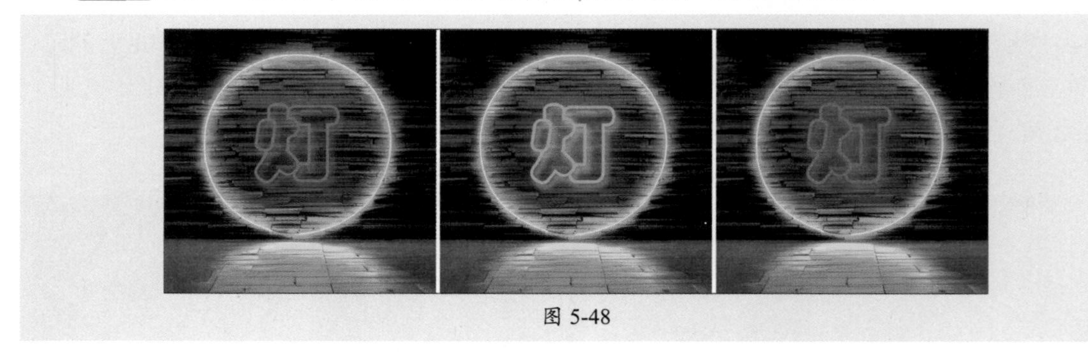

图 5-48

至此，完成霓虹文本动画的制作。

5.3 实例

实例是位于舞台上或嵌套在另一个元件内的元件副本，是元件的实际应用。下面将对实例的创建与应用进行介绍。

5.3.1 创建实例

创建元件之后，可以在文档中任何地方（包括在其他元件内）创建该元件的实例。选择“库”面板中的元件，按住鼠标拖曳至舞台中即可创建实例，如图5-49、图5-50所示。修改舞台中的实例时，不会影响其他实例，如图5-51所示。

图 5-49　　图 5-50　　图 5-51

5.3.2 复制实例

创建动画时，用户可以通过复制重复利用设置好的实例。选择要复制的实例，按住Alt键拖动至目标位置，释放鼠标即可，如图5-52所示。调整复制实例不会影响原实例的效果，如图5-53所示。

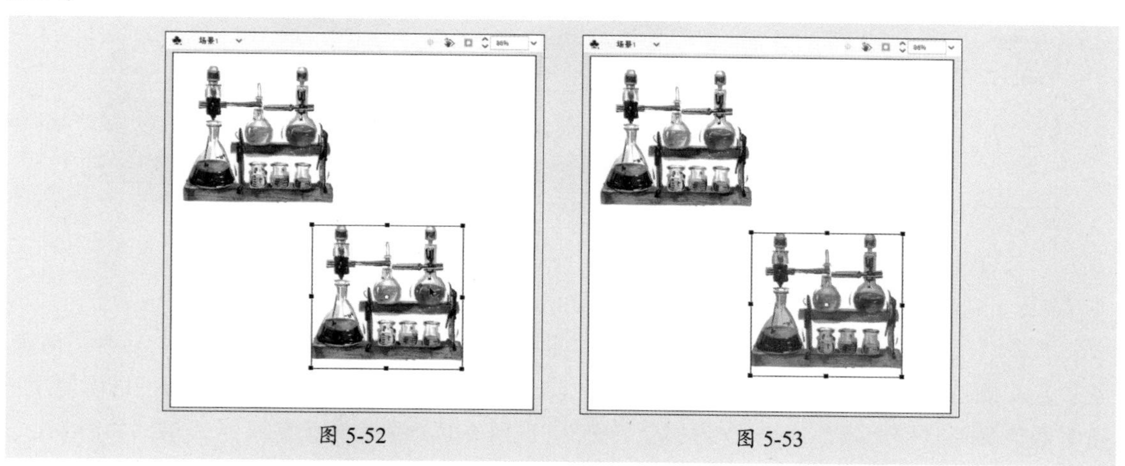

图 5-52　　图 5-53

5.3.3 设置实例的色彩

“属性”面板“色彩效果”属性组中提供了设置实例色彩的选项，如图5-54所示。用户可以从中设置实例的Alpha值、色调、亮度等。

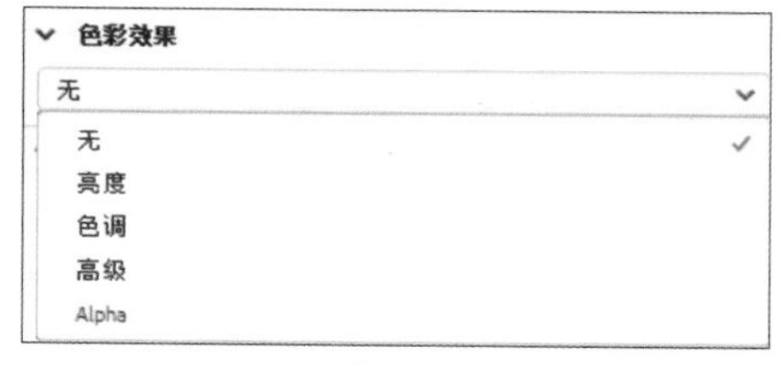

图 5-54

5个选项如下。

1. 无

选择“无”选项，不设置颜色效果，如图5-55所示。

2. 亮度

“亮度”选项用于设置实例的明暗对比度，调节范围为-100%～100%。选择“亮度”选项，拖动右侧的滑块，或在文本框中直接输入数值即可设置对象的亮度属性。图5-56、图5-57所示为设置“亮度”为20%和-40%的效果。

图 5-55　　图 5-56　　图 5-57

3. 色调

“色调”选项用于设置实例的颜色，如图5-58所示。选择该选项后，用户可以单击“颜色”色块，从“颜色”面板中选择一种颜色，也可以在文本框中输入红色、绿色和蓝色的值，以改变实例的色调。调整色调效果可以影响视力颜色，如图5-59、图5-60所示。

图 5-58　　图 5-59　　图 5-60

4. 高级

“高级”选项用于设置实例的红色、绿色、蓝色和透明度的值，如图5-61所示。选择“高级”选项，左侧的控件可以使用户按指定的百分比降低颜色或透明度的值；右侧的控件可以使用户按常数值降低或增大颜色或透明度的值。调整“高级”选项将影响实例显示效果，如图5-62、图5-63所示。

图 5-61　　图 5-62　　图 5-63

5. Alpha

Alpha选项用于设置实例的透明度，调节范围为0%～100%，如图5-64所示。选择Alpha选项并拖动滑块，或者在框中输入一个值，均可调整Alpha值。图5-65、图5-66所示为设置80%和20%Alpha值的效果。

图 5-64　　图 5-65　　图 5-66

5.3.4　改变实例的类型

更改实例类型可以在Animate中重新定义实例的行为。选中舞台中的实例对象，在“属性”面板中单击“实例行为”下拉列表框，在弹出的选项中选择实例类型进行转换，如图5-67所示。改变实例的类型后，“属性”面板中的参数也将发生相应的变化，如图5-68所示。

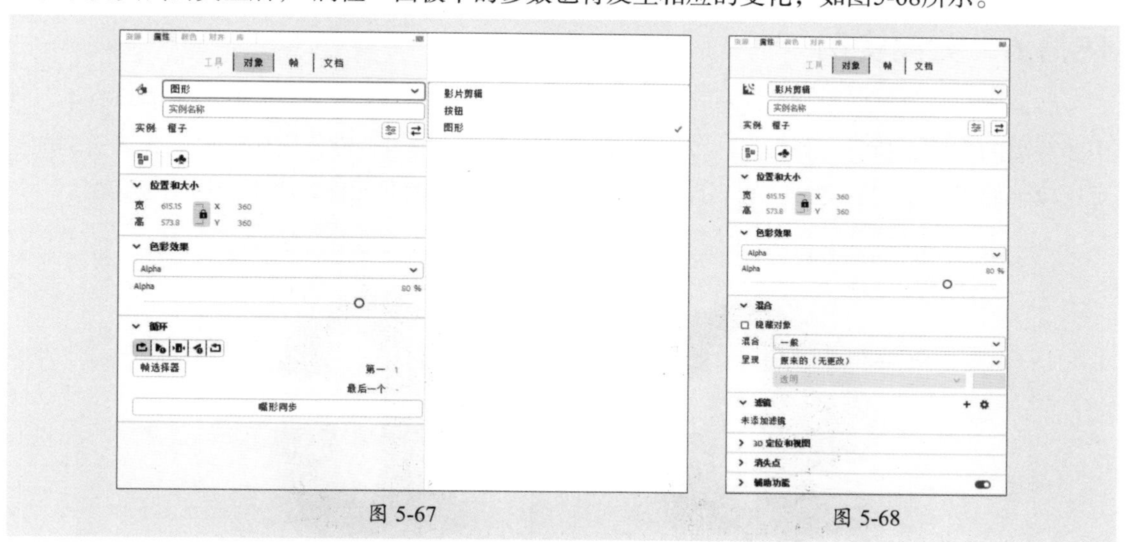

图 5-67　　图 5-68

5.3.5　设置实例循环

对于图形实例，用户可以在“属性”面板“循环”属性组中设置播放方式，如图5-69所示。其中常用循环选项如下。

图 5-69

- **循环播放图形**：单击该按钮，将按照当前实例占用的帧数，循环播放包含在该实例内的所有动画序列。
- **播放图形一次**：从指定帧开始播放动画序列直到动画结束，然后停止。

- **图形播放单个帧**：显示动画序列的一帧。
- **帧选择器**：单击该按钮将打开“帧选择器”面板，以直观地预览并选择图形元件的第1帧，如图5-70所示。
- **第一**：用于设置循环时首先显示的图形元件的帧。
- **嘴形同步**：用于根据所选音频层自动同步嘴形。在图形实例上应用自动嘴形同步时，分析指定的音频图层后，会在与音频发音嘴形匹配的不同位置自动创建关键帧。完成后，还可以根据需要使用常规工作流程和帧选择器进行进一步调整。

图 5-70

“帧选择器”面板中部分选项如下。

- **创建关键帧**：勾选该复选框，当从“帧选择器”面板选择一个位置时，系统会自动创建一个关键帧。
- **固定当前符号**：启用该开关按钮，即使帧选择发生了变化，使用的元件也不会变化。
- **启动一个新的“帧拾取器”面板**：通过打开新的“帧选择器”面板加载元件，处理多个元件。
- **循环**：显示图形的各种循环选项，如循环、播放一次和单个帧。
- **滑块**：调整预览大小。
- **选择要显示的帧**：用于筛选面板中的帧，包括所有帧、关键帧和标签三个选项。

5.3.6 分离实例

分离实例可以断开实例与元件之间的链接，并将实例放入未组合形状和线条的集合中。选中要分离的实例，执行“修改”|“分离”命令，或按Ctrl+B组合键将实例分离，分离实例前后对比效果如图5-71、图5-72所示。分离实例后，更改该实例的源元件，将不会影响该实例。

图 5-71

图 5-72

动手练 文本渐出动画

案例素材：本书实例/第5章/动手练/文本渐出动画

本案例以文本渐出动画的制作为例，介绍实例的应用方法，案例中使用到的背景素材可以通过AIGC工具生成。具体操作过程如下。

步骤 01 新建720×720px的空白文档，按Ctrl+R组合键导入本章素材文件，调整合适大小，如图5-73所示。

步骤 02 新建图层，使用矩形工具绘制白色矩形，如图5-74所示。

步骤 03 新建图层，使用文本工具输入文本，如图5-75所示。

图 5-73

图 5-74

图 5-75

步骤 04 选中输入的文本，按F8键转换为影片剪辑元件“文本”，双击进入编辑模式，选中文本，按Ctrl+B组合键分离为单个对象，如图5-76所示。

步骤 05 选中单个文本对象，分别转换为图形元件，如图5-77所示。

步骤 06 选中舞台中的图形元件的实例，按Ctrl+Shift+D组合键分散到图层，如图5-78所示。

图 5-76

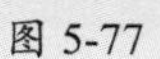
图 5-77

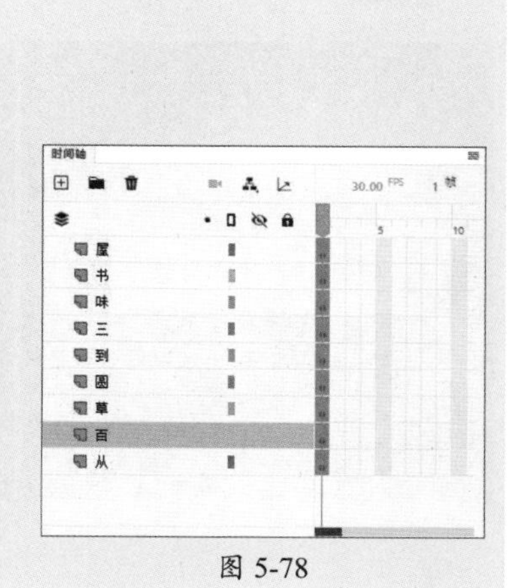

图 5-78

步骤 07 选中所有图层的第8帧，按F6键插入关键帧，选中第1帧中的实例“从”，执行“窗口”|“变形”命令打开“变形”面板，设置缩放宽度和缩放高度均为600%，如图5-79所示。

步骤 08 效果如图5-80所示。

步骤 09 在“属性”面板中设置色彩效果为Alpha，并设置Alpha值为0%，如图5-81所示。

步骤 10 参照步骤07～09，设置其他图形实例的缩放和Alpha值，效果如图5-82所示。

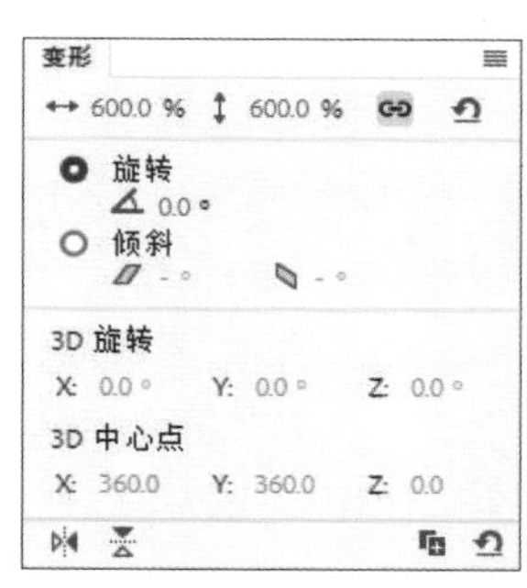

图 5-79

图 5-80

图 5-81

图 5-82

步骤 11 在所有图层的第1～8帧创建传统补间动画，在第60帧按F5键插入帧，如图5-83所示。

步骤 12 调整补间动画帧的位置，如图5-84所示。

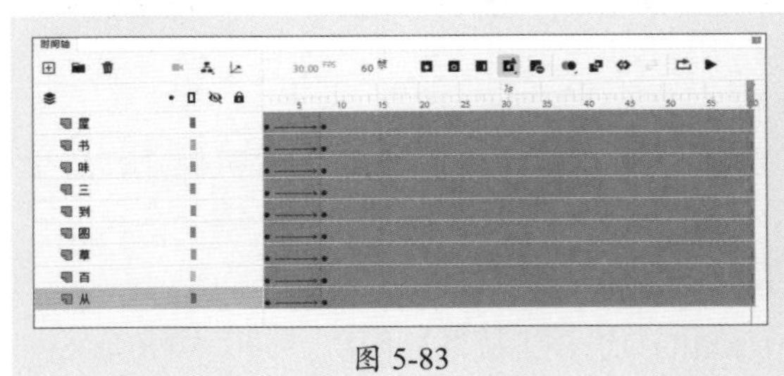

图 5-83

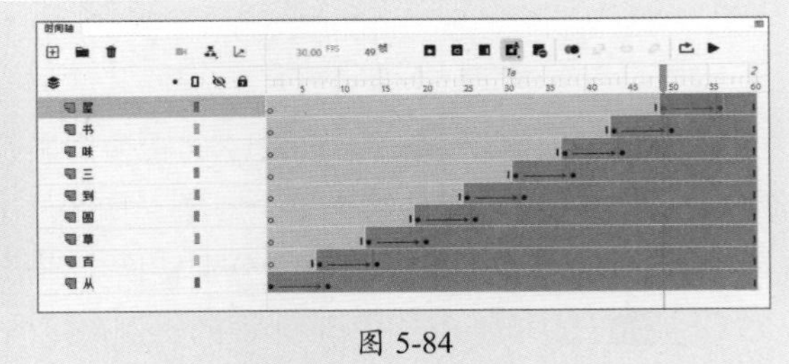

图 5-84

步骤 13 返回“场景1”，按Ctrl+Enter组合键测试预览，如图5-85所示。

图 5-85

至此，完成文本渐出动画的制作。

5.4 案例实战：流星滑落动画

案例素材：本书实例/第5章/案例实战/流星滑落动画

本案例以流星滑落动画的制作为例，介绍元件、库与实例的应用方法，案例中使用的代码可以通过AIGC工具检查整理，以确保能够顺利实现。具体操作过程如下。

步骤 01 新建550 × 400px的空白文档，执行“文件”|“导入”|“导入到库”命令导入本章素

材文件，如图5-86所示。设置舞台颜色为深灰色。

步骤 02 将“库”面板中的图像素材拖曳至舞台，并调整大小，如图5-87所示。更改“图层_1”名称为“背景”，在第60帧插入普通帧，锁定图层。

步骤 03 按Ctrl+F8组合键打开“创建新元件”对话框，设置参数，如图5-88所示。

图 5-86　　图 5-87　　图 5-88

步骤 04 完成后单击“确定”按钮新建图形元件“shape”，使用绘图工具绘制图形，并填充白色至透明的径向渐变，如图5-89所示。

步骤 05 新建影片剪辑元件“sprite 1”，将图形元件“shape”拖曳至编辑区域，调整大小，并设置Alpha值为25%，如图5-90所示。在第2帧插入普通帧。

步骤 06 新建“图层_2”，将图形元件“shape”拖曳至编辑区域，并调整大小，如图5-91所示。

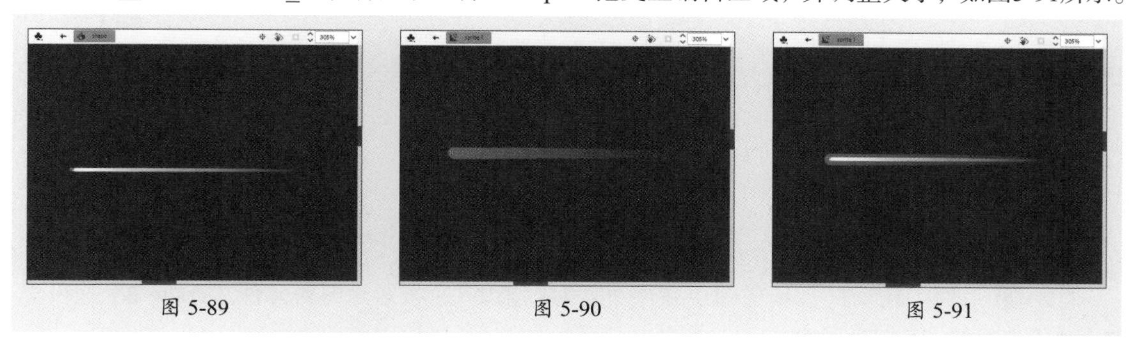

图 5-89　　图 5-90　　图 5-91

步骤 07 在第2帧插入关键帧，使用任意变形工具拉长实例，如图5-92所示。

步骤 08 新建影片剪辑元件“sprite 2”，将影片剪辑元件“sprite 1”拖曳至编辑区域，如图5-93所示。

步骤 09 在第63帧插入关键帧，调整编辑区域中实例的位置，使其向左移动，如图5-94所示。

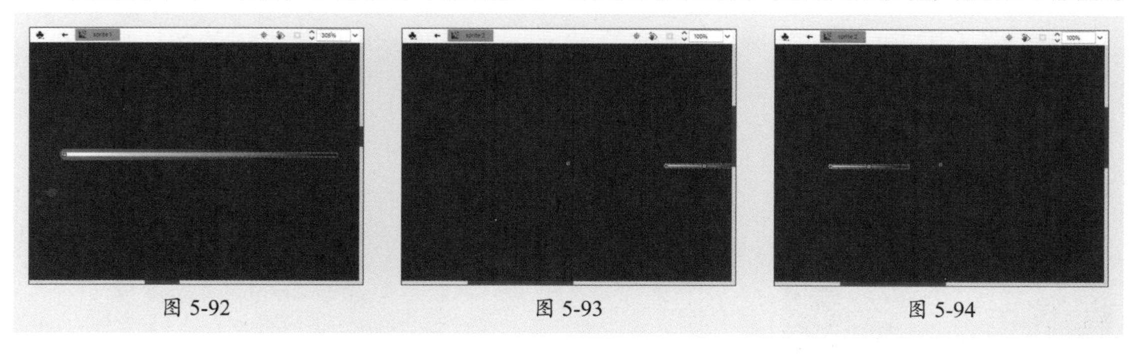

图 5-92　　图 5-93　　图 5-94

步骤 10 在第113帧插入关键帧，向左移动，并设置Alpha值为0%，如图5-95所示。

步骤 11 在第1～63帧、63～113帧创建传统补间动画，如图5-96所示。

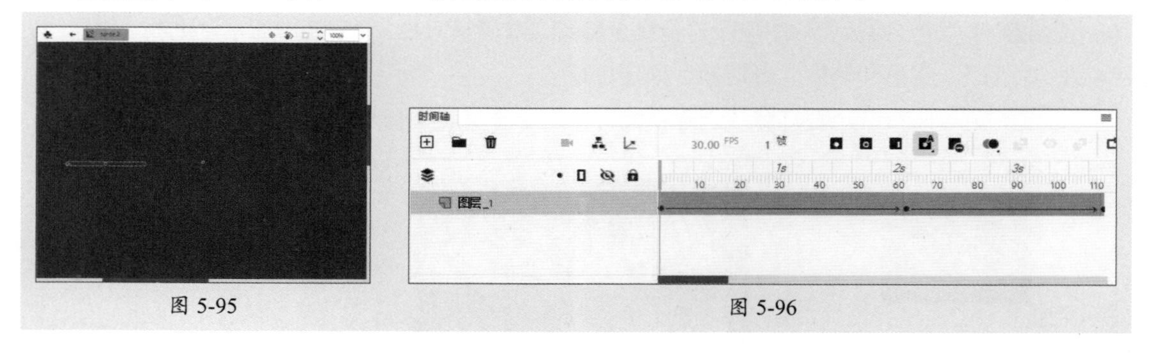

图 5-95　　图 5-96

步骤 12 新建“图层_2”，在第113帧插入空白关键帧，按F9键打开“动作”面板，输入以下代码：

```
this.addEventListener(Event.ADDED_TO_STAGE, onAddedToStage);

function onAddedToStage(event:Event):void {
    if (currentFrame == 113) {
        removeFromParent();
    }
}

function removeFromParent():void {
    if (parent) {
        parent.removeChild(this);
    }
}
```

步骤 13 返回“场景1”，新建图层并重命名为“流星”，将影片剪辑元件“sprite 2”拖曳至舞台中合适位置，如图5-97所示。

步骤 14 在“属性”面板中设置实例名称为“star_M”，如图5-98所示。

步骤 15 在“库”面板中选中影片剪辑元件“sprite 2”，右击，在弹出的快捷菜单中执行“属性”命令，打开“元件属性”对话框，设置“类”和“基类”，如图5-99所示。

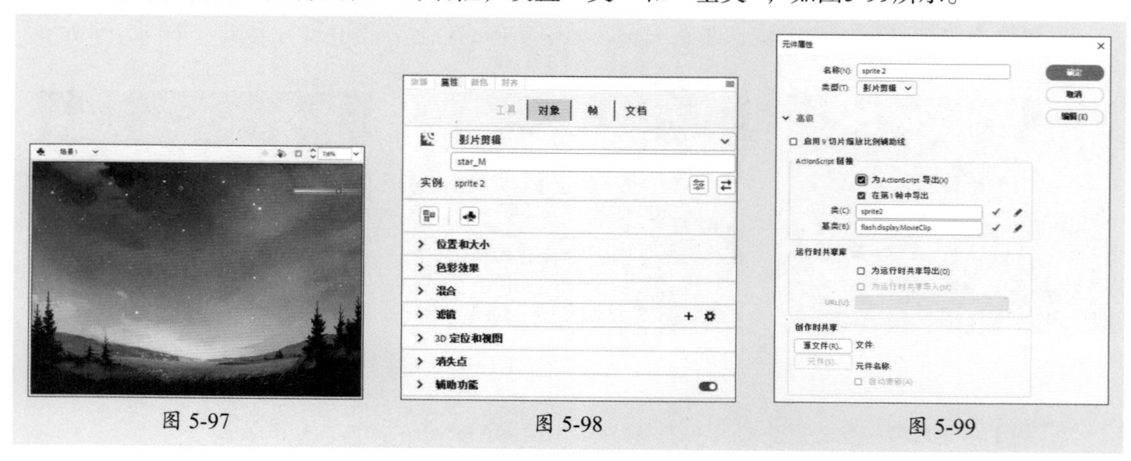

图 5-97　　图 5-98　　图 5-99

步骤 16 新建图层并重命名为“动作”，在第1帧按F9键打开“动作”面板，输入以下代码：

```
var sceneWidth:int = 550;
var M_time:int = 100;
var i:int = 0;

star_M.visible = false;

this.addEventListener(Event.ENTER_FRAME, onEnterFrame);

function onEnterFrame(event:Event):void {
    if (i % M_time == 0) {
        var mc:Sprite = new sprite2();
        addChild(mc);
        mc.x = Math.random() * (sceneWidth - 100) + 50;
    mc.rotation = -40;
    }
    i++;
}
```

步骤 17 在第60帧插入空白关键帧，在“动作”面板中输入以下代码：

```
gotoAndPlay(2)
```

步骤 18 按Ctrl+Enter组合键测试预览，如图5-100所示。

图 5-100

至此，完成流星滑落动画的制作。

5.4 拓展练习

练习1　按钮动画

案例素材：本书实例/第5章/拓展练习/按钮动画

下面练习使用椭圆工具、矩形工具、渐变变形工具绘制按钮，通过按钮元件制作按钮动画。

制作思路

使用椭圆工具和渐变变形工具绘制按钮底座，复制绘制的椭圆并调整，如图5-101所示。使用矩形工具绘制矩形并调整形状，如图5-102所示。创建“按钮”元件，在元件内部添加关键帧制作不同时刻的变化，如图5-103所示。

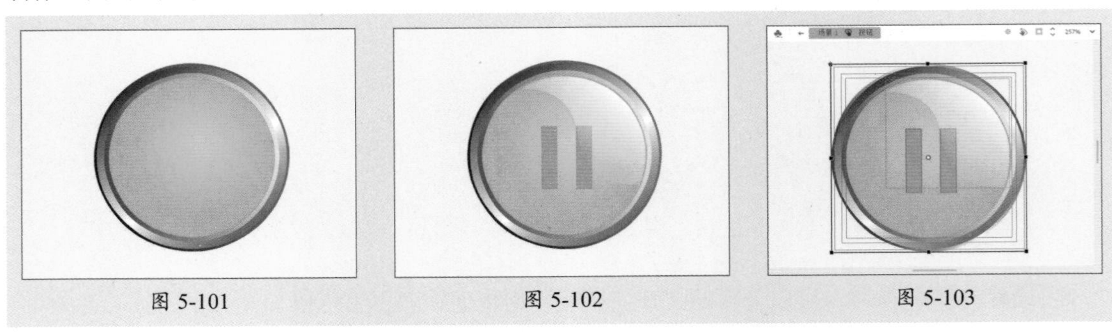

图 5-101　　图 5-102　　图 5-103

练习2　飘雪动画

案例素材：本书实例/第5章/拓展练习/飘雪动画

下面练习使用元件、元件嵌套、传统补间动画制作飘雪动画。

制作思路

新建文档导入素材文件，创建元件，制作雪花下落动画，如图5-104所示。继续创建元件，复制“雪花”实例，如图5-105所示。将复制的实例分散到图层，制作错落播放的效果。返回“场景1”，复制“雪花”实例，丰富画面，如图5-106所示。使用相同的方法，制作其他造型的雪花飘落效果。

图 5-104　　图 5-105　　图 5-106

第6章

动画创作：基本技法与实践

本章概述

在Animate中，用户可以创建多种类型的动画，包括逐帧动画和补间动画等。本章对基础动画的创建方法进行介绍，包括逐帧动画、补间动画、遮罩动画和引导动画。读者学习并掌握这些技能后，能够灵活运用不同的动画技术，提升二维动画创作能力，创造出更加生动和引人入胜的作品。

要点难点

- 逐帧动画
- 不同类型的补间动画
- 遮罩动画
- 引导动画

6.1 逐帧动画

逐帧动画是一种常见的动画制作技术，早期的动画大多采用该技术制作。其原理是在时间轴上逐帧绘制不同的内容，当快速播放时，由于人的眼睛产生视觉暂留，就会感觉画面动了起来，如图6-1所示。本节对逐帧动画进行介绍。

图 6-1

1. 逐帧动画的特点

逐帧动画具有独特的视觉表现力和艺术效果，是动画制作领域中极为重要的一种类型，其主要特点如下。

- **逐帧绘制：** 逐帧动画的每一帧都是单独绘制的静态图形，设计师需要逐一创建每幅画面，精确控制动画效果。
- **艺术性：** 由于每一帧都是手工或数字绘制，设计师可以在绘制过程中加入独特的细节和风格，创建更具艺术性的动画作品。
- **细腻流畅：** 逐帧动画分解的帧越多，动作就会越流畅，适合制作特别复杂及细节较多的动画。
- **灵活性：** 逐帧动画具有非常大的灵活性，设计师可以随时修改和调整任意一帧，从而不断完善动画效果。
- **风格多样：** 逐帧动画具有较多的艺术风格，包括手绘、水墨、数字绘画、剪纸、毛毡等，丰富多样的艺术风格使逐帧动画能够迎合不同类型的受众。
- **制作成本高：** 逐帧动画中的每一帧都是关键帧，每帧内容都要进行手动编辑，工作量很大，相对于其他动画技术，制作成本高，制作周期长。

2. 逐帧动画的制作方式

随着技术的发展，利用计算机软件创建逐帧动画成为了现实，这种方式结合传统逐帧动画的特色与计算机技术的高效，使得动画制作更加灵活简便。常用的制作逐帧动画的方式有以下4种。

- **绘图工具绘制：** 直接使用绘图工具逐帧绘制场景中的内容创建逐帧动画。
- **文字逐帧动画：** 使用文字作为帧中的元件，实现文字跳跃、旋转等特效。
- **导入序列图像：** 在不同帧导入JPEG、PNG等格式的图像或直接将GIF格式的动画导入舞台生成动画。
- **指令控制：** 在“时间轴”面板中逐帧写入动作脚本语句生成元件的变化。

6.2 补间动画

补间动画是一种常用于计算机动画的动画制作技术，通过在关键帧之间生成中间帧来实现平滑的动画效果。本节对常见的补间动画进行介绍。

6.2.1 形状补间动画

形状补间动画可以在两个具有不同矢量形状的帧之间创建中间形状，从而实现两个图形之间颜色、大小、形状和位置相互变化的动画。

在两个关键帧中分别绘制图形，在两个关键帧之间的帧上右击，在弹出的快捷菜单中执行"创建形状补间"命令，即可创建形状补间动画。此时两个关键帧之间变为棕色，起始帧和结束帧之间有一个长箭头，如图6-2所示。

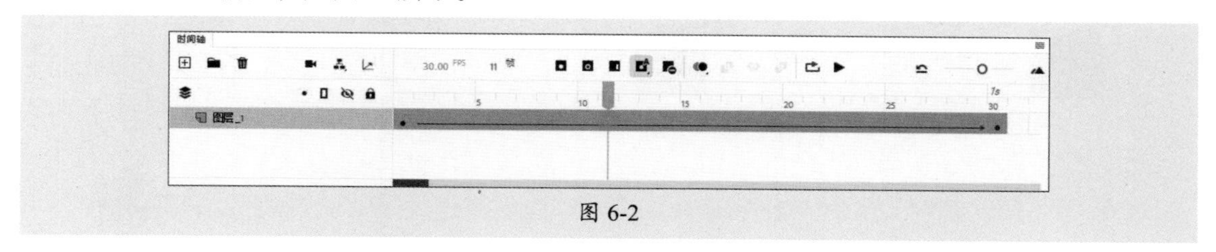

图 6-2

选中形状补间动画之间的帧，在"属性"面板中的"补间"选项区域中可以设置补间属性，如图6-3所示。部分常用选项如下。

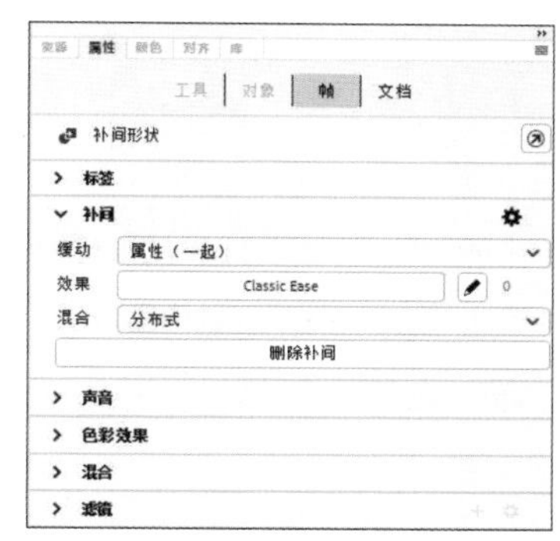

图 6-3

- **效果**：用于选择缓动效果，预设变化速率。单击该按钮将打开预设的"缓动效果"面板，如图6-4所示。双击预设的缓动效果即可应用。
- **编辑缓动**：单击该按钮将打开"自定义缓动"对话框，如图6-5所示。该对话框中显示一幅表示运动程度随时间而变化的图表，其中水平轴表示帧，垂直轴表示变化的百分比。

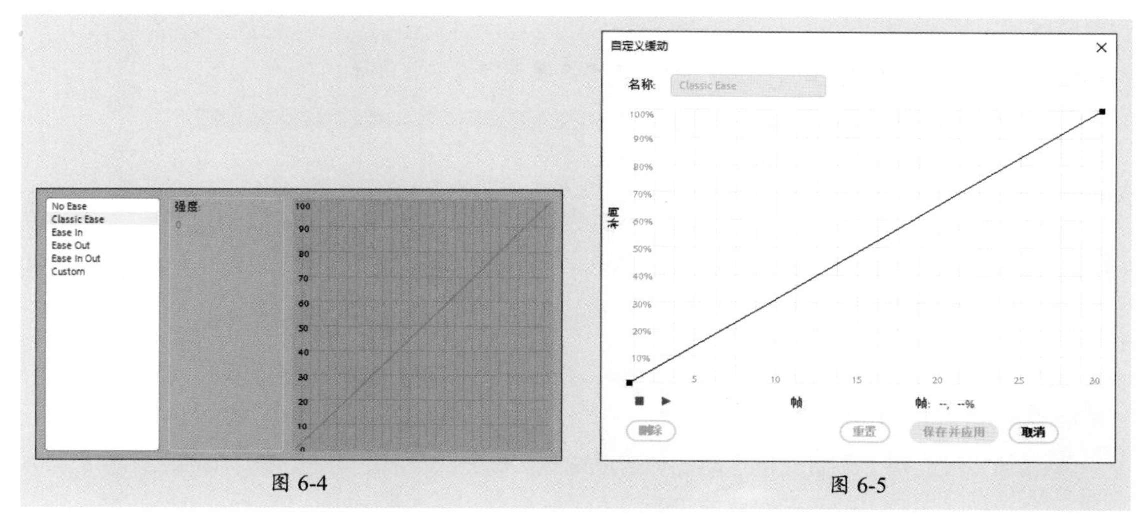

图 6-4　　图 6-5

- **缓动强度：** 用于设置变化的快慢，数值为正做加速运动，数值为负做减速运动。设置后“自定义缓动”对话框中的曲线也会发生变化。
- **混合：** 用于设置形状补间动画的变形形式，包括“分布式”和“角形”两个选项。其中“分布式”表示创建的动画中间形状比较平滑；“角形”表示创建的动画中间形状会保留明显的角和直线，适合具有锐化角度和直线的混合形状。

形状补间动画可以通过形状提示创建对应关系影响变化效果。选中形状补间动画的第1帧，执行“修改”|“形状”|“添加形状提示”命令，在舞台中添加一个形状提示，如图6-6所示。将形状提示移动至具有明显特点的边缘处后，在最后一帧移动形状提示至对应位置，此时第1帧中的形状提示变为黄色，如图6-7所示。最后一帧中的形状提示变为绿色，如图6-8所示。

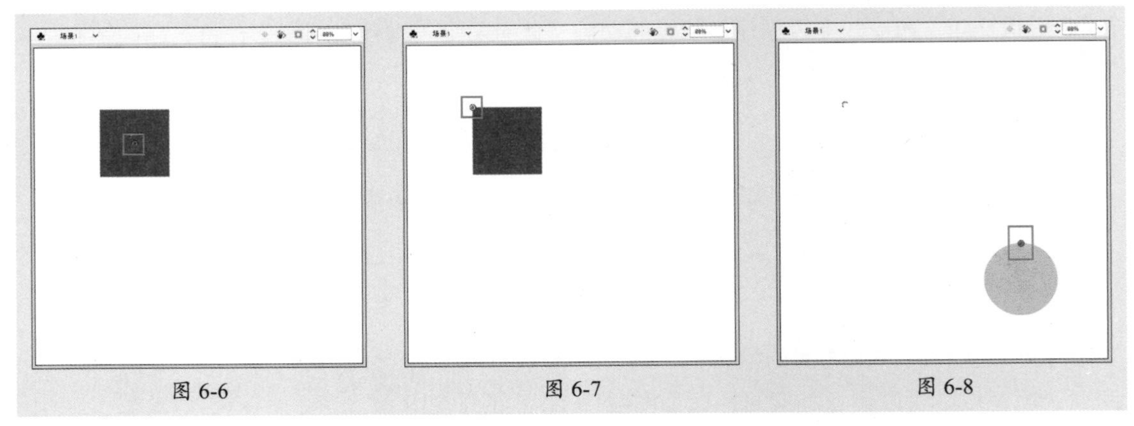

图 6-6　　图 6-7　　图 6-8

6.2.2　传统补间动画

传统补间动画是在一个关键帧中定义一个元件的实例、组合对象或文字块的大小、颜色、位置、透明度等属性，然后在另一个关键帧中改变这些属性，Animate根据二者之间帧的值创建的动画。

选中两个关键帧之间的任意一帧右击，在弹出的快捷菜单中执行“创建传统补间”命令，或单击“时间轴”面板中的“插入传统补间”按钮，即可创建传统补间动画，此时两个关键帧之间变为淡紫色，在起始帧和结束帧之间有一个长箭头，如图6-9所示。

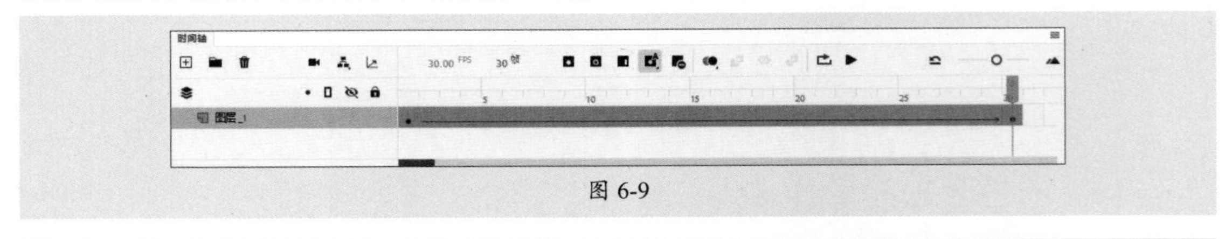

图 6-9

> **提示** 若前后两个关键帧中的对象不是“元件”，Animate会打开“将所选的内容转换为元件以进行补间”对话框，将帧内容转换为元件。

选中传统补间动画之间的帧，在“属性”面板的“补间”选项区域中可以设置补间属性，如图6-10所示。部分常用选项如下。

- **缓动强度：** 用于设置变形运动的加速或减速。0表示变形做匀速运动，负数表示变形做加速运动，正数表示变形做减速运动。

- **效果：**单击该按钮将打开预设的“缓动效果”面板，如图6-11所示。双击预设的缓动效果即可应用。
- **旋转：**用于设置对象渐变过程中是否旋转，以及旋转的方向和次数。
- **贴紧：**勾选该复选框，能够使动画自动吸附到路径上移动。
- **同步元件：**勾选该复选框，使图形元件的实例动画和主时间轴同步。
- **调整到路径：**用于引导层动画，勾选该复选框，可以使对象紧贴路径移动。
- **缩放：**勾选该复选框，可以改变对象的大小。

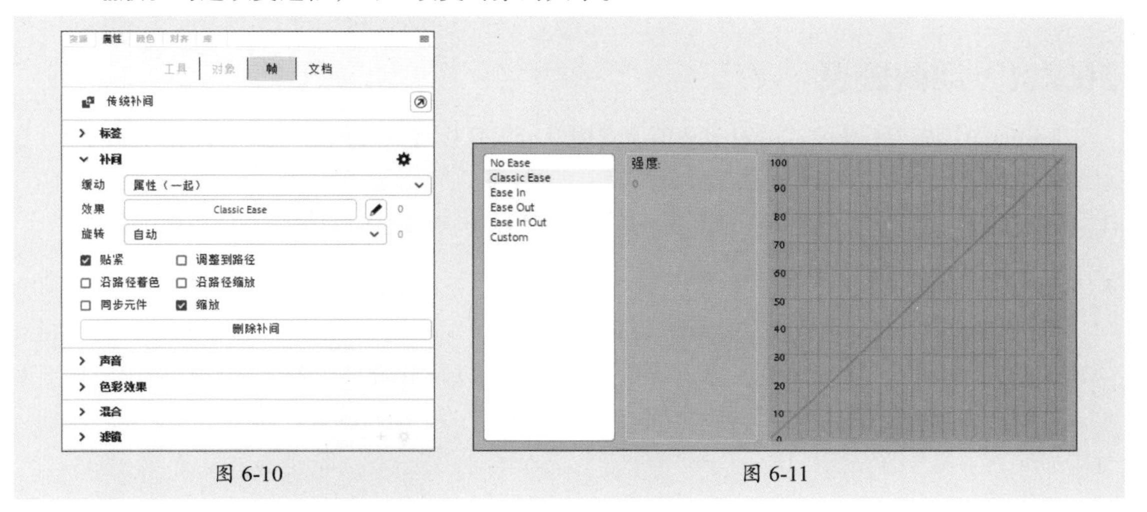

图 6-10　　　　图 6-11

6.2.3　补间动画

补间动画可以通过为第1帧和最后一帧之间的某个对象属性指定不同的值来创建动画运动，常用于制作由于对象的连续运动或变形构成的动画，如图6-12所示。与传统补间动画和形状补间动画相比，补间动画会自动构建运动路径。

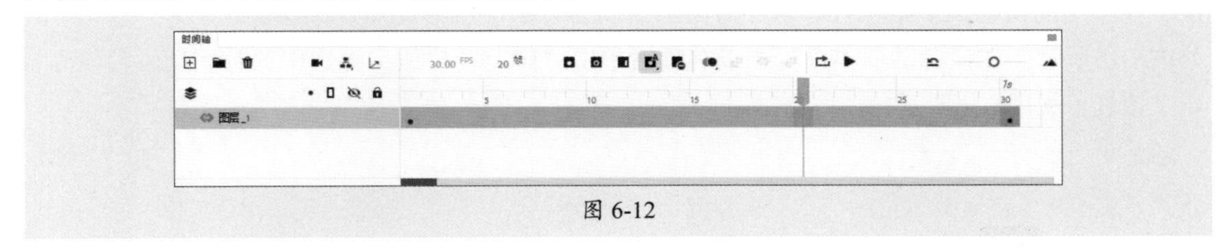

图 6-12

创建补间动画的方式有以下三种。

- 选择舞台中要创建补间动画的实例或图形，在时间轴中右击任意帧，在弹出的快捷菜单中执行“创建补间动画”命令。
- 选择舞台中要创建补间动画的实例或图形，执行“插入”|“创建补间动画”命令。
- 选择舞台中要创建补间动画的实例或图形，右击，在弹出的快捷菜单中执行“创建补间动画”命令。

创建补间动画后选择补间中的任一帧，在该帧上移动动画元件或设置对象其他属性，Animate会自动构建运动路径，以便为第1帧和下一个关键帧之间的帧设置动画。图6-13所示为添加补间动画后的“时间轴”面板。

图 6-13

提示 将补间动画应用于对象时，系统会自动将该对象移动到其补间图层。用户也可以执行“修改”|“时间轴”|“分散到图层”命令，将选中的对象分散到新图层中。

6.2.4 动画预设

Animate中提供了多种常用的动画预设，用户可以直接将其加载到元件上。应用预设时，在时间轴中创建的补间范围将包含此数量的帧。如果目标对象已应用了不同长度的补间，补间范围将进行调整，以符合动画预设的长度，然后在应用预设后调整时间轴中补间范围的长度。

1. 应用动画预设

执行“窗口”|“动画预设”命令，打开“动画预设”面板，如图6-14所示。该面板包括30项默认的动画预设，任选其中一项，在预览窗口中可以预览效果。若想将动画预设应用至对象，需要选中舞台中的对象后，在“动画预设”面板中选中动画预设，并单击“应用”按钮进行添加。

2. 自定义动画预设

用户可以创建并保存自己的自定义预设，也可以修改现有的动画预设，并另存为新的动画预设，新的动画预设效果将出现在“动画预设”面板的自定义预设文件夹中。要注意的是，只有补间动画可以另存为动画预设，传统补间动画和形状补间动画不可以。

选中舞台中的补间对象，单击“动画预设”面板中的“将选区另存为预设”按钮，或右击，在弹出的快捷菜单中执行“另存为动画预设”命令，均可打开“将预设另存为”对话框，如图6-15所示。在该对话框中设置预设名称后单击“确定”按钮，将选中的补间动画存储为自定义预设，如图6-16所示。

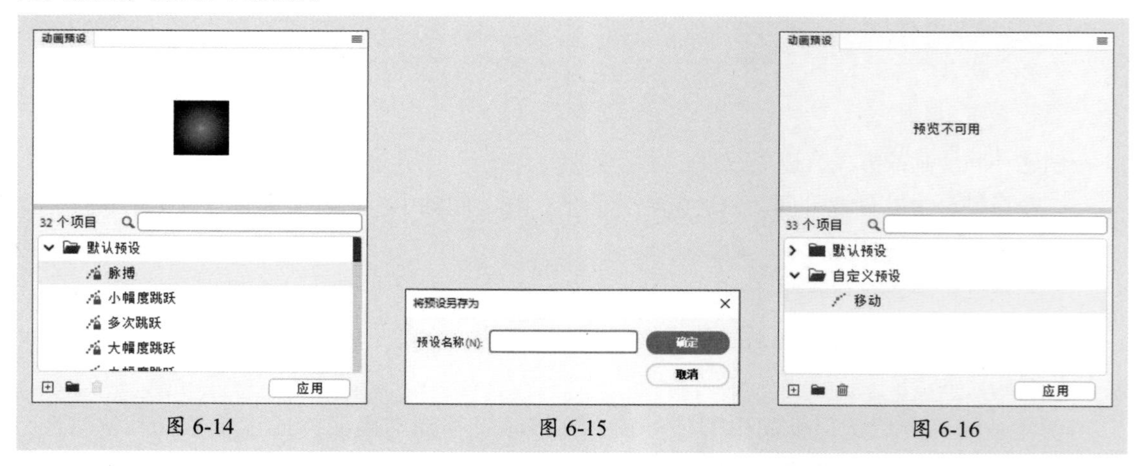

图 6-14　图 6-15　图 6-16

提示 每个对象只能应用一个预设，如将第二个预设应用于相同对象，则第二个预设将替换第一个预设。

动手练 进度条动画

案例素材：本书实例/第6章/动手练/进度条动画

本案例以进度条动画的制作为例，介绍传统补间动画的创建方法。具体操作过程如下。

步骤 01 新建400×400px的空白文档，设置舞台背景为浅灰色，如图6-17所示。

步骤 02 按Ctrl+R组合键导入本章素材文件，调整合适大小与位置，如图6-18所示。

步骤 03 选中置入的素材文件，按F8键将其转换为图形元件“背景”，如图6-19所示。

图 6-17

图 6-18

图 6-19

步骤 04 更改“图层_1”名称为“背景”，在第60帧插入关键帧，设置第1帧的“背景”实例Alpha值为0%，选中“背景”图层第1～60帧任意帧，单击“时间轴”面板中的“插入传统补间”按钮，创建传统补间动画，如图6-20所示。

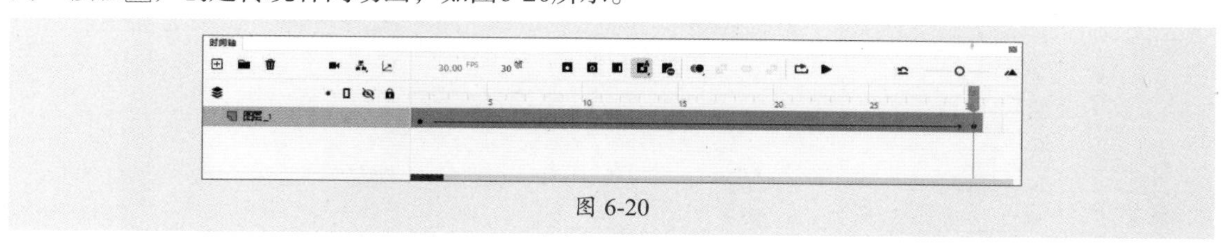

图 6-20

步骤 05 新建图层并重命名为“边框”，选中第1帧，使用基本矩形工具绘制圆角矩形，如图6-21所示。新建图层并重命名为“进度条”，选中第1帧，使用基本矩形工具绘制圆角矩形，如图6-22所示。

步骤 06 新建图层并命名为“遮罩”，选中第1帧，绘制一个与“进度条”图层相等的圆角矩形，颜色可以设置为其他颜色，将其转换为图形元件“遮罩”，如图6-23所示。

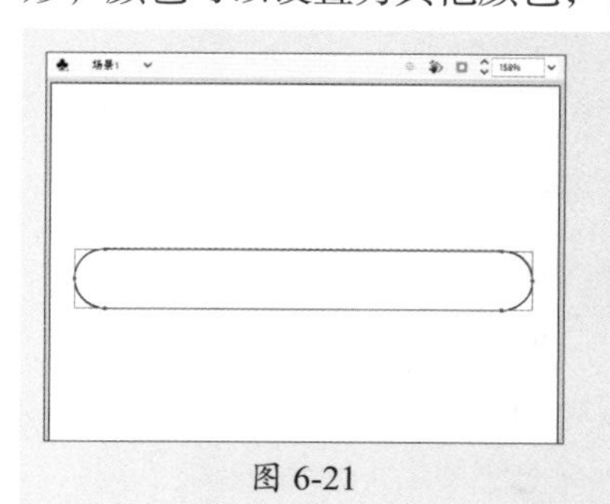

图 6-21

图 6-22

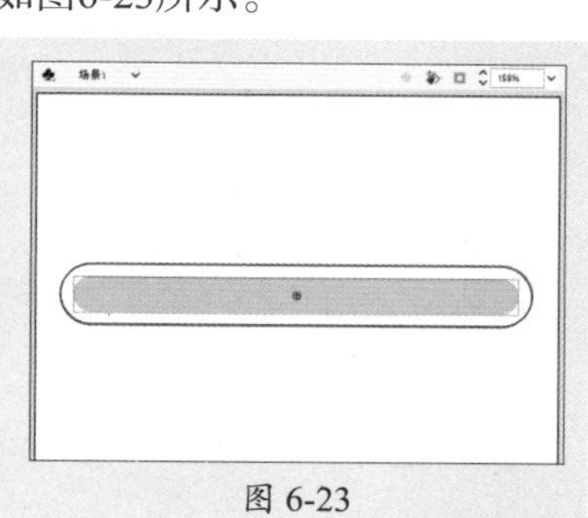

图 6-23

步骤07 在“遮罩”图层的第60帧插入关键帧，选中第1帧中的“进度条”实例，向左移动，如图6-24所示。

步骤08 选中“遮罩”图层第1～60帧任意帧，单击“时间轴”面板中的“插入传统补间”按钮，创建传统补间动画，并将“遮罩”图层设置为遮罩层，如图6-25所示。

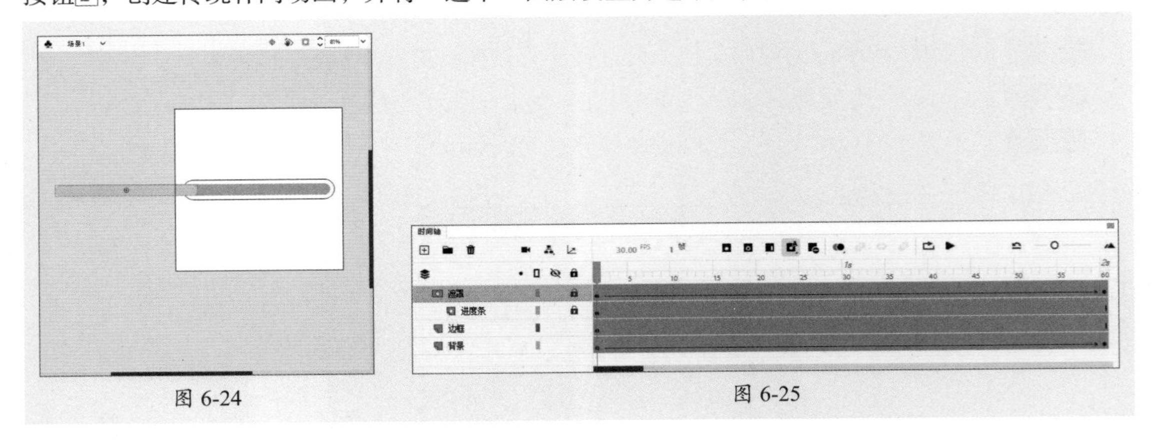

图 6-24　　图 6-25

步骤09 新建“图标”图层，选中第1帧，按Ctrl+R组合键导入本章素材文件，调整合适大小与位置，如图6-26所示。

步骤10 按F8键将新导入的素材转换为图形元件“图标”。选中转换后的图形元件，按F8键将其转换为影片剪辑元件“运动”。双击影片剪辑元件“运动”的实例进入编辑模式，在第5帧、第10帧、第15帧、第20帧按F6键插入关键帧。设置第5帧的元件实例向左旋转，如图6-27所示。设置第15帧的元件向右旋转，如图6-28所示。

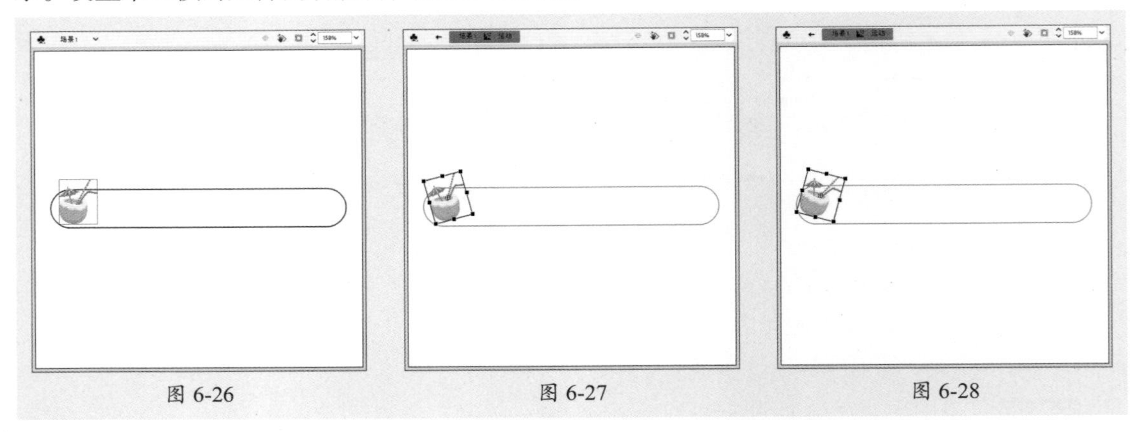

图 6-26　　图 6-27　　图 6-28

步骤11 在第1～20帧创建传统补间动画，如图6-29所示。

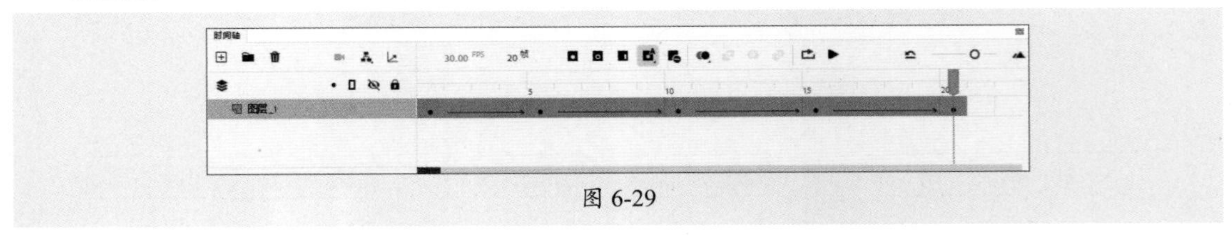

图 6-29

步骤12 返回“场景1”，在“图标”图层的第60帧插入关键帧，向右移动“运动”实例，如图6-30所示。

步骤13 在“图标”图层的第1～60帧创建传统补间动画，如图6-31所示。

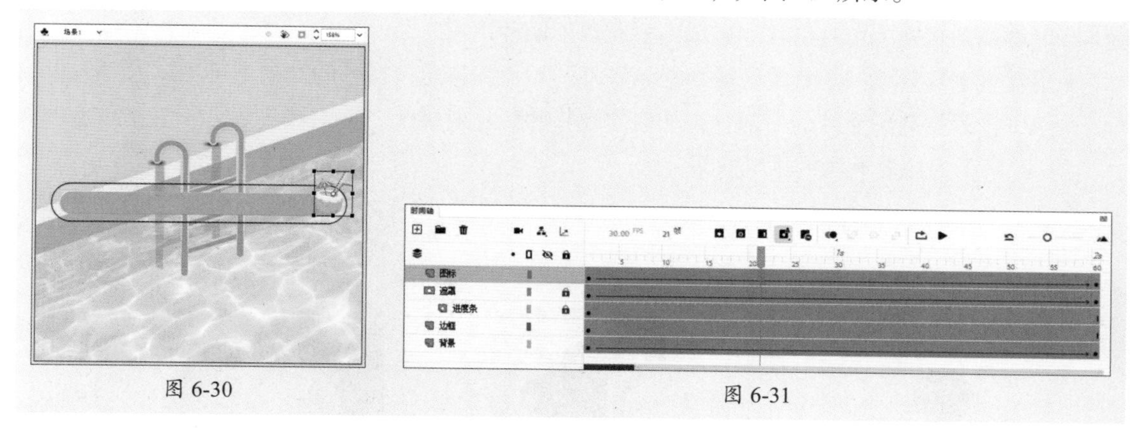

图 6-30

图 6-31

步骤14 新建“动作”图层，在第60帧按F7键插入空白关键帧，按F9键打开“动作”面板，输入以下代码：

```
stop();
```

步骤15 保存文件，按Ctrl+Enter组合键测试预览，如图6-32所示。

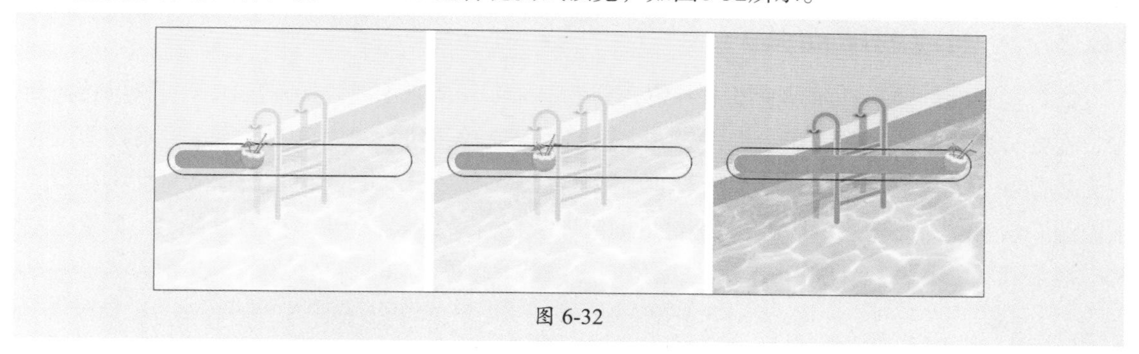

图 6-32

至此，完成进度条动画的制作。

6.3 遮罩动画

遮罩动画是一种重要的动画类型，用于显示图层的指定区域，创建更为复杂的动画效果。本节将对遮罩动画进行介绍。

6.3.1 遮罩动画的原理

遮罩动画的制作原理是通过遮罩图层来决定被遮罩层中的显示内容，这一过程类似于Photoshop中的蒙版。遮罩效果主要由两种图层实现：遮罩层和被遮罩层。其中遮罩层只有一个，但被遮罩层可以有多个。

与填充或笔触不同，遮罩层内容就像一个窗口，透过它可以看到位于它下面的链接层区域。除了透过遮罩层内容显示的内容之外，其余的所有内容都被遮罩层的其余部分隐藏起来。

创建遮罩层或被遮罩层的动画，可以制作出遮罩变化的动态效果。遮罩层的内容可以是填充的形状、文字对象、图形元件的实例或影片剪辑，但不能直接使用线条。如果一定要用线条，可以将线条转换为填充形状。遮罩主要有以下两种用途。

- 用在整个场景或一个特定区域，使场景外的对象或特定区域外的对象不可见。
- 用于遮罩住某一元件的一部分，从而实现一些特殊效果。

图6-33所示为遮罩动画的预览效果。

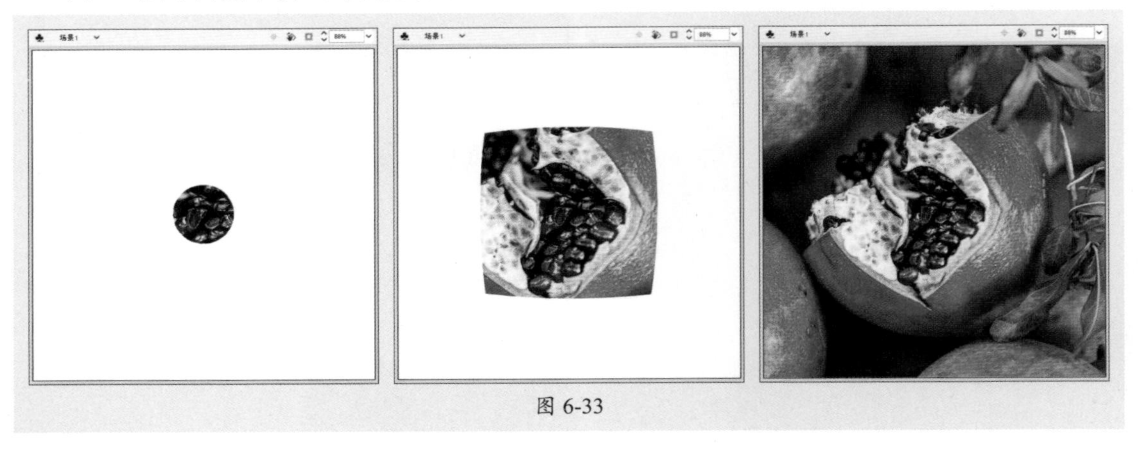

图 6-33

6.3.2 创建遮罩动画

遮罩动画的创建与补间动画基本一致，只是添加了一个遮罩层。遮罩层由普通图层转换而来，在要转换为遮罩层的图层上右击，在弹出的快捷菜单中执行“遮罩层”命令，将该图层转换为遮罩层。此时该图层图标就会从普通层图标变为遮罩层图标，系统也会自动将遮罩层下面的一层关联为“被遮罩层”，在缩进的同时图标变为。若需要更多的被遮罩层，只要把这些层拖至遮罩层下面，或者将图层属性类型改为被遮罩即可，如图6-34所示。

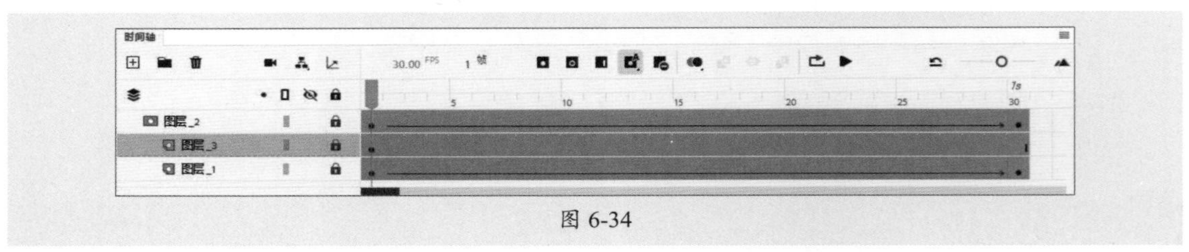

图 6-34

动手练 课件片头动画

案例素材：本书实例/第6章/动手练/课件片头动画

本案例以课件片头动画的制作为例，介绍遮罩动画的创建方法，制作过程中可以通过AIGC工具生成与课件内容更加契合的背景素材进行应用。具体操作过程如下。

步骤01 新建1280 × 720px的空白文档，按Ctrl+R组合键导入本章素材文件，如图6-35所示。修改“图层_1”名称为“背景”，在第60帧按F5键插入普通帧，锁定图层。

步骤02 新建“荷塘”图层，选中第1帧，导入本章素材文件，将其转换为图形元件“荷塘”，如图6-36所示。

步骤03 在第30帧按F6键插入帧，调整“荷塘”实例的大小和位置，如图6-37所示。

图 6-35　　图 6-36　　图 6-37

步骤 04 在“荷塘”图层的第1～30帧创建传统补间动画，如图6-38所示。

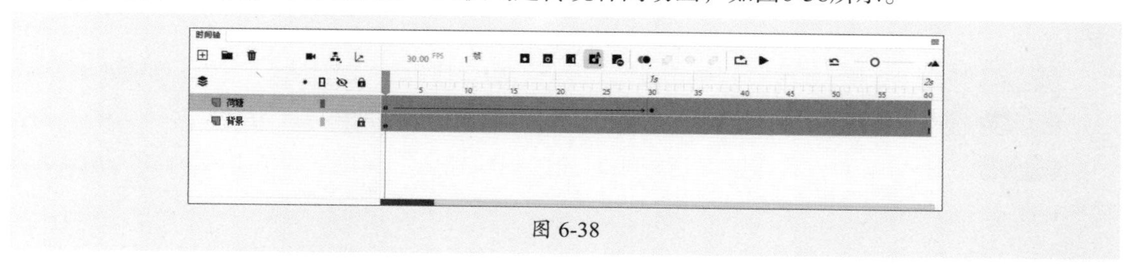

图 6-38

步骤 05 选中“荷塘”图层第1～30帧任意一帧，在“属性”面板中设置“缓动强度”为100，如图6-39所示。

步骤 06 新建“遮罩”图层，在第1帧处绘制与舞台等大的矩形填充，如图6-40所示。

步骤 07 在“遮罩”图层的第30帧插入关键帧，调整矩形填充大小，如图6-41所示。

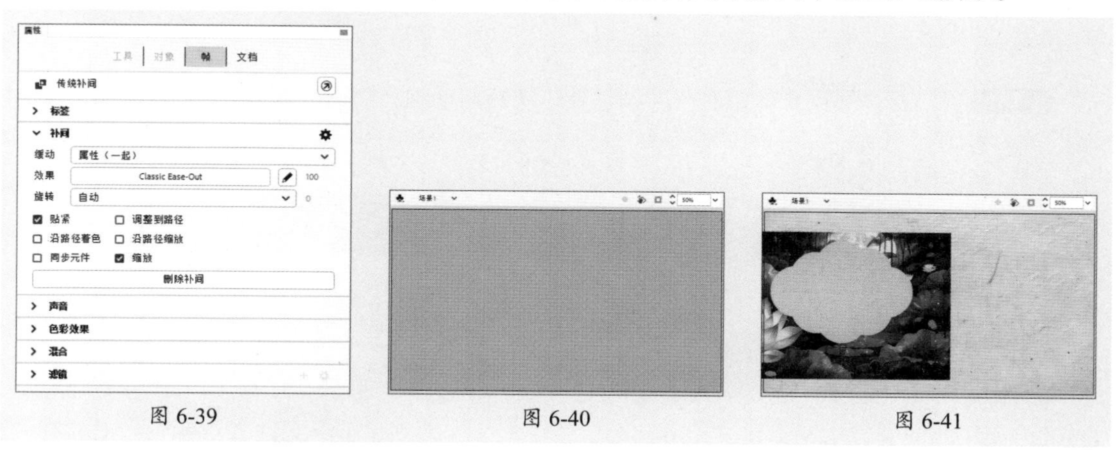

图 6-39　　图 6-40　　图 6-41

步骤 08 选中“遮罩”图层第1～30帧任意一帧，右击，在弹出的快捷菜单中执行“创建形状补间”命令，创建形状补间动画，如图6-42所示。

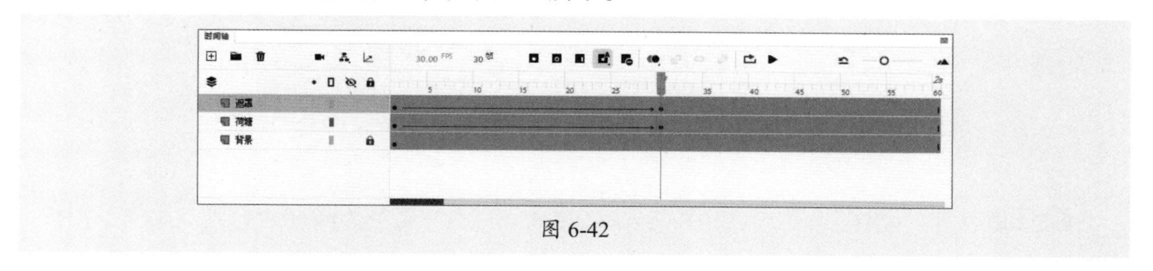

图 6-42

步骤 09 在“遮罩”图层的第5帧插入空白关键帧，绘制形状，如图6-43所示。

步骤 10 选中“遮罩”图层，右击，在弹出的快捷菜单中执行“遮罩层”命令，将其转换为遮罩层，如图6-44所示。

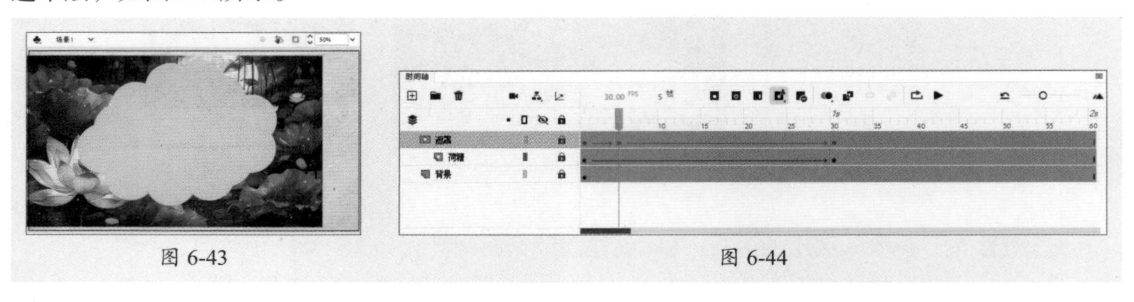

图 6-43　　图 6-44

步骤 11 新建“标题”图层，选中第31帧，在舞台中合适位置单击并输入文本，如图6-45所示。

步骤 12 选中输入的文本，将其转换为图形元件“标题”，如图6-46所示。

步骤 13 在第40帧插入关键帧，选中第31帧中的“标题”实例，设置其Alpha值为0%，如图6-47所示。

图 6-45　　图 6-46　　图 6-47

步骤 14 在“标题”图层的第31～40帧创建传统补间动画，如图6-48所示。

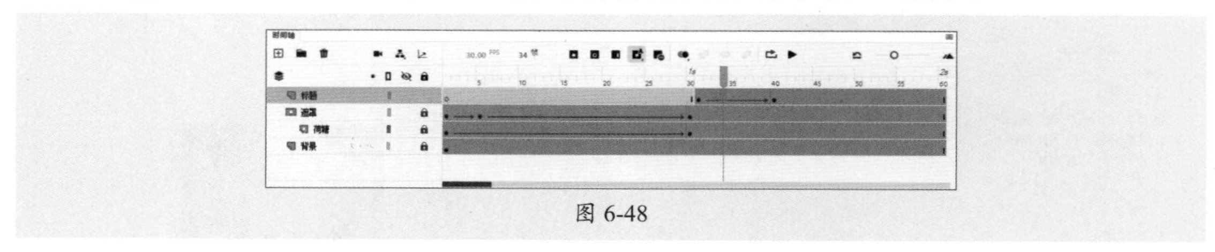

图 6-48

步骤 15 选中“标题”图层传统补间动画的任意一帧，在“属性”面板中设置“缓动强度”为100。使用相同的方法，新建“作者”图层，输入文本并创建图形元件“作者”，在第36～45帧创建由透明逐渐出现的传统补间动画，如图6-49所示。设置“缓动强度”为100。

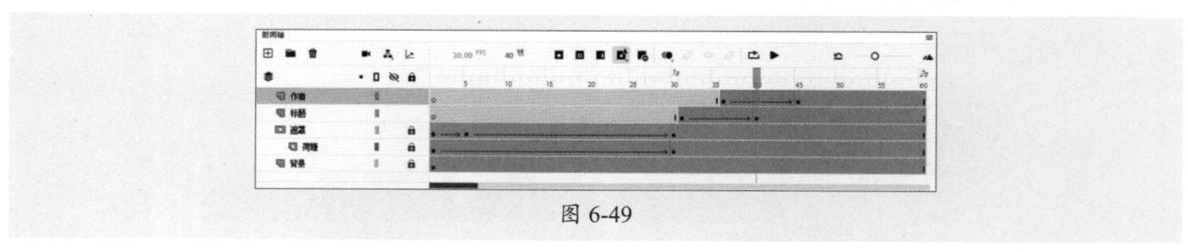

图 6-49

步骤 16 新建“动作”图层，在第60帧按F7键插入空白关键帧，按F9键打开“动作”面板，输入以下代码：

```
stop();
```

步骤 17 保存文件，按Ctrl+Enter组合键测试预览，如图6-50所示。

图 6-50

至此，完成课件片头动画的制作。

6.4 引导动画

引导动画是一种特殊的补间动画，只要固定起始点和结束点，图层中的物体就可以沿线段运动。下面对引导动画进行介绍。

6.4.1 引导动画的原理

引导动画中包括引导层和被引导层两种类型的图层。其中引导层在影片中起辅助作用，不会被导出，因此不会显示在发布的SWF文件中。引导层位于被引导层的上方，在引导层中绘制对象的运动路径，固定起始点和结束点，与之相连接的被引导层的物体就可以沿设定的引导线运动。

要注意的是，引导层是用于指示对象运行路径的，必须是打散的图形，路径不要出现太多交叉点，被引导层中的对象必须依附在引导线上。简单来说，在动画的开始和结束帧上，要让元件实例的变形中心点吸附到引导线上，如图6-51、图6-52所示。在“属性”面板中勾选“调整到路径”复选框，可以使元件相对于路径的方向保持不变，如图6-53所示。

图 6-51

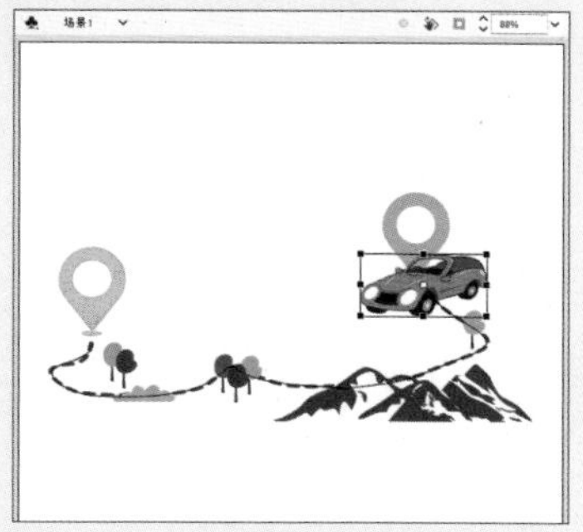

图 6-52

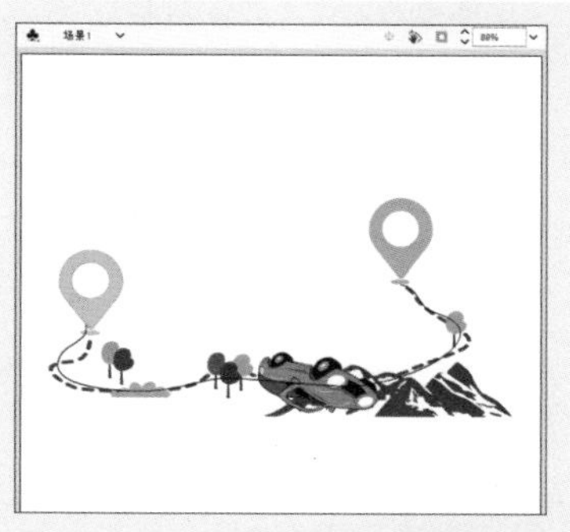

图 6-53

6.4.2 创建引导层动画

创建引导层动画必须具备两个条件：路径和在路径上运动的对象。一条路径上可以有多个对象运动。选中要添加引导层的图层右击，在弹出的快捷菜单中执行“添加传统运动引导层”命令，将在选中图层的上方添加引导层，如图6-54所示。

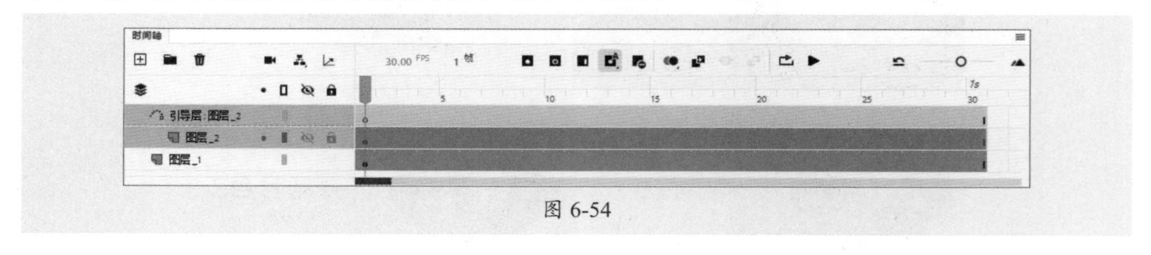

图 6-54

在引导层中绘制路径，并调整被引导层中的对象中心点在引导线起点处，如图6-55所示。在被引导层中新建关键帧，移动对象至引导线末端，如图6-56所示。选中两个关键帧之间任意一帧，单击“时间轴”面板中的“插入传统补间”按钮创建引导动画，按Enter键预览效果，如图6-57所示。

图 6-55

图 6-56

图 6-57

动手练 踢球动画

案例素材：本书实例/第6章/动手练/踢球动画

本案例以踢球动画的制作为例，介绍引导动画的创建方法。具体操作过程如下。

步骤 01 新建720×720px的空白文档，按Ctrl+R组合键导入本章素材文件，如图6-58所示。修改“图层_1”名称为“背景”，在第60帧按F5键插入普通帧，锁定图层。

步骤 02 新建“足球”图层，选中第1帧，导入本章素材文件，调整合适大小与位置，如图6-59所示。

图 6-58

图 6-59

步骤 03 选中导入的足球素材，按F8键将其转换为图形元件“足球”，如图6-60所示。

步骤 04 选中“足球”图层，右击，在弹出的快捷菜单中执行“添加传统运动引导层”命令，添加引导层，如图6-61所示。

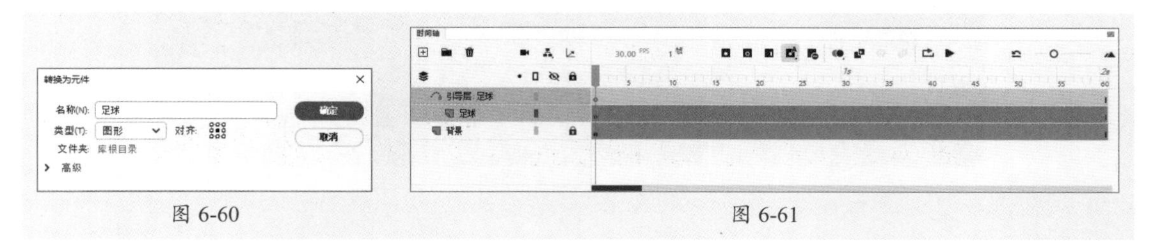

图 6-60　　图 6-61

步骤 05 选中“引导层：足球”图层，使用铅笔工具在舞台中绘制路径，如图6-62所示。

步骤 06 选中“足球”实例，在第1帧调整足球位置位于路径右下角端点，如图6-63所示。

步骤 07 在第58帧插入关键帧，移动“足球”实例位于路径左上角端点，并调整大小，如图6-64所示。

图 6-62　　图 6-63　　图 6-64

步骤 08 选中“足球”实例，在第60帧插入关键帧，在“属性”面板中设置Alpha值为0%，效果如图6-65所示。

步骤 09 在“足球”图层的第1～60帧创建传统补间动画。选中“足球”图层第1～58帧任意一帧，在“属性”面板中设置“缓动强度”为-100，如图6-66所示。

图 6-65

图 6-66

步骤 10 新建“动作”图层，在第60帧按F7键插入空白关键帧，按F9键打开“动作”面板，输入以下代码：

```
stop();
```

步骤 11 保存文件，按Ctrl+Enter组合键测试预览，如图6-67所示。

图 6-67

至此，完成踢球动画的制作。

6.5 案例实战：图片切换动画

案例素材：本书实例/第6章/案例实战/图片切换动画

本案例以图片切换动画的制作为例，介绍时间轴动画的创建方法。具体操作过程如下。

步骤 01 新建720 × 720px的空白文档，执行“文件”|“导入”|“导入到库”命令，导入本章素材文件，如图6-68所示。

步骤 02 将素材“01.jpg”拖曳至舞台中，调整合适大小和位置，如图6-69所示。

步骤 03 选中舞台中的素材，按F8键将其转换为影片剪辑元件“01”，如图6-70所示。

图 6-68

图 6-69

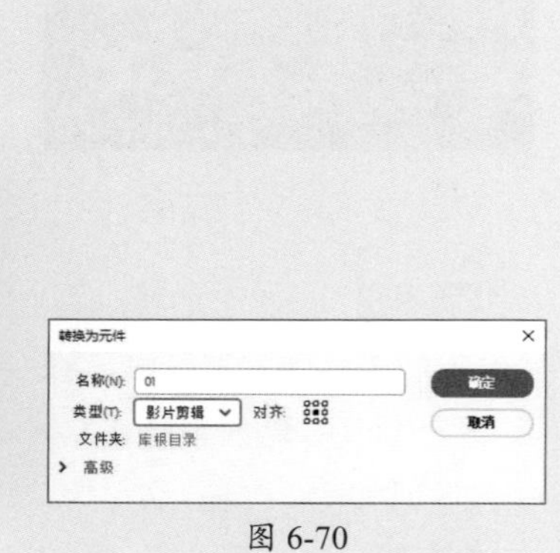

图 6-70

步骤 04 在“图层_1”的第20帧和第26帧插入关键帧。选中第26帧中的实例，在“属性”面板中添加“模糊”滤镜，并设置参数，如图6-71所示。效果如图6-72所示。

步骤 05 复制第26帧，在第30帧粘贴。选中第30帧中的实例，在“属性”面板中设置Alpha值为0%，如图6-73所示。

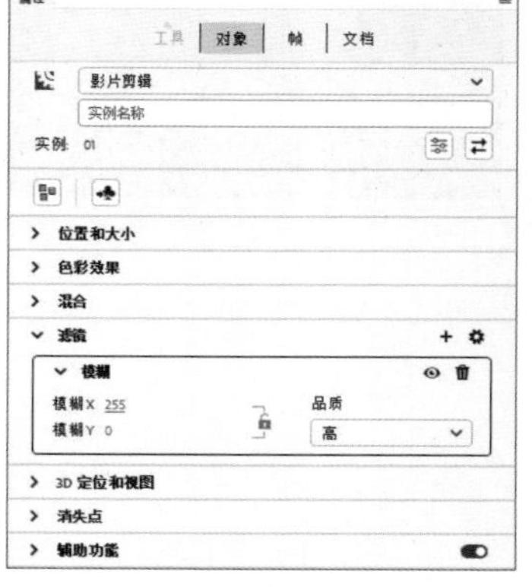

图 6-71

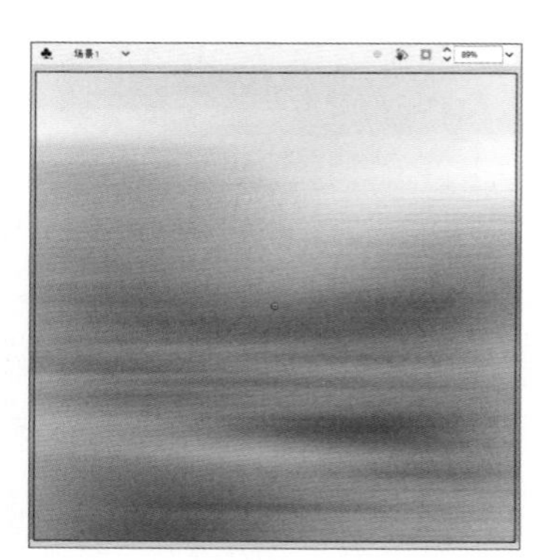

图 6-72

步骤 06 在第20～30帧创建传统补间动画，如图6-74所示。

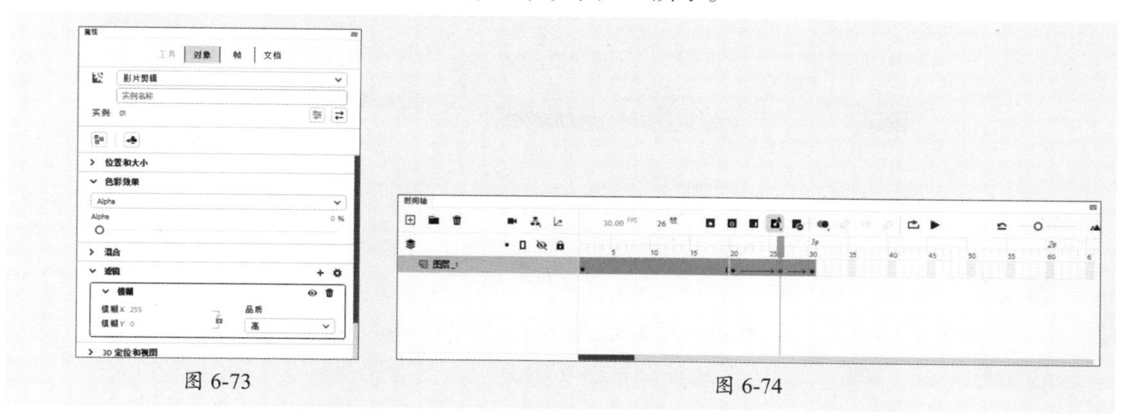

图 6-73　　图 6-74

步骤 07 选中第20～26帧的任意帧，在“属性”面板中设置“缓动强度”为-100，如图6-75所示。使用相同的方法，设置第26～30帧的“缓动强度”为-100。

步骤 08 新建图层，在第26帧插入关键帧，将库中的素材“02.jpg”拖曳至舞台中，调整大小和位置，如图6-76所示。选中“图层_2”中的素材，按F8键将其转换为影片剪辑元件“02”，如图6-77所示。

图 6-75　　图 6-76　　图 6-77

步骤 09 在“图层_2”的第30帧、第35帧、第50帧插入关键帧。选中第26帧中的实例，在“属性”面板中设置Alpha值为0%，添加“模糊”滤镜，并设置参数，如图6-78所示。效果如图6-79所示。选中第30帧中的实例，在“属性”面板中添加“模糊”滤镜，并设置参数，如图6-80所示。

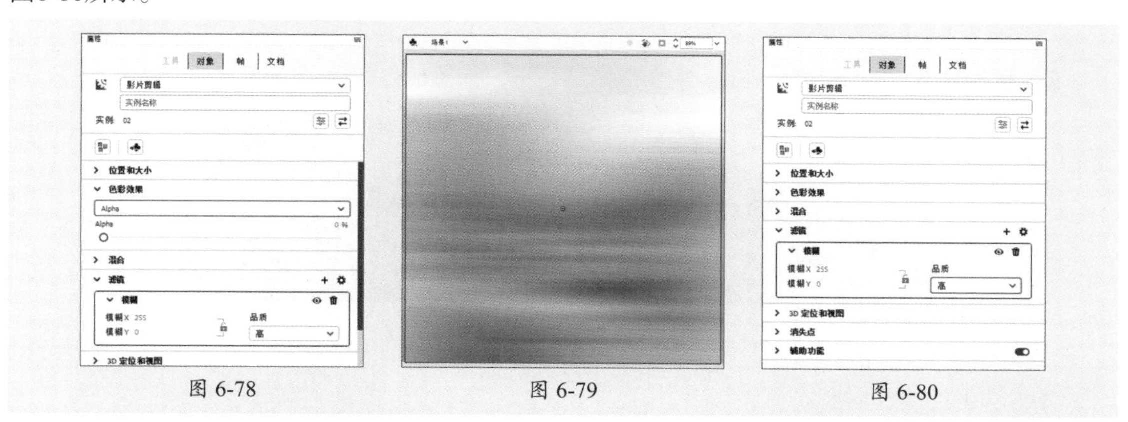

图 6-78　　图 6-79　　图 6-80

步骤 10 在第26～35帧创建传统补间动画，如图6-81所示。

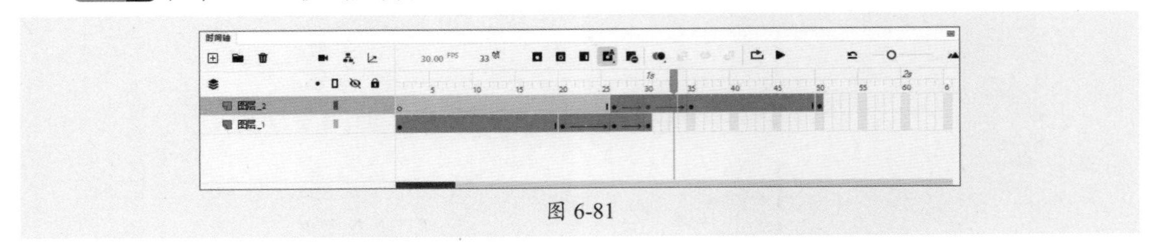

图 6-81

步骤 11 选中第26～30帧的任意帧，在“属性”面板中设置“缓动强度”为100，如图6-82所示。使用相同的方法，设置第30～35帧的“缓动强度”为100。

步骤 12 复制“图层_2”的第30帧，粘贴至第56帧。复制第26帧，粘贴至第60帧，并在第50～60帧创建传统补间动画，如图6-83所示。设置这两段补间动画的“缓动强度”为-100。

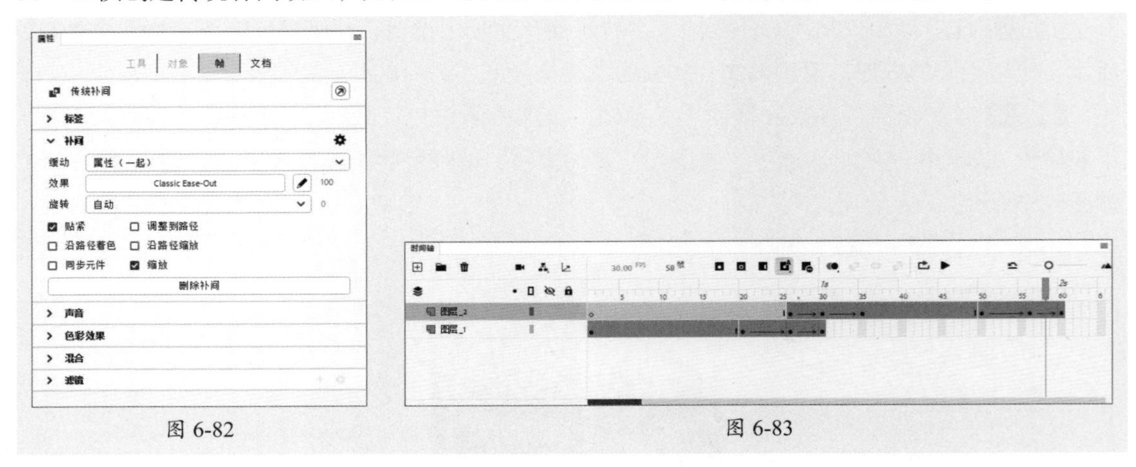

图 6-82　　　　图 6-83

步骤 13 使用相同的方法，新建“图层_3”，并制作从不透明至水平模糊、水平模糊至逐渐清晰的动画效果，如图6-84所示。

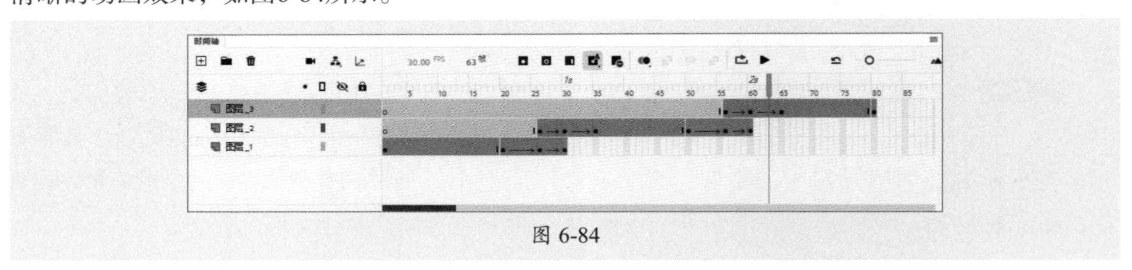

图 6-84

步骤 14 保存文件，按Ctrl+Enter组合键测试预览，如图6-85所示。

图 6-85

至此，完成图片切换动画的制作。

6.6 拓展练习

练习1 跳动的心

案例素材：本书实例/第6章/拓展练习/跳动的心

下面练习使用图形元件、补间动画制作跳动的心的动画效果。

制作思路

新建文档，设置舞台颜色，置入本章素材文件，如图6-86所示。将素材转换为图形元件，添加关键帧，创建补间动画，选中中间的任意帧，放大、缩小实例，如图6-87、图6-88所示。

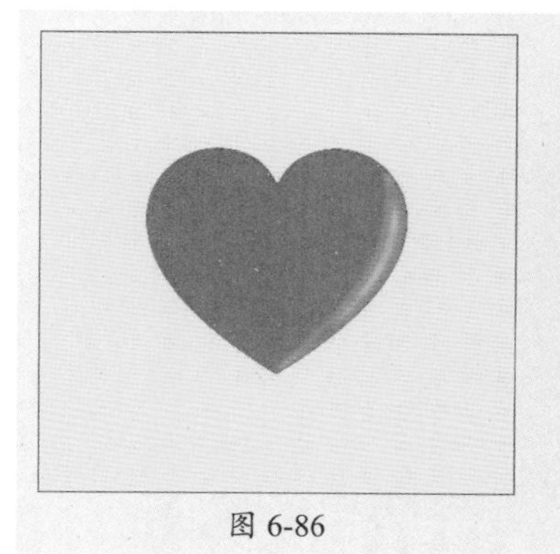
图 6-86

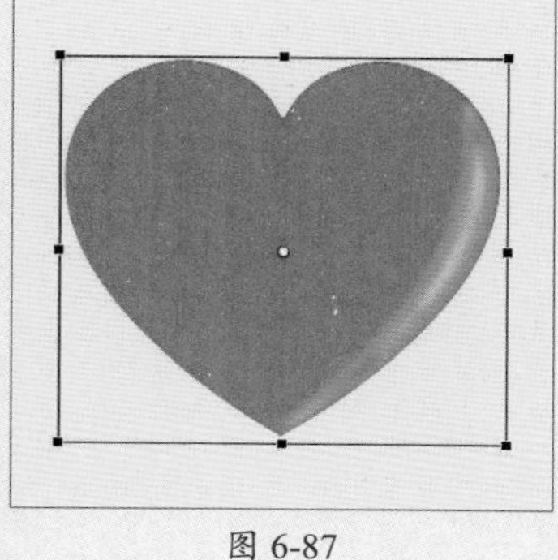
图 6-87

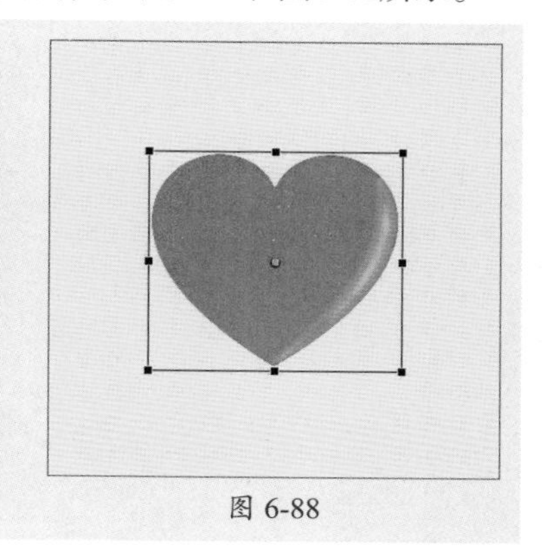
图 6-88

练习2 飘落的树叶

案例素材：本书实例/第6章/拓展练习/飘落的树叶

下面练习使用创建元件、添加传统运动引导层、铅笔工具、创建传统补间动画制作飘落的树叶动画效果。

制作思路

新建文档，导入本章素材文件，如图6-89所示。分离素材，删除多余的部分，并将素材转换为影片剪辑元件。将树叶转换为图形元件，分散到图层，为每片树叶所在的图层添加传统运动引导层，绘制引导线，如图6-90所示。创建传统补间动画，制作沿引导线运动的效果，如图6-91所示。

图 6-89

图 6-90

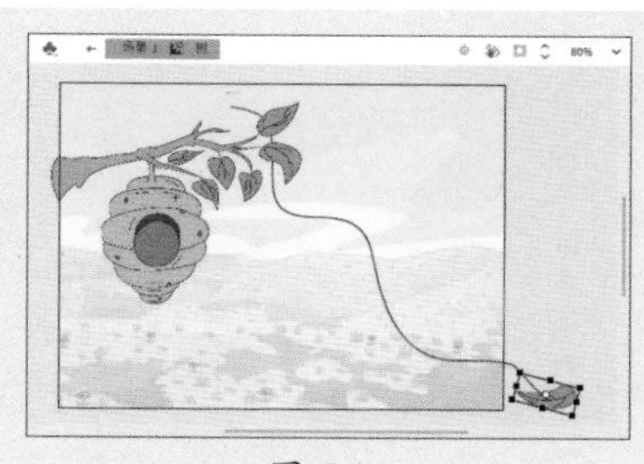
图 6-91

An

第7章 交互设计：脚本动画的实现

本章概述

交互动画能够在一定程度上提升用户体验，使用户积极参与到动画的进程中。这一效果主要通过ActionScript 3.0实现。本章对交互动画的创建知识进行介绍，包括ActionScript 3.0的基础知识、如何有效应用“动作”面板，以及脚本的编写与调试技巧等。读者学习并掌握这些操作技能，能够设计出更加生动、有趣的动画作品，增强用户的体验感。

要点难点

- 认识ActionScript 3.0
- 了解ActionScript 3.0语法基础
- 认识“动作”面板
- 学会编写调试脚本

7.1 初识ActionScript 3.0

ActionScript是Animate使用的一种编程语言，可以创建丰富的交互效果。ActionScript 3.0是Animate的第三个主要版本，下面对此进行介绍。

7.1.1 ActionScript的版本

在Adobe Animate中，实现交互主要依赖于ActionScript。ActionScript使开发者能够编写代码，以控制动画行为、响应用户输入，并管理动画逻辑等。这种编程能力是Animate相较于其他动画制作软件的一大优势。

ActionScript 1.0最初随Flash 5一起发布，这是第一个完全可编程的版本，开发者可以通过该版本为动画添加简单的交互功能。Flash 7中引入了ActionScript 2.0，这是一种强类型的语言，支持基于类的编程特性，例如继承、接口和严格的数据类型，这一版本大大增强了编程的灵活性和代码的可维护性。ActionScript 3.0是截至本书编写完成最新的一个版本，它为基于Web的应用程序提供更多的可能性，其脚本编写功能超越了其早期版本，旨在创建大型数据集和可重用的面向对象代码库，使得开发者能够构建更复杂且功能更丰富的应用。

ActionScript 3.0提供可靠的编程模型，包含ActionScript编程人员所熟悉的许多类和功能。相对于早期ActionScript版本改进的一些重要功能包括以下5方面。

- 更为先进的编译器代码库，可执行比早期编译器版本更深入的优化。
- 新增的ActionScript虚拟机（AVM2）使用全新的字节代码指令集，可使性能显著提高。
- 扩展并改进的应用程序编程接口（API），拥有对对象的低级控制和真正意义上的面向对象的模型。
- 基于文档对象模型（DOM）第3级事件规范的事件模型。
- 基于ECMAScript for XML（E4X）规范的XML API。E4X是ECMAScript的一种语言扩展，它将XML添加为语言的本机数据类型。

7.1.2 变量的定义

变量是计算机语言中能存储计算结果或能表示值的抽象概念。在源代码中通过定义变量来申请并命名这样的存储空间，最后通过变量的名字来使用这段存储空间。变量即用来存储程序中使用的值，可以使用Dim语句、Public语句和Private语句在Script中显式声明变量。要声明变量，必须将var语句和变量名结合使用。

在ActionScript 2.0中，只有当用户使用类型注释时，才需要使用var语句。在 ActionScript 3.0中，var语句不能省略。如要声明一个名为x的变量，ActionScript代码为：

```
var x;
```

若在声明变量时省略了var语句，则在严格模式下会出现编译器错误，在标准模式下会出现运行时错误。若未定义变量x，则代码将产生错误：

```
x; // error if a was not previously defined
```

在ActionScript 3.0中，一个变量实际上包含三部分。

- 变量的名称。
- 可以存储在变量中的数据类型，如String（字符串型）、Boolean（布尔型）等。
- 存储在计算机内存中的实际值。

变量的开头字符必须是字母、下画线，后续字符可以是字母、数字等，但不能是空格、句号、关键字和逻辑常量等。

要将变量与一个数据类型相关联，必须在声明变量时进行此操作。在声明变量时不指定变量的类型是合法的，但在严格模式下会产生编译器警告。可通过在变量名后面追加一个后跟变量类型的冒号（:）来指定变量类型。如声明一个int类型的变量i代码为：

```
var i : int;
```

变量可以赋值一个数字、字符串、布尔值和对象等。Animate会在变量赋值时自动决定变量的类型。在表达式中，Animate会根据表达式的需要自动改变数据的类型。

可以使用赋值运算符（=）为变量赋值。如声明一个变量c并将值9赋给它的代码为：

```
var c:int;
a = 9;
```

用户可能会发现，在声明变量的同时为变量赋值可能更加方便，代码如下所示：

```
var c:int = 9;
```

通常，在声明变量的同时为变量赋值的方法不仅在赋予基元值（如整数和字符串）时很常用，在创建数组或实例化类的实例时也很常用。

7.1.3 常量

常量是相对于变量来说的，是使用指定的数据类型表示计算机内存中的值的名称，在ActionScript应用程序运行期间只能为常量赋值一次。

常量包括数值型、字符串型和逻辑型。数值型是具体的数值，例如b=5；字符串型是用引号括起来的一串字符，例如y="VBF"；逻辑型用于判断条件是否成立，例如true或1表示真（成立），false或0表示假（不成立），逻辑型常量也叫布尔常量。

若需要定义在整个项目中多个位置使用且正常情况下不会更改的值，则定义常量非常有用。使用常量而不是字面值可提高代码的可读性。

声明常量需要使用关键字const，代码如下所示：

```
const SALES_TAX_RATE:Number = 0.8;
```

7.1.4 数据类型

ActionScript 3.0的数据类型分为简单数据类型和复杂数据类型。简单数据类型只是表示简单的值，是在最低抽象层存储的值，运算速度相对较快。例如，字符串、数字都属于简单数据，保存它们变量的数据类型都是简单数据类型；Stage类型、MovieClip类型和TextField类型都属于复杂数据类型。

ActionScript 3.0的简单数据类型的变量只有三种：数字、字符串和布尔值。具体含义如下。

（1）String

String类型表示字符串类型。

（2）Numeric

对于Numeric型数据，ActionScript 3.0 包含三种特定的数据类型。

- **Number**：任何数值，包括有小数部分或没有小数部分的值。
- **Int**：一个整数（不带小数部分的整数）。
- **Uint**：一个“无符号”整数，即不能为负数的整数。

（3）Boolean

Boolean类型表示布尔值类型，其属性值为true或false。

在ActionScript 中定义的大多数数据类型可能是复杂数据类型。它们表示单一容器中的一组值，例如数据类型为Date的变量表示单一值（某个时刻），然而，该日期值以多个值表示，即天、月、年、小时、分钟、秒等，这些值都为单独的数字。

当通过“属性”面板定义变量时，这个变量的类型也被自动声明了。例如，定义影片剪辑实例的变量时，变量的类型为MovieClip类型；定义动态文本实例的变量时，变量的类型为TextField类型。

常见的复杂数据类型如下。

- **MovieClip**：影片剪辑元件。
- **TextField**：动态文本字段或输入文本字段。
- **SimpleButton**：按钮元件。
- **Date**：有关时间中的某个片刻的信息（日期和时间）。

7.2 ActionScript 3.0 语法基础

ActionScript 3.0是一种功能强大且灵活的语言，了解其语法基础有助于用户自行构建交互效果。本节对ActionScript 3.0 语法基础进行介绍。

7.2.1 点

通过点运算符（.）提供对对象的属性和方法的访问。使用点语法，可以使用点运算符和属性名或方法名的实例名来引用类的属性或方法。代码如下：

```
// 定义一个名为DotExample的类
class DotExample {
    // 类的属性
    public var property1:String;

    // 类的方法
    public function method1():void {
```

```
        trace("方法被调用，属性值为：" + property1); // 输出属性值
    }
}

// 创建DotExample类的实例
var myDotEx:DotExample = new DotExample();

// 使用点语法访问属性并赋值
myDotEx.property1 = "hello"; // 设置属性值

// 使用点语法调用方法
myDotEx.method1(); // 调用method1()方法，输出"方法被调用，属性值为：hello"
```

定义包时，可以使用点运算符来引用嵌套包。代码如下：

```
// EventDispatcher类位于一个名为events的包中，该包嵌套在名为Animate的包中
Animate.events; // 点语法引用events包
Animate.events.EventDispatcher; // 点语法引用EventDispatcher类
```

7.2.2 注释

注释是一种对代码进行注解的方法，编译器不会把注释识别成代码，注释可以使ActionScript程序更容易理解。

注释的标记为/*和//。ActionScript 3.0代码支持两种类型的注释：单行注释和多行注释。这些注释机制与C++和Java中的注释机制类似。

单行注释以两个正斜杠字符“//”开头并持续到该行的末尾。代码如下：

```
var myNumber:Number = 3; //
```

多行注释以一个正斜杠和一个星号“/*”开头，以一个星号和一个正斜杠“*/”结尾。

7.2.3 分号

分号常用来作为语句的结束或循环中参数的隔离。在ActionScript 3.0中，可以使用分号（;）终止语句。代码如下：

```
var myNum:Number=5;
myLabel.height=myNum;
```

分号还可以在for循环中作为分割for循环的参数。代码如下：

```
var i:Number;
for ( i = 0;i < 8; i++) {
    trace ( i ); // 0,1,…,7
}
```

7.2.4 大括号

使用大括号可以对ActionScript 3.0中的事件、类定义和函数组合成块，即代码块。代码块是指左大括号“{”与右大括号“}”之间的任意一组语句。在包、类、方法中，均以大括号作为开始和结束的标记。

控制程序流的结构中，用大括号“{ }”括起需要执行的语句。代码如下：

```
if (age>16){
trace("The game is available.");
}
else{
trace("The game is not for children.");
}
```

定义类时，类的实现要放在大括号“{ }”内，且放在类名的后面。代码如下：

```
public class Shape{
    var visible:Boolean = true;
}
```

定义函数时，在大括号“{...}”之间编写调用函数时要执行的ActionScript代码，即{函数体}。代码如下：

```
function myfun(mypar:String){
trace(mypar);
}
myfun("hello world"); // hello world
```

初始化通用对象时，对象字面值放在大括号“{ }”中，各对象属性之间用逗号“,”隔开。代码如下：

```
var myObject:Object = {propA:2, propB:6, propC:10};
```

7.2.5 小括号

小括号用途很多，例如保存参数、改变运算的顺序等。在 ActionScript 3.0中，可以通过三种方式使用小括号“()”。

使用小括号更改表达式中的运算顺序，小括号中的运算优先级高。代码如下：

```
trace(2+ 1 * 6); // 8
trace((2+1) * 6); // 18
```

使用小括号和逗号运算符“,”计算一系列表达式并返回最后一个表达式的结果。代码如下：

```
var a:int = 8;
var b:int = 11;
trace((a--, b++, a*b)); //70
```

使用小括号向函数或方法传递一个或多个参数。代码如下：

```
trace("Action"); // Action
```

7.2.6 关键字与保留字

在ActionScript 3.0中，不能使用关键字和保留字作为标识符，即不能使用关键字和保留字作为变量名、方法名、类名等。

保留字是一些单词，单词是保留给ActionScript使用的，所以不能在代码中将它们用作标识符。保留字包括词汇关键字，编译器将词汇关键字从程序的命名空间中移除。如果用户将词汇关键字用作标识符，编译器会报告一个错误。

7.3 使用运算符

运算符是一种特殊的函数，它们具有一个或多个操作数并返回相应的值。操作数是运算符用作输入的值（通常为字面值、变量或表达式）。运算是对数据的加工，利用运算符可以进行一些基本的运算。

运算符按照操作数的个数分为一元、二元和三元运算符。一元运算符采用1个操作数，例如递增运算符（++），因为它只有1个操作数。二元运算符采用两个操作数，例如除法运算符（/）。三元运算符采用3个操作数，例如条件运算符（?:）。

7.3.1 数值运算符

数值运算符包含+、-、*、/、%。运算符的含义如下。

- **加法运算符“+”：**表示两个操作数相加。
- **减法运算符“-”：**表示两个操作数相减。“-”也可以作为负值运算符，如“-8”。
- **乘法运算符“*”：**表示两个操作数相乘。
- **除法运算符“/”：**表示两个操作数相除。若参与运算的操作数都为整型，则结果也为整型。若其中一个为实型，则结果为实型。
- **求余运算符“%”：**表示两个操作数相除求余数。

如“++a”表示a的值先加1，然后返回a。“a++”表示先返回a，然后a的值加1。

7.3.2 比较运算符

比较运算符也称为关系运算符，主要用作比较两个量的大小、是否相等等。常用于关系表达式中作为判断的条件。比较运算符包括<（小于）、>（大于）、<=（小于或等于）、>=（大于或等于）、!=（不等于）、==（等于）。

比较运算符是二元运算符，有两个操作数，对两个操作数进行比较，比较的结果为布尔型，即true或者false。

比较运算符优先级低于算术运算符，高于赋值运算符。若一个式子中既有比较运算、赋值运算，也有算术运算，则先做算术运算，再做关系运算，最后做赋值运算。代码如下：

```
a=1+2>3-1
```

即等价于a=（（1+2）>（3-1））关系成立，a的值为1。

7.3.3 赋值运算符

赋值运算符有两个操作数，根据1个操作数的值对另1个操作数进行赋值。所有赋值运算符具有相同的优先级。

赋值运算符包括=（赋值）、+=（相加并赋值）、-=（相减并赋值）、*=（相乘并赋值）、/=（相除并赋值）、<<=（按位左移位并赋值）、> >=（按位右移位并赋值）。

7.3.4 逻辑运算符

逻辑运算符即与或运算符，用于对包含比较运算符的表达式进行合并或取非。逻辑运算符包括!（非运算符）、&&（与运算符）、||（或运算符）。

非运算符“!”具有右结合性，参与运算的操作数为true时，结果为false；操作数为false时，结果为true。

与运算符“&&”具有左结合性，参与运算的两个操作数都为true时，结果才为true；否则为false。

或运算符“||”具有左结合性，参与运算的两个操作数只要有一个为true，结果就为true；当两个操作数都为false时，结果才为false。

7.3.5 等于运算符

等于运算符为二元运算符，用来判断两个操作数是否相等。等于运算符也常用于条件和循环运算，它们具有相同的优先级。等于运算符包括==（等于）、!=（不等于）、===（严格等于）、!==（严格不等于）。

- **等于运算符==：**判断两个操作数是否相等。进行类型转换后比较值。
- **不等于运算符!=：**判断两个操作数是否不相等。进行类型转换后比较值。
- **严格等于运算符===：**判断两个操作数是否严格相等。比较值和类型，只有在两者都相等时才返回 true。
- **严格不等于运算符!==：**判断两个操作数是否严格不相等。比较值和类型，只有在两者有一个不同或类型不同时返回 true。

7.3.6 位运算符

位运算符包括&（按位与）、|（按位或）、^（按位异或）、~（按位非）、<<（左移位）、> >（右移位）、>>>（无符号右移位）。

- 按位与“&”运算符主要是把参与运算的两个数各自对应的二进位相与，只有对应的两个二进位均为1时，结果才为1，否则为0。参与运算的两个数以补码形式出现。
- 按位或“|”运算符是把参与运算的两个数各自对应的二进制位相或。

- 按位非“~”运算符是把参与运算的数各个二进制位按位求反。
- 按位异或“^”运算符是把参与运算的两个数所对应二进制位相异或。
- 左移位“<<”运算符是把“<<”运算符左边的数的二进制位全部左移若干位。
- 右移位“>>”运算符是把“>>”运算符左边的数的二进制位全部右移若干位。

7.4 认识“动作”面板

“动作”面板是用于编写动作脚本的面板。执行“窗口”|“动作”命令，或按F9键，打开“动作”面板，如图7-1所示。

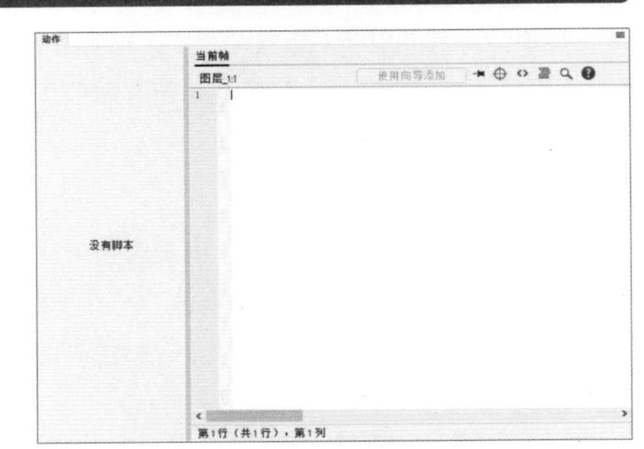

图 7-1

“动作”面板由脚本导航器和“脚本”窗口两部分组成，功能如下。

1. 脚本导航器

脚本导航器位于“动作”面板的左侧，其中列出了当前选中对象的具体信息，如名称、位置等。单击脚本导航器中的某一项目，与该项目相关联的脚本会出现在“脚本”窗口中，并且场景上的播放头也将移到时间轴的对应位置上。

2. “脚本”窗口

“脚本”窗口是添加代码的区域。用户可以直接在“脚本”窗口中输入与当前所选帧相关联的ActionScript代码。该窗口中部分选项如下。

- **使用向导添加：** 单击该按钮将使用简单易用的向导添加动作，而不用编写代码。仅可用于HTML 5画布文件类型。
- **固定脚本：** 用于将脚本固定到脚本窗格中各脚本的固定标签，然后相应移动它们。本功能在调试时非常有用。
- **插入实例路径和名称：** 用于设置脚本中某个动作的绝对或相对目标路径。
- **代码片断：** 单击该按钮，将打开“代码片断”面板，显示代码片断示例。
- **设置代码格式：** 用于帮助用户设置代码格式。
- **查找：** 用于查找并替换脚本中的文本。

动手练 移动的放大镜

案例素材：本书实例/第7章/动手练/移动的放大镜

本案例以移动的放大镜的制作为例，介绍“动作”面板的使用方法，案例中使用的代码可以通过AIGC工具检查整理，以确保能够顺利实现。具体操作过程如下。

步骤 01 新建720 × 720px的空白文档，执行“文件”|“导入”|“导入到库”命令导入本章素材文件，如图7-2所示。按Ctrl+F8组合键新建影片剪辑元件“背景剪辑”，将“风景-小.jpg”素材拖曳至舞台中，如图7-3所示。

步骤 02 选中影片剪辑编辑模式中的素材，按F8键将其转换为图形元件“背景”，如图7-4所示。

图 7-2　　图 7-3　　图 7-4

步骤 03 参照步骤02创建影片剪辑元件“放大剪辑”及图形元件“放大”，如图7-5所示。

步骤 04 新建影片剪辑元件“镜片”，使用椭圆工具绘制160×160px的圆形填充，如图7-6所示。新建影片剪辑元件“镜框”，将库中的“放大镜.png”素材拖曳至舞台中，如图7-7所示。

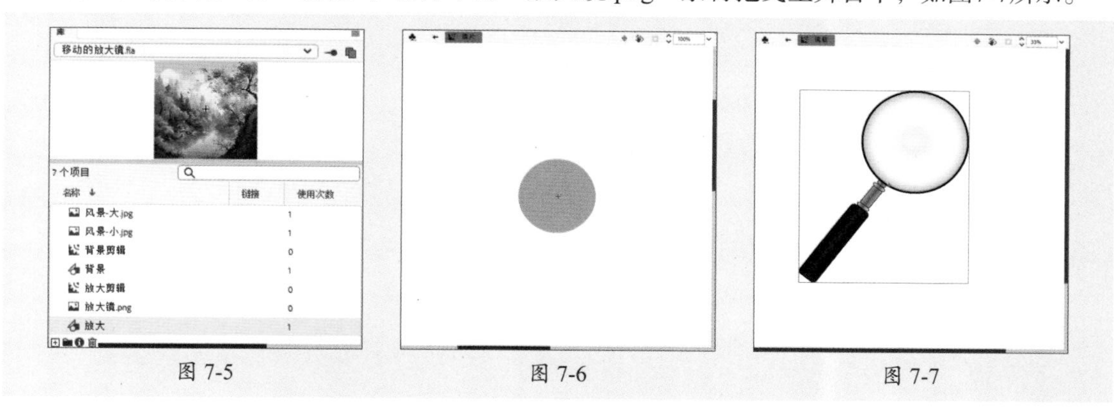

图 7-5　　图 7-6　　图 7-7

步骤 05 在“镜框”元件的编辑模式中，新建图层，将“镜片”元件拖曳至舞台，根据“镜片”元件实例的大小调整放大镜，如图7-8所示。

步骤 06 选中“镜片”实例，在“属性”面板中设置实例名称为“mask_mc”，如图7-9所示。

步骤 07 返回“场景1”，修改“图层_1”名称为“背景”，将影片剪辑元件“背景剪辑”拖曳至舞台中，如图7-10所示。

图 7-8　　图 7-9　　图 7-10

步骤 08 新建图层并重命名为“放大”，将影片剪辑元件“放大剪辑”拖曳至舞台中，设置与舞台居中对齐，如图7-11所示。

步骤 09 在“属性”面板中设置“放大剪辑”实例的名称为“bg_large”，如图7-12所示。

步骤 10 新建图层并重命名为“放大镜”，将影片剪辑元件“镜框”拖曳至舞台中，如图7-13所示。

图 7-11

图 7-12

图 7-13

步骤 11 将其实例重命名为“zoom_mc”，如图7-14所示。

步骤 12 选中“放大镜”图层的第1帧，按F9键打开“动作”面板，输入下列脚本：

```
bg_large.mask=zoom_mc.mask_mc;
Mouse.hide();

this.parent.addEventListener("mouseMove",moveMc);
function moveMc(me:MouseEvent)
{
    zoom_mc.x=this.parent.mouseX;
    zoom_mc.y=this.parent.mouseY;
}
```

代码输入页面如图7-15所示。

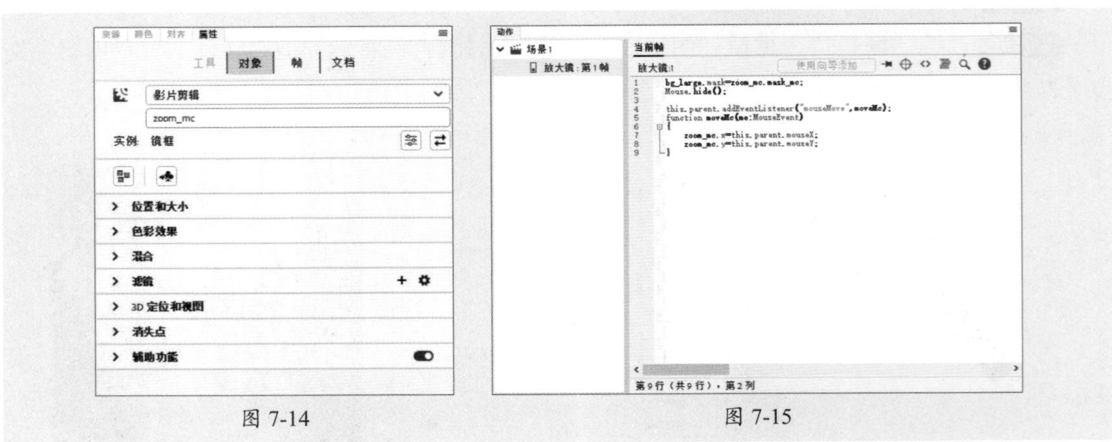

图 7-14　　图 7-15

步骤 13 保存文件，按Ctrl+Enter组合键测试预览，如图7-16所示。

图 7-16

至此，完成移动放大镜的制作。

7.5 脚本的编写与调试

脚本的编写与调试是Animate的一个重要功能，可以帮助用户创建动态和交互式的内容。下面对脚本的编写与调试进行介绍。

7.5.1 编写脚本

下面对一些常用脚本进行介绍。

1. 播放动画

执行“窗口”|“动作”命令，打开“动作”面板，在脚本编辑区中输入相应的代码即可。如果动作附加到某一个按钮上，那么该动作会被自动包含在处理函数on (mouse event)内。代码如下：

```
on (release) {
play();
}
```

如果动作附加到某一个影片剪辑中，那么该动作会被自动包含在处理函数onClipEvent内。代码如下：

```
onClipEvent (load) {
play();
}
```

2. 停止播放动画

停止播放动画脚本的添加与播放动画脚本的添加类似。如果动作附加到某一按钮上，那么该动作会被自动包含在处理函数on (mouse event)内。代码如下：

```
on (release) {
    stop();
}
```

如果动作附加到某个影片剪辑中，那么该动作会被自动包含在处理函数onClipEvent内。代码如下：

```
onClipEvent (load) {
stop();
}
```

3. 跳到某一帧或场景

要跳到影片中的某一特定帧或场景，可以使用goto动作。该动作在“动作”工具栏中作为两个动作列出：gotoAndPlay和gotoAndStop。当影片跳到某一帧时，可以选择参数来控制是从新的一帧播放影片（默认设置）还是在当前帧停止。

将播放头跳到第20帧，然后继续播放。代码如下：

```
gotoAndPlay(20);
```

将播放头跳到该动作所在的帧之前的第8帧。代码如下：

```
gotoAndStop(_currentframe+8);
```

单击指定的元件实例后，将播放头移动到时间轴中的下一场景并在此场景中继续回放。代码如下：

```
button_1.addEventListener(MouseEvent.CLICK, fl_ClickToGoToNextScene);
function fl_ClickToGoToNextScene(event:MouseEvent):void
{
    MovieClip(this.root).nextScene();
}
```

4. 跳到不同的 URL 地址

若要在浏览器窗口中打开网页，或将数据传递到所定义URL处的另一个应用程序，可以使用getURL动作。例如，单击指定的元件实例会在新浏览器窗口中加载URL，即单击后跳转到相应Web页面。代码如下：

```
button_1.addEventListener(MouseEvent.CLICK, fl_ClickToGoToWebPage);
function fl_ClickToGoToWebPage(event:MouseEvent):void
{
    navigateToURL(new URLRequest("http://www.sina.com"), "_blank");
}
```

对于窗口来讲，可以指定要在其中加载文档的窗口或帧。

- _self：用于指定当前窗口中的当前帧。
- _blank：用于指定一个新窗口。
- _parent：用于指定当前帧的父级。
- _top：用于指定当前窗口中的顶级帧。

7.5.2 调试脚本

在Animate中有一系列的工具帮助用户预览、测试、调试ActionScript脚本程序，包括专门用来调试ActionScript脚本的调试器。

ActionScript 3.0调试器仅用于ActionScript 3.0 FLA和AS文件。启动一个ActionScript 3.0调试会话时，Animate将启动独立的Flash Player调试版来播放SWF文件。调试版Animate播放器从Animate创作应用程序窗口的单独窗口中播放SWF。开始调试会话的方式取决于正在处理的文件类型。如从FLA文件开始调试，则执行“调试”|“调试影片”|“在Animate中”命令，打开调试所用面板的调试工作区和Adobe Flash Player 35面板，如图7-17、图7-18所示。调试会话期间，Animate遇到断点或运行时错误，将中断执行ActionScript。

图 7-17　　图 7-18

ActionScript 3.0调试器将Animate工作区转换为显示调试所用面板的调试工作区，包括“输出”“调试控制台”和“变量”面板。调试控制台显示调用堆栈并包含用于跟踪脚本的工具。“变量”面板显示当前范围内的变量及其值，并允许用户自行更新这些值。

Animate启动调试会话时，将在为会话导出的SWF文件中添加特定信息。此信息允许调试器提供代码中遇到错误的特定行号。用户可以将此特殊调试信息包含在所有从发布设置中通过特定FLA文件创建的SWF文件中。这将允许用户调试SWF文件，即使并未显式启动调试会话。

7.6 创建交互式动画

交互式动画是指在动画作品播放时支持事件响应和交互功能的一种动画，而不是像普通动画那样从头到尾进行播放。该类型动画主要通过按钮元件和动作脚本语言ActionScript实现。

Animate中的交互功能由事件、对象和动作组成。创建交互式动画就是要设置在某种事件下对某个对象执行某个动作。事件是指用户单击按钮或影片剪辑实例、按快捷键等操作；动作指使播放的动画停止、使停止的动画重新播放等操作。

1. 事件

根据触发方式的不同，可以将事件分为帧事件和用户触发事件两种类型。帧事件是基于时间的，如当动画播放到某一时刻时，事件就会被触发。用户触发事件是基于动作的，包括鼠标事件、键盘事件和影片剪辑事件。常用的一些用户触发事件如下。

- press：当光标移到按钮上时，按下鼠标发生的动作。
- click：单击鼠标时触发的动作。
- release：在按钮上方按下鼠标，然后松开鼠标发生的动作。

- rollOver：当鼠标滑入按钮时发生的动作。
- dragOver：按住鼠标不放，鼠标滑入按钮时发生的动作。
- keyPress：当按下指定键时发生的动作。
- mouseMove：当移动鼠标时发生的动作。
- load：当加载影片剪辑元件到场景中时发生的动作。
- enterFrame：当加入帧时发生的动作。
- date：当数据接收到和数据传输完时发生的动作。

2. 动作

动作是ActionScript脚本语言的灵魂和编程的核心，用于控制动画播放过程中相应的程序流程和播放状态。较为常用的包括以下4种。

- stop()：用于停止当前播放的影片，最常见的运用是使用按钮控制影片剪辑。
- gotoAndPlay()：跳转并播放，跳转到指定的场景或帧，并从该帧开始播放；如果没有指定场景，则跳转到当前场景的指定帧。
- getURL：用于将指定的URL加载到浏览器窗口，或者将变量数据发送给指定的URL。
- stopAllSounds：用于停止当前在Animate Player中播放的所有声音，该语句不影响动画的视觉效果。

动手练 翻页电子相册

案例素材：本书实例/第7章/动手练/翻页电子相册

本案例以翻页电子相册的制作为例，介绍交互式动画的创建方法。具体操作过程如下。

步骤01 新建1280×720px的空白文档，导入本章素材文件至库，如图7-19所示。

步骤02 选择库中的“背景.jpg”素材拖曳至舞台中，调整合适大小与位置，如图7-20所示。

步骤03 修改“图层_1”名称为“背景”，选中舞台中的素材，按F8键将其转换为影片剪辑元件“背景”，如图7-21所示。

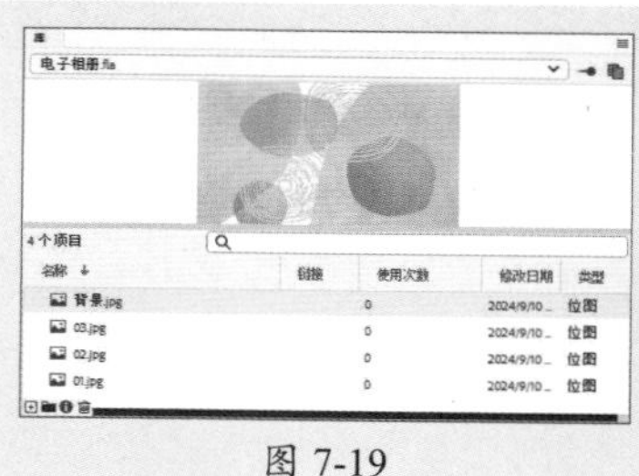

图 7-19

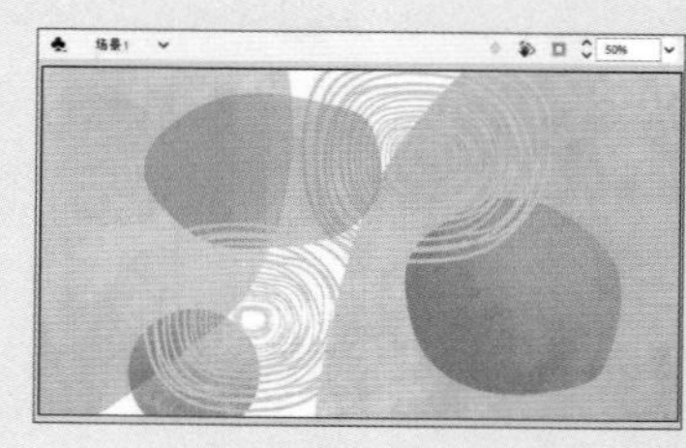

图 7-20

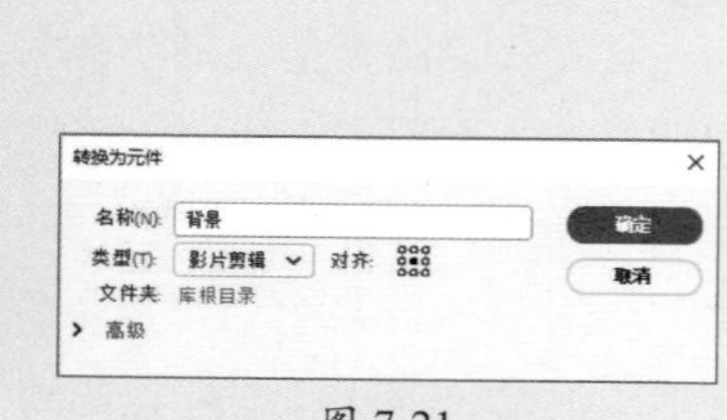

图 7-21

步骤04 选中转换后的元件实例，在“属性”面板中添加“模糊”滤镜，并设置参数，如图7-22所示。效果如图7-23所示。

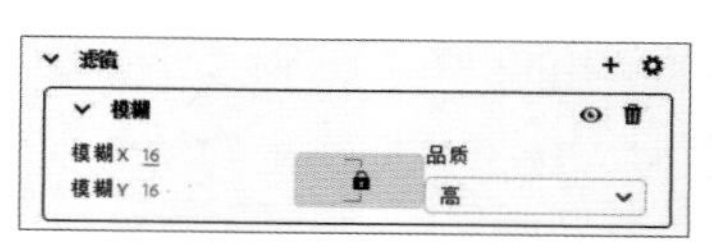

图 7-22

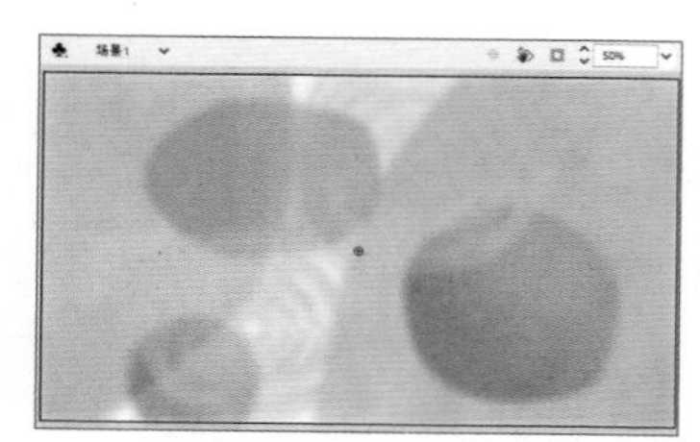

图 7-23

步骤 05 新建图层并重命名为“照片”，将库中的“01.jpg”素材拖曳至舞台中合适位置，调整大小与位置，如图7-24所示。

步骤 06 按Ctrl+F8组合键新建按钮元件“箭头”，使用线条工具绘制箭头图形，如图7-25所示。

步骤 07 切换至“场景1”，选中“照片”图层，将按钮元件拖曳至合适位置并调整大小，设置Alpha值为60%，效果如图7-26所示。

图 7-24

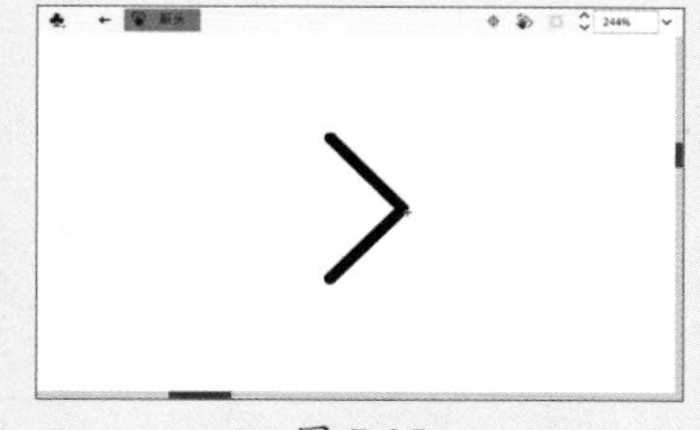
图 7-25

图 7-26

步骤 08 复制“箭头”实例，右击，在弹出的快捷菜单中执行“变形”|“水平翻转”命令将其翻转，移动至合适位置，如图7-27所示。

步骤 09 在“背景”图层的第3帧插入普通帧，在“照片”图层的第2帧插入关键帧，删除舞台中的图片，将库中的“02.jpg”素材拖曳至舞台中的相同位置，如图7-28所示。在“照片”图层的第3帧插入关键帧，然后将“02.jpg”素材替换为“03.jpg”素材，如图7-29所示。

图 7-27

图 7-28

图 7-29

步骤 10 选择“照片”图层的第1帧，设置左侧箭头的实例名称为“bt1l”，如图7-30所示。

步骤 11 设置右侧箭头的实例名称为“bt1r”，如图7-31所示。

步骤 12 将第2帧中左侧箭头的实例名称设置为“bt2l”、右侧箭头的实例名称设置为“bt2r”，将第3帧中左侧箭头的实例名称设置为“bt3l”、右侧箭头的实例名称设置为“bt3r”。图7-32所示为第3帧中右侧箭头的参数设置。

图 7-30

图 7-31

图 7-32

步骤 13 新建图层并重命名为“动作”，在第1帧插入空白关键帧，按F9键打开“动作”面板，输入以下代码：

```
stop();
// 函数定义
function goToLastFrame(event:MouseEvent):void {
    gotoAndStop(totalFrames);
}

function goToNextFrame(event:MouseEvent):void {
    if (currentFrame < totalFrames) {
        gotoAndStop(currentFrame + 1);
    }
}

function goToPreviousFrame(event:MouseEvent):void {
    if (currentFrame > 1) {
        gotoAndStop(currentFrame - 1);
    }
}

function goToFirstFrame(event:MouseEvent):void {
    gotoAndStop(1);
}

// 为按钮btll添加单击事件，跳转至最后一帧
btll.addEventListener(MouseEvent.CLICK, goToLastFrame);

// 为按钮btlr添加单击事件，跳转至下一帧
btlr.addEventListener(MouseEvent.CLICK, goToNextFrame);
```

代码输入页面如图7-33所示。

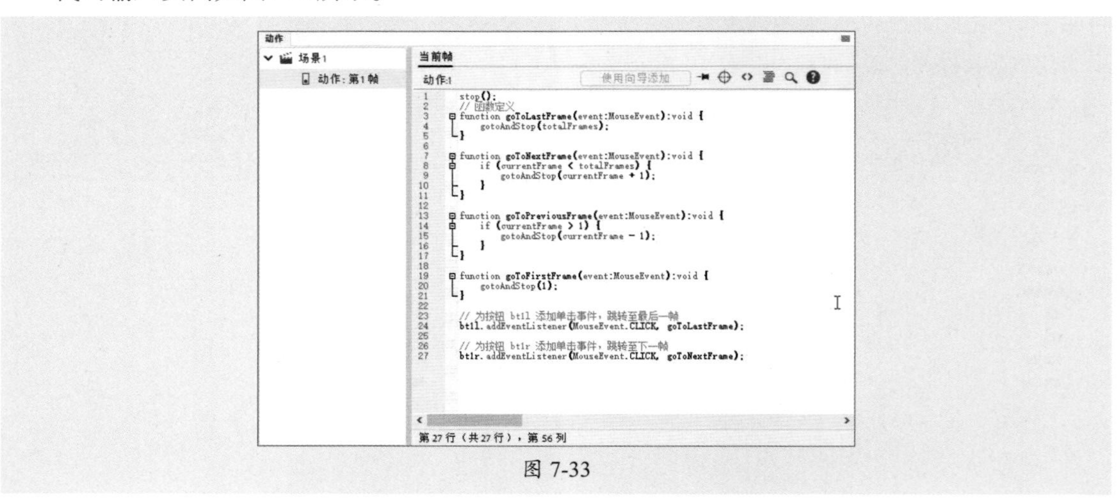

图 7-33

步骤 14 在“动作”图层的第2帧插入空白关键帧，输入以下代码：

```
stop();
// 为按钮bt2l添加单击事件，跳转至上一帧
bt2l.addEventListener(MouseEvent.CLICK, goToPreviousFrame);

// 为按钮bt2r添加单击事件，跳转至下一帧
bt2r.addEventListener(MouseEvent.CLICK, goToNextFrame);
```

步骤 15 在“动作”图层的第2帧插入空白关键帧，输入以下代码：

```
stop();
// 为按钮bt3l添加单击事件，跳转至上一帧
bt3l.addEventListener(MouseEvent.CLICK, goToPreviousFrame);

// 为按钮bt3r添加单击事件，跳转至第1帧
bt3r.addEventListener(MouseEvent.CLICK, goToFirstFrame);
```

步骤 16 保存文件，按Ctrl+Enter组合键测试预览，单击左右箭头可切换照片，如图7-34所示。

图 7-34

至此，完成翻页电子相册的制作。

7.7 案例实战：探照灯效果

案例素材：本书实例/第7章/案例实战/探照灯效果

本案例以探照灯效果的制作为例，介绍交互动画的创建方法，案例中使用的代码可以通过AIGC工具检查整理，以确保能够顺利实现。具体操作过程如下。

步骤 01 新建1280×853px的空白文档，置入本章素材文件至库，如图7-35所示。

步骤 02 按Ctrl+F8组合键新建图形元件“亮”，将“背景.jpg”素材拖曳至编辑区域，如图7-36所示。

步骤 03 按Ctrl+F8组合键新建图形元件“暗”，将“背景.jpg”素材拖曳至编辑区域，如图7-37所示。

步骤 04 选中“暗”图形元件编辑模式中的素材，按F8键将其转换为“亮”图形元件，在“属性”面板中设置亮度为-80%，效果如图7-38所示。

步骤 05 新建影片剪辑元件“遮罩”，绘制一个直径为150px的圆形填充，如图7-39所示。

步骤 06 返回“场景1”，将“图层_1”重命名为“暗”，将“暗”图形元件拖曳至舞台中，

如图7-40所示。在第2帧插入普通帧。

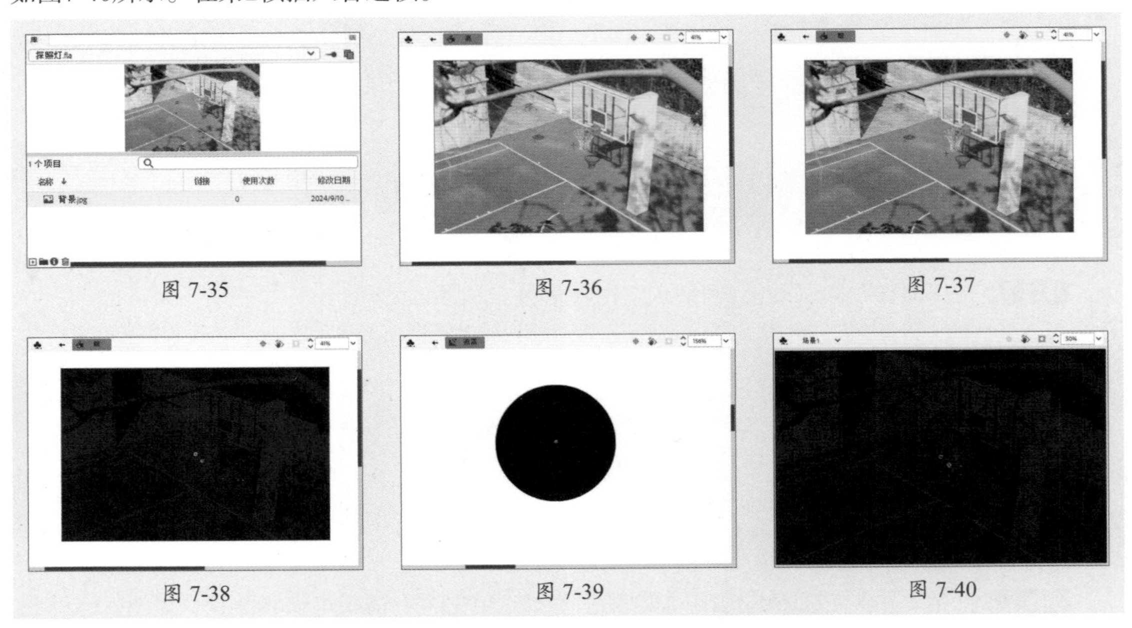

图 7-35　图 7-36　图 7-37

图 7-38　图 7-39　图 7-40

步骤 07 新建图层并重命名为“亮”，选中第1帧，将“亮”图形元件拖曳至舞台中，如图7-41所示。

步骤 08 新建图层并重命名为“遮罩”，选中第1帧，将“遮罩”影片剪辑元件拖曳至舞台中，设置其实例名称为“masking”，如图7-42所示。

步骤 09 选中“遮罩”图层并右击，在弹出的快捷菜单中执行“遮罩层”命令，将其转换为遮罩层，如图7-43所示。

图 7-41　图 7-42　图 7-43

步骤 10 选中“遮罩”图层的第1帧，按F9键打开“动作”面板，输入以下代码：

```
Mouse.hide();
addEventListener(MouseEvent.MOUSE_MOVE,act1)
function act1(event:MouseEvent):void{
masking.startDrag(true);
};
```

步骤 11 新建影片剪辑元件“镜头”，并绘制图形，如图7-44所示。

步骤 12 返回“场景1”，新建图层并重命名为“镜头”，选中第1帧，将“镜头”元件拖曳至舞台中，如图7-45所示。

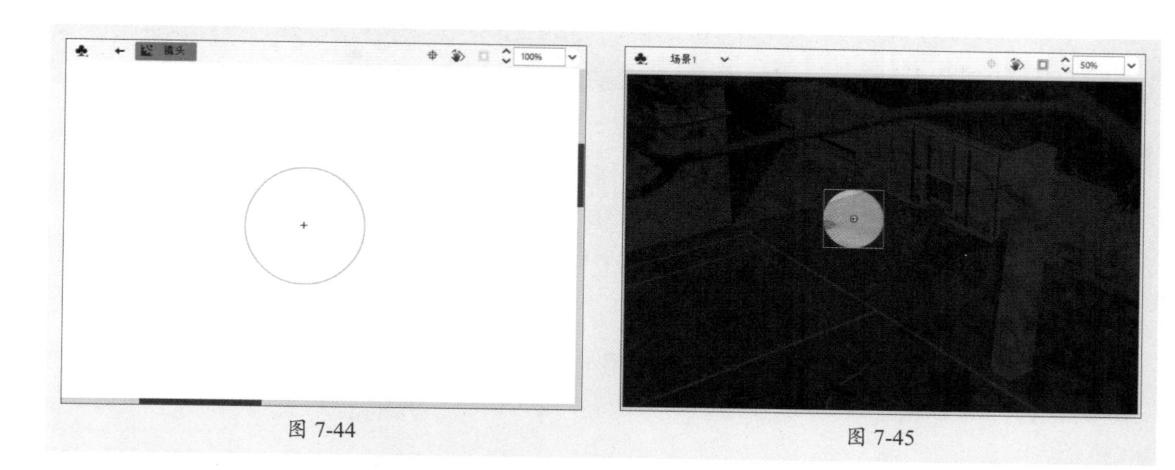
图 7-44　　图 7-45

步骤 13 将“镜头”元件实例重命名为“focus”，如图7-46所示。

图 7-46

步骤 14 在“镜头”图层的第2帧插入关键帧，在“动作”面板中输入以下代码：

```
addEventListener(Event.ENTER_FRAME,act2);
function act2(e:Event):void{
focus.x=masking.x;
focus.y=masking.y;
};
```

步骤 15 调整“镜头”元件实例和“遮罩”元件实例的大小，保存文件，按Ctrl+Enter组合键测试预览，光标移动时明亮区域也随之移动，如图7-47所示。

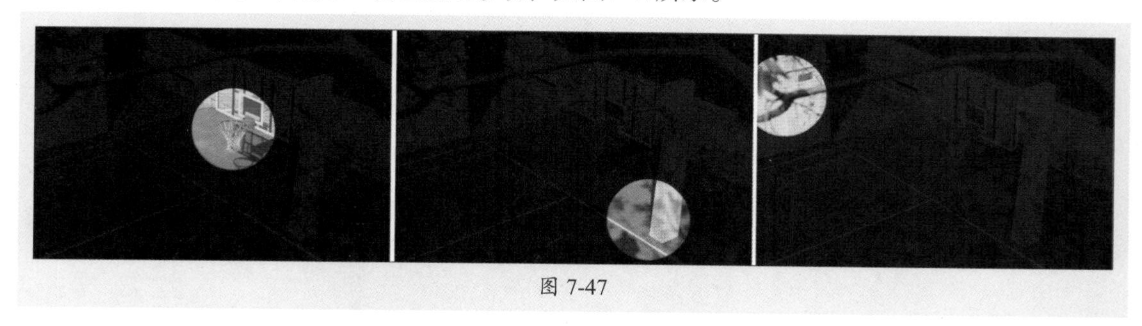
图 7-47

至此，完成探照灯效果的制作。

7.8 拓展练习

练习1　轮播图动画

案例素材：本书实例/第7章/拓展练习/轮播图动画

下面练习使用“动作”面板、gotoAndPlay()命令、stop()命令制作轮播图动画效果。

制作思路

新建文档，导入本章素材文件，如图7-48所示。将素材转换为图形元件，制作透明到不透明的动画效果，如图7-49所示。绘制按钮并转换为元件，打开“动作”面板，添加代码以控制帧的跳转，如图7-50所示。

图 7-48

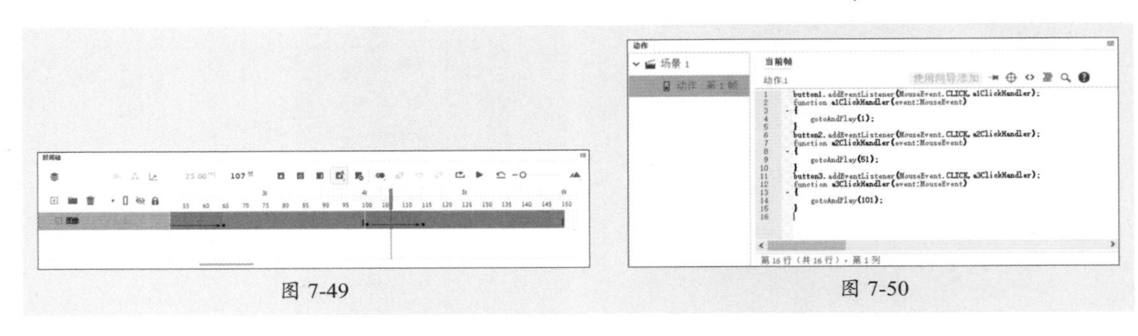

图 7-49　　图 7-50

练习2　盘旋的纸飞机

案例素材：本书实例/第7章/拓展练习/ 盘旋的纸飞机

下面练习使用传统补间动画和引导层制作纸飞机飞翔动画，使用stop()命令控制动画的停止。

制作思路

新建文档后导入素材，如图7-51所示。绘制纸飞机图形元件，添加传统运动引导层，并绘制引导线，如图7-52所示。添加关键帧，调整纸飞机在第1帧和最后一帧的位置，创建传统补间动画，如图7-53所示。新建图层，在最后一帧添加代码停止动画。

图 7-51　　图 7-52　　图 7-53

第 8 章

视听元素：音视频与动画的融合

本章概述

音视频元素在二维动画中起着至关重要的作用，它们不仅能够丰富动画内容，还能有效提升用户体验。本章对音视频元素的应用知识进行介绍，包括声音的格式、导入声音的方法、声音的编辑技巧、可用视频格式，以及导入视频文件的方法等。学习并掌握这些知识，能有效地整合音视频元素，为二维动画作品增添更多表现力。

要点难点

- 导入声音
- 编辑声音
- 导入视频文件

8.1 声音在动画中的应用

声音在动画中不仅可以增强观众的体验，还能够传递情感、烘托氛围。下面对声音在动画中的应用进行介绍。

8.1.1 常用的声音格式

声音格式是指音频文件存储和编码的方式，Animate支持大多数声音格式，如WAV、MP3等。下面对常用格式进行介绍。

1. MP3格式

MP3是使用最广泛的数字音频格式之一，基于MPEG Audio Layer 3技术，将音乐以1：10甚至1：12的压缩率压缩成较小的文件。这种压缩方式在保持音质损失极小的情况下，显著减少文件体积。对于追求小体积和高音质的Animate MTV而言，MP3格式是理想选择。尽管MP3格式采用破坏性压缩，但其音质仍接近CD水平，兼具优异的取样和编码技术，使其成为流行音频格式的首选。

MP3格式具有以下4个特点。

- MP3是数据压缩格式，音频文件小，便于存储和传输。
- MP3丢弃掉脉冲编码调制（PCM）音频数据中对人类听觉不重要的数据（类似于JPEG有损图像压缩），从而达到小得多的文件大小。
- MP3音频可按照不同的比特率进行压缩，用户可在数据大小和声音质量之间进行权衡。
- MP3不仅有广泛的用户端软件支持，也有很多的硬件支持，如便携式媒体播放器（MP3播放器）、DVD和CD播放器等。

2. WAV格式

WAV是微软公司（Microsoft）开发的一种声音文件格式，是录音时用的标准的Windows文件格式，文件的扩展名为“.wav”，数据本身的格式为PCM或压缩型，属于无损音乐格式的一种。

作为最经典的Windows多媒体音频格式，WAV格式应用非常广泛，它使用三个参数表示声音：采样位数、采样频率和声道数。

- **采样位数：** 每个采样点所使用的位数，常见的采样位数有8位、16位、24位和32位。采样位数越高，音频的动态范围和音质越好。
- **采样频率：** 每秒钟对声音信号进行采样的次数，单位为赫兹（Hz）。常见的采样频率有8 kHz、16 kHz、44.1 kHz、48 kHz、96 kHz 和192 kHz等。
- **声道数：** 音频信号的通道数量，常见的声道数有单声道（Mono）和立体声（Stereo），也可以有多声道配置（如5.1声道或7.1声道）。

WAV音频格式的优点包括简单的编/解码（几乎直接存储来自模/数转换器（ADC）的信号）、广泛的支持和无损存储。其主要缺点是文件大小较大，通常不适合存储空间有限或带宽受限的应用。因此，在某些多媒体平台，如Animate MTV，并没有得到广泛的应用。

提示 在制作MV或游戏时，调用声音文件需要占用一定数量的磁盘空间和随机存取储存器空间，用户可以使用比WAV或AIFF格式压缩率高的MP3格式声音文件，这样可以减小作品体积，提高作品下载的传输速率。

3. AIFF 格式

AIFF（Audio Interchange File Format，音频交换文件格式）是苹果公司开发的一种声音文件格式，被Macintosh平台及其应用程序所支持。作为苹果计算机的标准音频格式，AIFF属于QuickTime技术的一部分。

AIFF支持各种比特深度、采样率和音频通道，适用于个人计算机及其他电子音响设备以存储音乐数据。此外，AIFF还支持ACE2、ACE8、MAC3和MAC6压缩，通常使用16位44.1kHz立体声格式。

8.1.2 为对象导入声音

执行“文件”|“导入”|“导入到库”命令，打开“导入到库”对话框，从中选择要导入的音频素材，单击“打开”按钮，将音频导入“库”面板，如图8-1、图8-2所示。声音导入到“库”面板中后，选中图层，将声音从“库”面板中拖曳至舞台中，添加到当前图层中。

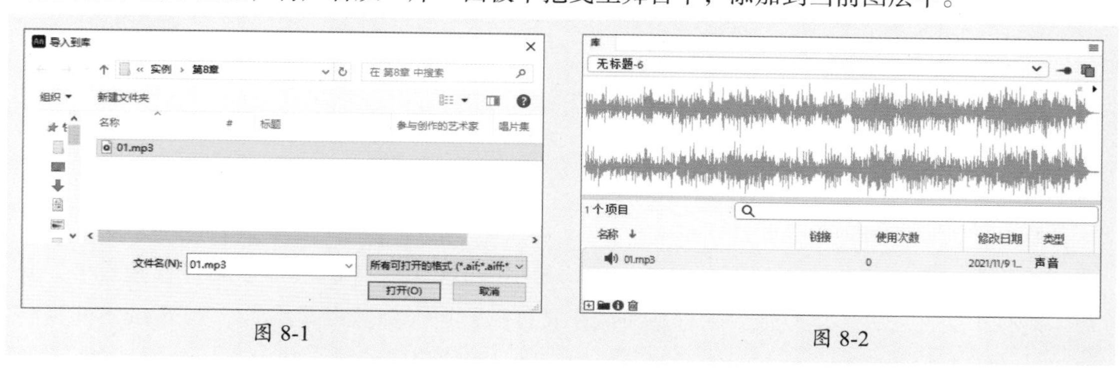

图 8-1　　图 8-2

用户也可以将音频直接拖放至时间轴中，或执行“文件”|“导入”|“导入到舞台”命令，将音频文件导入到舞台中。要注意的是，通过该方式导入音频时，音频将被放到活动图层的活动帧上。要注意的是，当拖曳多个音频文件导入舞台时，将只导入一个音频文件，因为1帧只能包含一个音频。

8.1.3 编辑声音

声音导入后，用户可以在“声音属性”对话框中进行编辑优化，使其与动画更加适配。下面对声音的编辑进行介绍。

1. 设置声音属性

“声音属性”对话框中的选项可以调整导入声音的属性、设置声音压缩方式等，用户可以通过以下三种方式打开如图8-3所示的“声音属性”对话框。

- 在“库”面板中选择音频文件，双击其名称前的图标。
- 在“库”面板中选择音频文件，右击，在弹出的快捷菜单中执行“属性”命令。
- 在“库”面板中选择音频文件，单击面板底部的“属性”按钮。

“声音属性”对话框中包括“默认”“ADPCM”“MP3”“RAW”和“语音”5种压缩方式。

（1）默认

选择“默认”压缩方式，将使用“发布设置”对话框中的默认声音压缩设置。

（2）ADPCM

ADPCM压缩适用于对较短的事件声音进行压缩，如单击鼠标的声音。选择该选项后，“压缩”下拉列表框的下方将出现相应的设置选项，如图8-4所示。

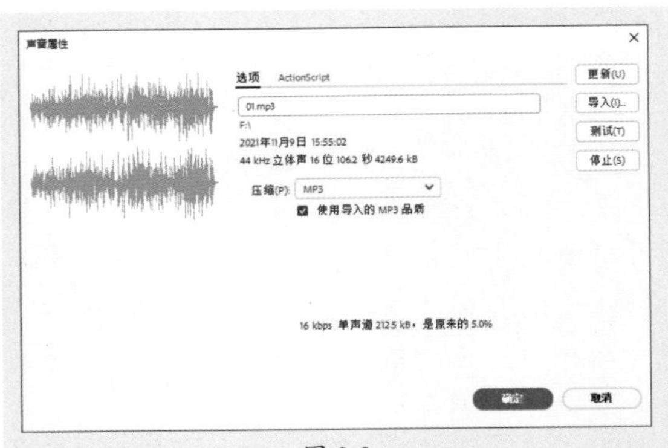

图 8-3

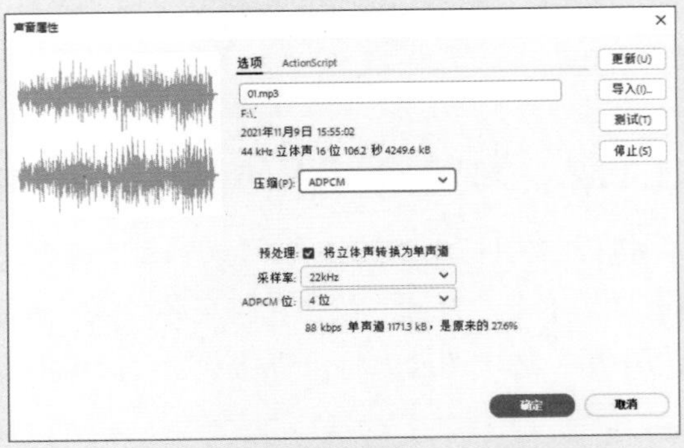

图 8-4

ADPCM压缩方式中的选项如下。

- **预处理：** 勾选“将立体声转换为单声道”复选框，可以将混合立体声转换为单声道。原始声音为单声道则不受此选项影响。
- **采样率：** 采样率的大小关系到音频文件的大小，适当调整采样率既能增强音频效果，又能减小文件的大小。较低的采样率可减小文件，但也会降低声音品质。Animate不能提高导入声音的采样率。例如导入的音频为11kHz，即使将它设置为22 kHz，也只是11kHz的输出效果。
- **ADPCM位：** 用于设置文件的大小。

（3）MP3

MP3压缩选项一般用于压缩较长的流式声音，其最大特点是接近于CD的音质。选择该选项，“压缩”下拉列表框的下方将出现与MP3压缩有关的设置选项，如图8-5所示。

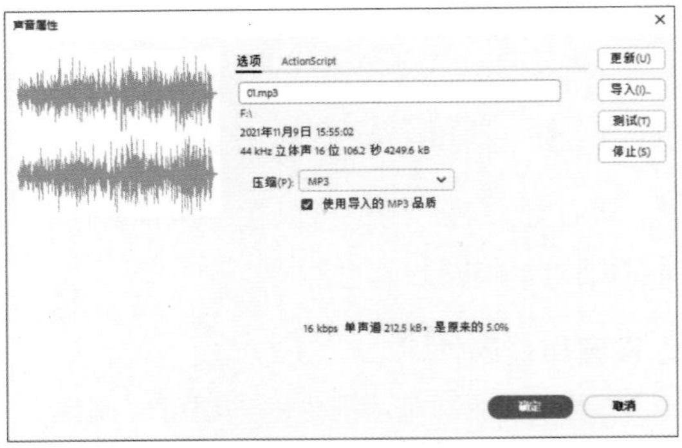

图 8-5

MP3压缩方式中的常用选项如下。

- **比特率：** 用于确定导出的声音文件每秒播放的位数，范围为8～160kb/ps。导出声音时需要将比特率设置为16kb/ps或更高，以获得最佳效果。
- **品质：** 包括“快速”“中”和“最佳”3个选项，用户可以根据压缩文件的需求进行选择。

（4）RAW

RAW压缩选项不会压缩导出的声音文件。选择该选项后，会在“压缩”下拉列表框的下方出现与有关原始压缩的设置选项，如图8-6所示。只需设置采样率和预处理即可。

（5）语音

“语音”压缩选项是一种适合于语音的压缩方式导出声音。选择该选项后，会在“压缩”下拉列表框的下方出现有关语音压缩的设置选项，如图8-7所示。只需要设置采样率和预处理。

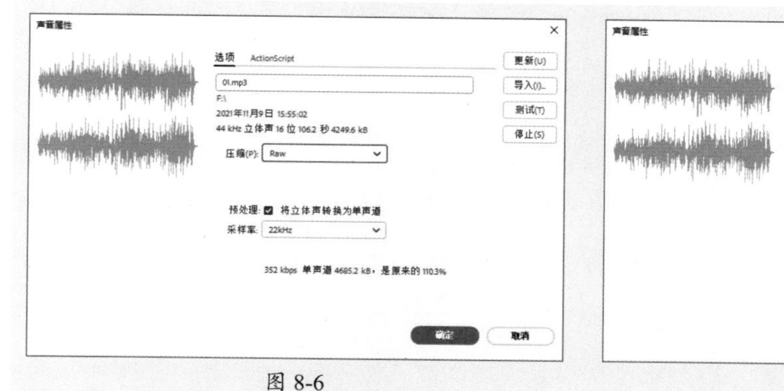

图 8-6

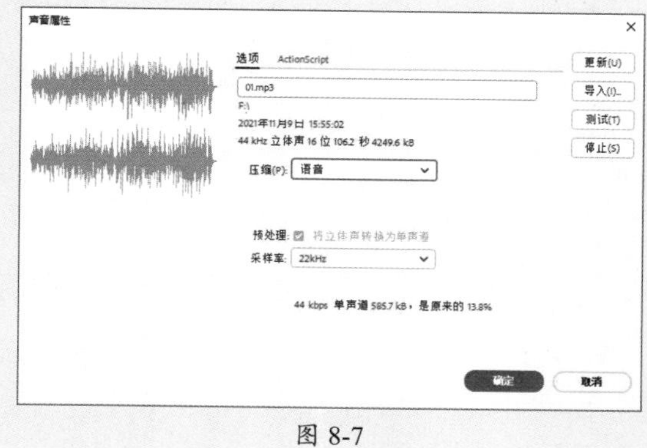

图 8-7

2. 设置声音效果

选中声音所在的帧，在“属性”面板“声音”选项区域中选择“效果”下拉列表中的选项可以设置声音效果，如图8-8所示。该下拉列表中各选项如下。

- **无：** 不使用任何效果。
- **左声道/右声道：** 只在左声道或者右声道播放音频。
- **向右淡出/向左淡出：** 将声音从一个声道切换至另一个声道。
- **淡入：** 表示在声音的持续时间内逐渐增加音量。
- **淡出：** 表示在声音的持续时间内逐渐减小音量。
- **自定义：** 选择该选项，将打开“编辑封套”对话框，如图8-9所示。用户可以在该对话框中对音频进行编辑，创建独属于自己的音频效果。用户也可以单击“效果”选项右侧的“编辑声音封套”按钮打开“编辑封套”对话框进行设置。

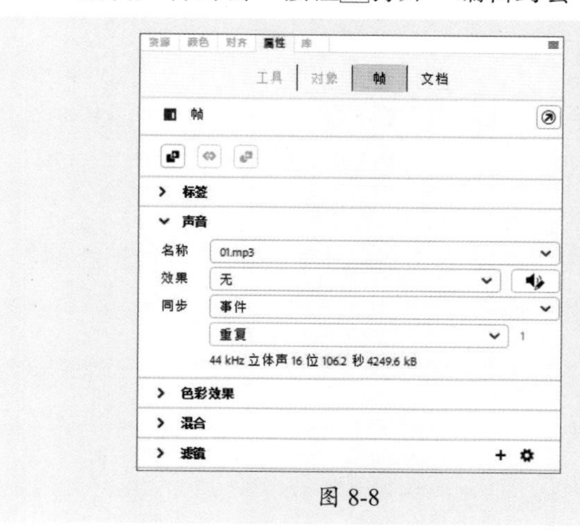

图 8-8

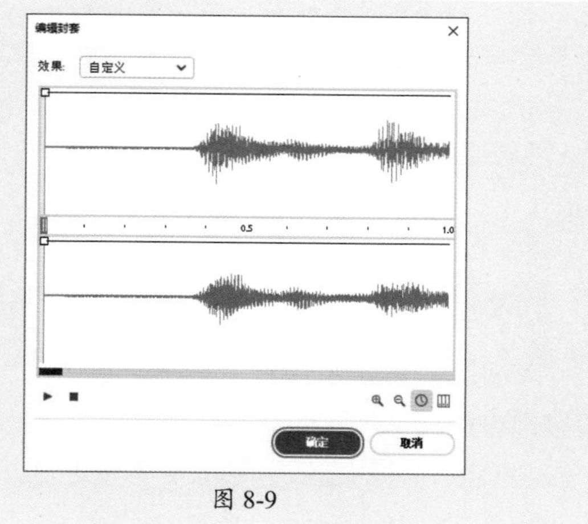

图 8-9

“编辑封套”对话框中分为上下两个编辑区，上方代表左声道波形编辑区，下方代表右声道编辑区，在每一个编辑区的上方都有一条带有小方块的控制线，可以通过控制线调整声音的大小、淡出和淡入等。“编辑封套”对话框中各选项如下。

- **效果**：在该下拉列表框中用户可以选择预设的声音效果。
- **“播放声音”按钮▶和“停止声音”按钮■**：用于播放或暂停编辑后的声音。
- **放大和缩小**：单击这两个按钮，可使显示窗口内的声音波形在水平方向放大或缩小。
- **秒和帧**：单击这两个按钮，可以在秒和帧之间切换时间单位。
- **灰色控制条**：拖动上下声音波形之间刻度栏内的灰色控制条，可以截取声音片段。

3. 设置声音同步方式

选中声音所在的帧，在“属性”面板“声音”选项区域中可以设置声音和动画的同步方式，如图8-10所示。

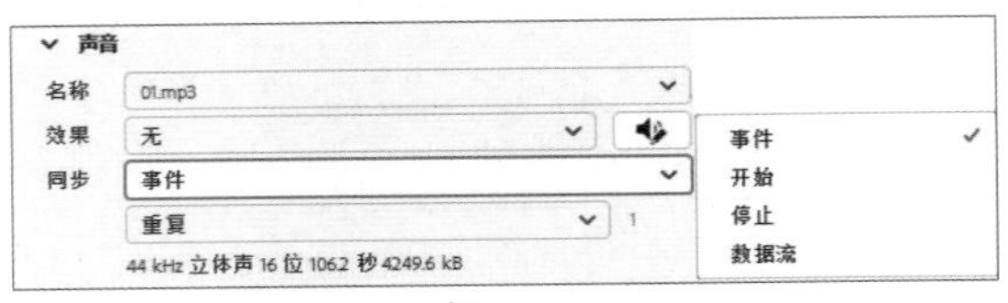

图 8-10

（1）事件

Animate默认选项，选择该选项必须等声音全部下载完毕才能播放动画，声音开始播放并独立于时间轴完整播放声音，即使影片停止也继续播放。一般在不需要控制声音播放的动画中使用。使用“事件”同步方式需要注意以下三点。

- 事件声音在播放之前必须完整下载。有些动画下载时间很长，可能是因为其声音文件过大导致的。如果要重复播放声音，不必再次下载。
- 事件声音不论动画是否发生变化，都会独立地把声音播放完毕。播放另一声音时也不会因此停止播放，所以有时会干扰动画的播放质量，不能实现与动画同步播放。
- 事件声音不论长短，都只能插入到1帧中。

（2）开始

“开始”选项与“事件”选项的功能近似，若选择的声音实例已在时间轴上的其他地方播放过了，则将不会再播放该实例。

（3）停止

“停止”选项可以使指定的声音静音。

（4）数据流

“数据流”选项可以使动画与声音同步，以便在Web站点上播放。流声音可以说是依附在帧上的，动画播放的时间有多长，流声音播放的时间就有多长。当动画结束时，即使声音文件还没有播完，也将停止播放。使用“数据流”同步方式需要注意以下两点。

- 流声音可以边下载边播放，所以不必担心出现因声音文件过大而导致下载过长的现象。因此，可以把流声音与动画中的可视元素同步播放。
- 流声音只能在它所在的帧中播放。

4. 设置声音循环

在“属性”面板中用户可以设置声音重复或循环播放，如图8-11所示。其中“重复”选项默认是重复1次，用户可以在右侧的文本框中设置播放次数；“循环”选项则可以不停地循环播放声音。

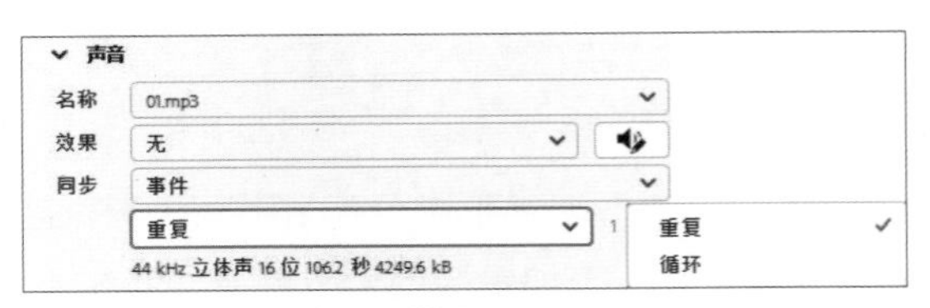

图 8-11

动手练 汽车鸣笛动画

案例素材：本书实例/第8章/动手练/汽车鸣笛动画

本案例以汽车鸣笛动画的制作为例，介绍声音在二维动画中的应用。具体操作过程如下。

步骤 01 新建720×720px的空白文档，导入本章素材文件，如图8-12所示。

步骤 02 选中导入的素材文件，按F8键将其转换为图形元件“背景”，如图8-13所示。修改“图层_1”名称为“背景”。

步骤 03 按Ctrl+F8组合键新建影片剪辑元件“鸣笛”，如图8-14所示。

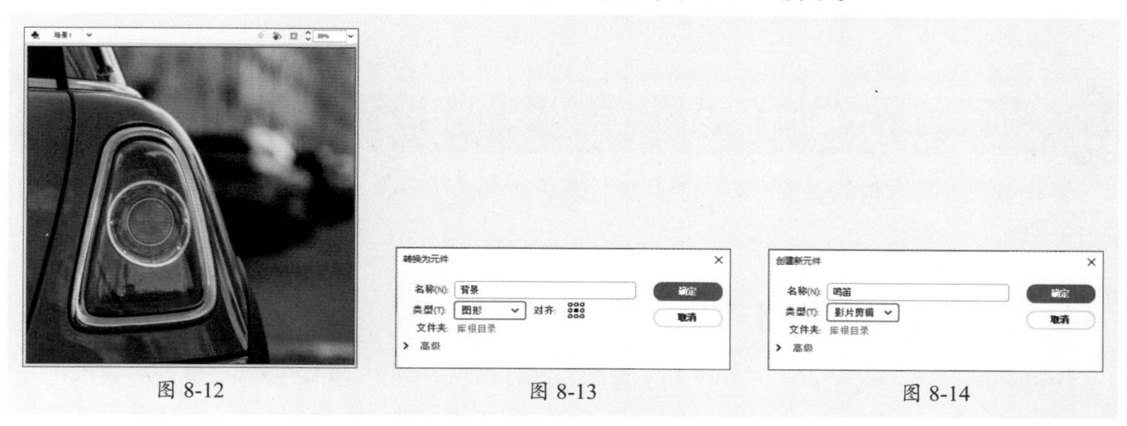

图 8-12　　图 8-13　　图 8-14

步骤 04 在第1帧和第2帧按F7键插入空白关键帧，选中第1帧，按F9键打开“动作”面板，输入以下代码：

```
stop();
```

步骤 05 选中第2帧，执行“文件”|“导入”|“导入到舞台”命令导入本章音频素材，如图8-15所示。

步骤 06 返回“场景1”，新建图层并重命名为“声音”，将“鸣笛”影片剪辑元件拖曳至舞台，并设置实例名称为“laba”，如图8-16所示。

步骤 07 新建图层并重命名为“文本”，使用文本工具输入文本，如图8-17所示。

图 8-15　　图 8-16　　图 8-17

步骤 08 新建图层并重命名为“动作”，按F9键打开“动作”面板，输入以下代码：

```
stage.addEventListener(KeyboardEvent.KEY_DOWN, act1);

function act1(key:KeyboardEvent) {
    if (key.charCode == 99 || key.charCode == 67) {
        laba.gotoAndPlay(2);
    }
}
```

步骤 09 保存文件，按Ctrl+Enter组合键测试预览，按C键将出现鸣笛的音效。

至此，完成汽车鸣笛效果的制作。

8.2 视频在动画中的应用

视频可以丰富动画的表现内容，使其更具感染力和艺术效果。本节对视频在动画中的应用进行介绍。

8.2.1 支持的视频格式

Animate支持FLV、H.264、MOV等多种视频文件格式，其中，FLV格式是唯一可以嵌入并随动画导出的格式，H.264、MOV和AVI等格式则通常用于设计和播放。下面对常用的视频文件格式进行介绍。

1. FLV 格式

FLV是一种流行的视频格式，多用于网络视频播放，它的文件体积小、加载速度快，非常适合流媒体传输。

2. H.264 格式

H.264格式具有很高的数据压缩比率，容错能力强，同时图像质量也很高，在网络传输中更为方便经济，保存文件后缀为“.mp4”。H.264格式可以嵌入，但主要用于设计时间，不能直接导出为视频文件。

3. AVI 格式

AVI是一种音频视频交错格式，支持音视频同步播放，且图像质量好，可以跨多平台使用。但体积过大，压缩标准不统一，多用于多媒体光盘。

4. MOV 格式

MOV是由苹果公司开发的一种音频视频文件格式，可用于存储常用数字媒体类型，保存文件后缀为“.mov”。该格式存储空间要求小，且画面效果略优于AVI格式。

8.2.2 导入视频文件

执行“文件”|“导入”|“导入视频”命令打开“导入视频”对话框，如图8-18所示。该对话框中提供了三个本地视频导入选项。

（1）使用播放组件加载外部视频

导入视频并创建 FLVPlayback组件的实例以控制视频回放。将Animate文档作为SWF发布并将其上传到Web服务器时，必须将视频文件上传到Web服务器或Animate Media Server，并按照已上传视频文件的位置配置FLVPlayback组件。

（2）在SWF中嵌入FLV并在时间轴中播放

该选项可将FLV嵌入Animate文档中。这样导入视频时，该视频放置于时间轴中可以看到时间轴帧所表示的各视频帧的位置。嵌入的FLV视频文件成为Animate文档的一部分。该选项可以使此视频文件与舞台上的其他元素同步，但是也可能会出现声音不同步的问题，同时SWF的文件大小会增加。一般来说，品质越高，文件也就越大。

（3）将H.264视频嵌入时间轴

该选项可将H.264视频嵌入 Animate 文档中。使用此选项导入视频时，为了使用视频作为设计阶段制作动画的参考，可以将视频放置在舞台上。在拖曳或播放时间轴时，视频中的帧将呈现在舞台上，相关帧的音频也将播放。

以使用“使用播放组件加载外部视频”导入选项为例，选择该选项后，单击“浏览”按钮，打开“打开”对话框并选择合适的视频素材，如图8-19所示。

图 8-18　　图 8-19

完成后单击“打开”按钮，切换至“导入视频”对话框，选择“视频”选项卡，单击“下一步”按钮切换至“设定外观”选项卡设置外观，如图8-20所示。单击“下一步”按钮切换至“完成视频导入”选项卡，如图8-21所示。

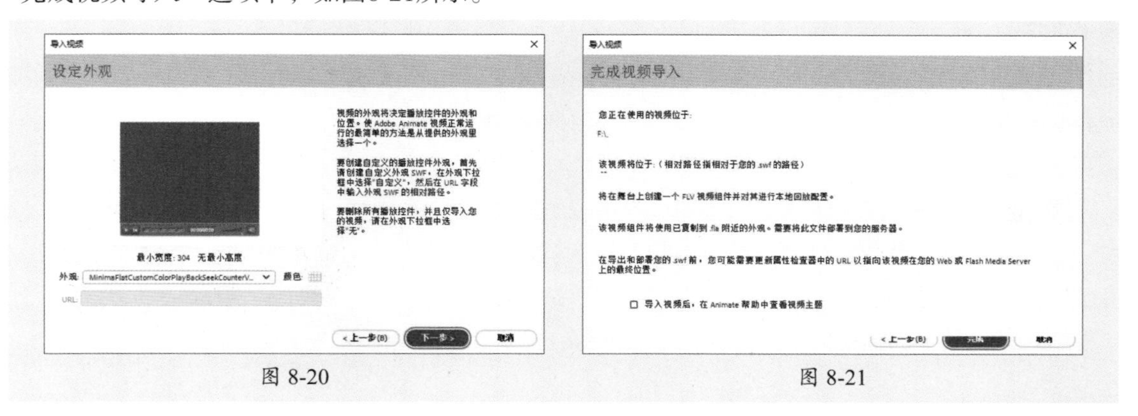

图 8-20　　图 8-21

单击“完成”按钮，将在舞台中看到导入的视频，如图8-22所示。用户可以使用任意变形工具调整大小，如图8-23所示。

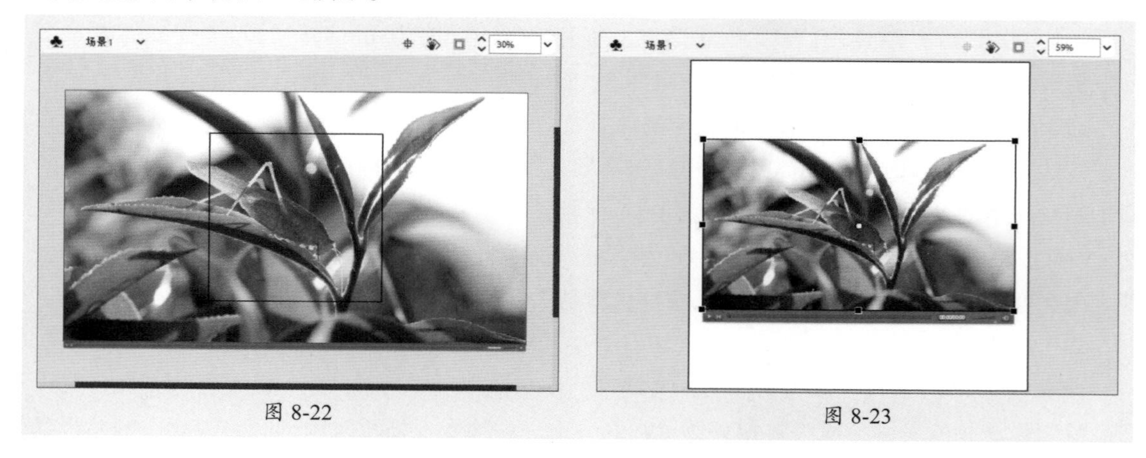

图 8-22　　图 8-23

除了“导入视频”命令外，用户还可以在“组件”面板中的Video选项组中选择FLVPlayback组件或FLVPlayback 2.5组件添加至舞台中，如图8-24所示。然后在“组件参数”面板中设置source选项，添加内容路径即可，如图8-25、图8-26所示。

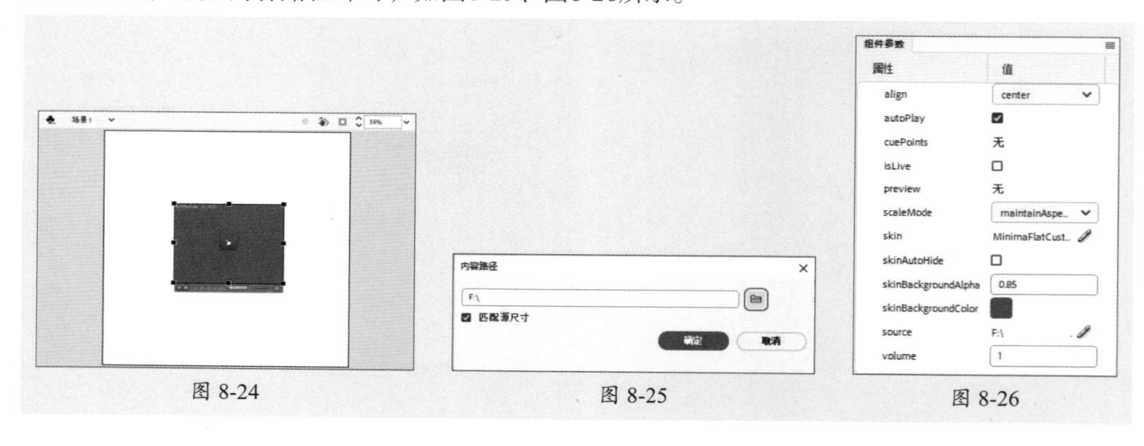

图 8-24　　图 8-25　　图 8-26

动手练 屏幕动画效果

案例素材：本书实例/第8章/动手练/屏幕动画效果

本案例以屏幕动画效果的制作为例，介绍视频导入与调整的方法，案例中使用到的背景素材可以通过AIGC工具生成。具体操作过程如下。

步骤 01 新建720 × 720px的空白文档，按Ctrl+R组合键导入本章图像素材，如图8-27所示。修改“图层_1”名称为“背景”，锁定图层。

图 8-27

步骤 02 新建图层并重命名为“视频”，执行“文件”|“导入”|“导入视频”命令，打开“导入视频”对话框，选择“使用播放组件加载外部视频”选项，单击“浏览”按钮打开“打开”对话框，从中选择视频素材，如图8-28所示。

步骤 03 完成后单击“打开”按钮，返回“导入视频”对话框，如图8-29所示。

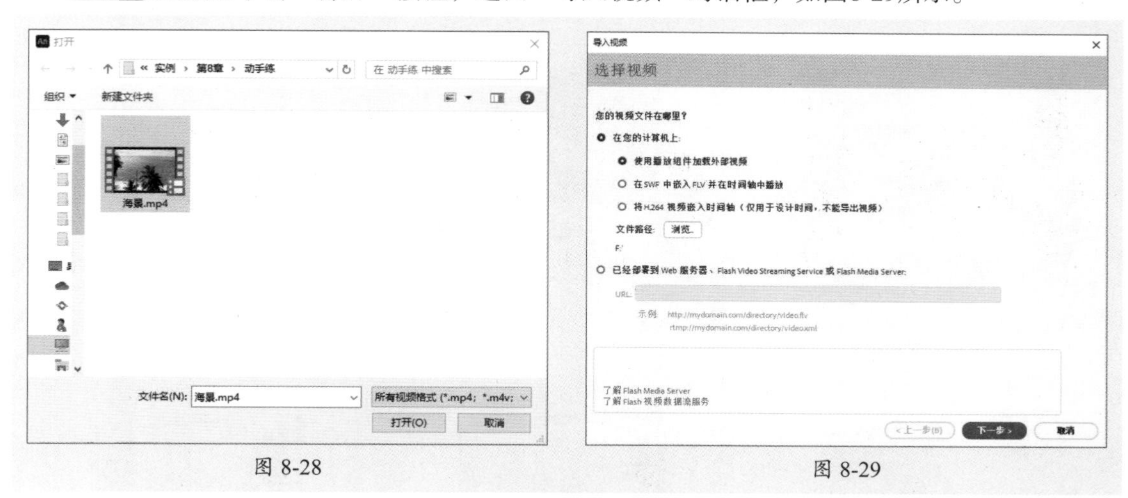

图 8-28　　　　图 8-29

步骤 04 单击“下一步”按钮，切换至“设定外观”选项卡设置外观，如图8-30所示。单击“下一步”按钮切换至“完成视频导入”选项卡，如图8-31所示。

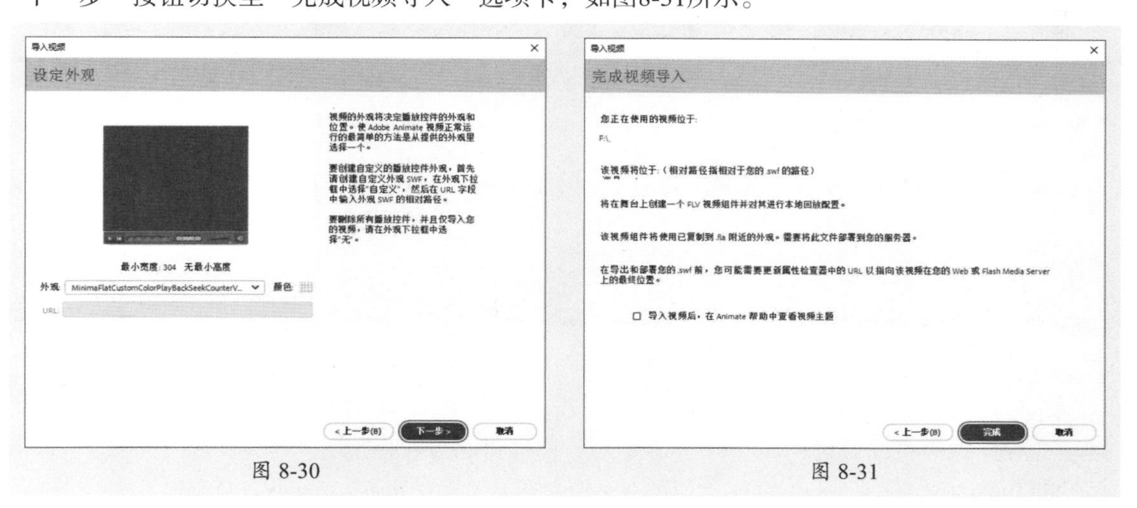

图 8-30　　　　图 8-31

步骤 05 单击“完成”按钮，导入视频，如图8-32所示。

步骤 06 选中导入的视频，使用任意变形工具调整大小，如图8-33所示。

步骤 07 新建图层并重命名为“遮罩”，隐藏视频图层，使用绘图工具绘制屏幕大小的填充对象，如图8-34所示。

步骤 08 显示视频图层，选中“遮罩”图层，右击，在弹出的快捷菜单中执行“遮罩层”命令创建遮罩，如图8-35所示。

步骤 09 保存文件，按Ctrl+Enter组合键测试预览，如图8-36所示。

图 8-32

图 8-33

图 8-34

图 8-35

图 8-36

至此，完成屏幕动画效果的制作。

8.3 案例实战：留声机动画

案例素材：本书实例/第8章/案例实战/留声机动画

本案例以留声机动画的制作为例，介绍声音的应用方法与技巧，案例中使用的代码可以通过AIGC工具检查整理，以确保能够顺利实现。具体操作过程如下。

步骤 01 新建600×400px的空白文档，导入本章素材文件至库，如图8-37所示。

步骤 02 按Ctrl+F8组合键新建图形元件“背景”，将“bg.jpg”素材拖曳至编辑区域，如图8-38所示。

步骤 03 返回“场景1”，修改“图层_1”名称为“背景”，将“背景”元件拖曳至舞台中，如图8-39所示。

图 8-37

图 8-38

图 8-39

步骤 04 新建影片剪辑元件“音乐1”，在第1～3帧插入空白关键帧，选中第1帧，将“music1.mp3”素材拖曳至编辑区域，在“属性”面板中设置参数，如图8-40所示。

步骤 05 在第3帧添加“music1.mp3”素材，在“属性”面板中设置参数，如图8-41所示。

步骤 06 新建“图层_2”，在第1～3帧插入空白关键帧，选中第1帧，在“属性”面板中设置帧标签，如图8-42所示。使用相同的方法设置第3帧帧标签名称为“sound_end”。

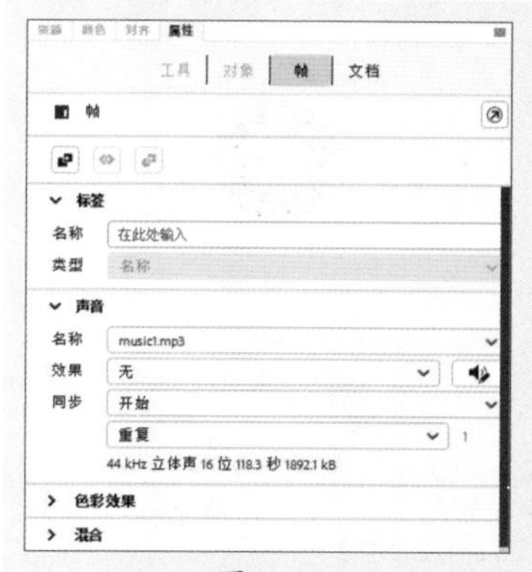

图 8-40

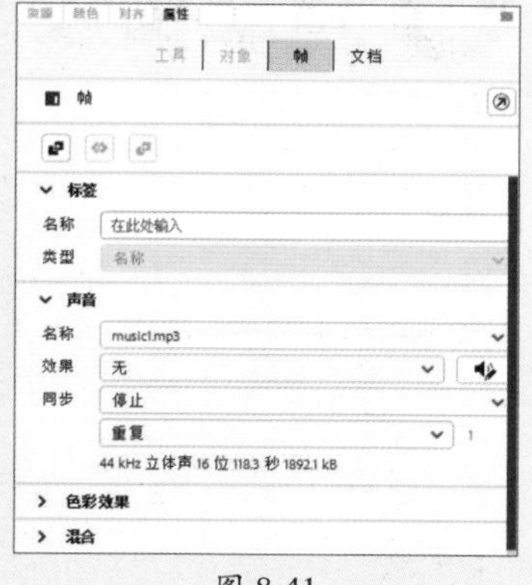

图 8-41

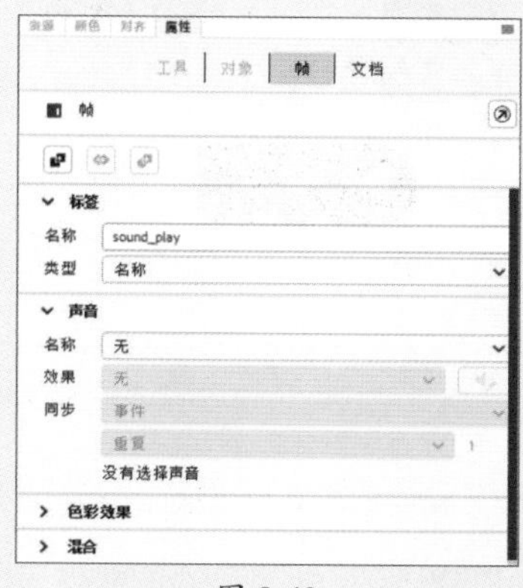

图 8-42

步骤 07 选中“图层_2”的第2帧，按F9键打开“动作”面板，输入以下代码：

```
gotoAndPlay("sound_play");
```

步骤 08 使用相同的方法创建“音乐2”“音乐3”影片剪辑元件，如图8-43所示。

步骤 09 新建按钮元件“开始”，绘制黑色圆形，如图8-44所示。

步骤 10 新建图层，绘制白色三角形，如图8-45所示。

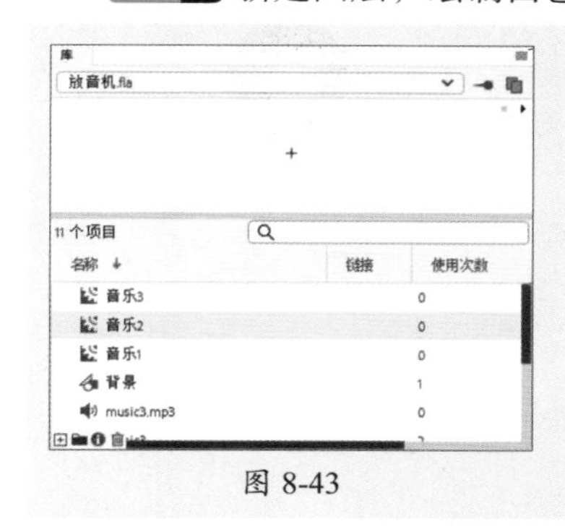

图 8-43

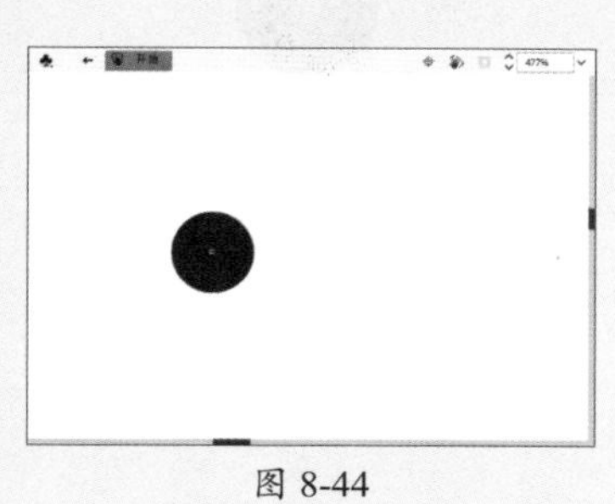
图 8-44

图 8-45

步骤 11 新建图层，输入文本内容，如图8-46所示。

步骤 12 在“图层_3”的按下帧插入普通帧，在“图层_2”的鼠标经过、按下帧插入关键帧，在单击帧插入普通帧，在“图层_1”的鼠标经过、按下帧和单击帧插入关键帧，选中鼠标经过帧，在编辑模式下调整效果，如图8-47所示。在按下帧调整效果，如图8-48所示。

图 8-46　　图 8-47　　图 8-48

步骤13 单击帧调整效果，如图8-49所示。

步骤14 新建按钮元件“停止”，如图8-50所示。

步骤15 新建图形元件“唱片”，将“ch.png”素材拖曳至编辑区域，如图8-51所示。

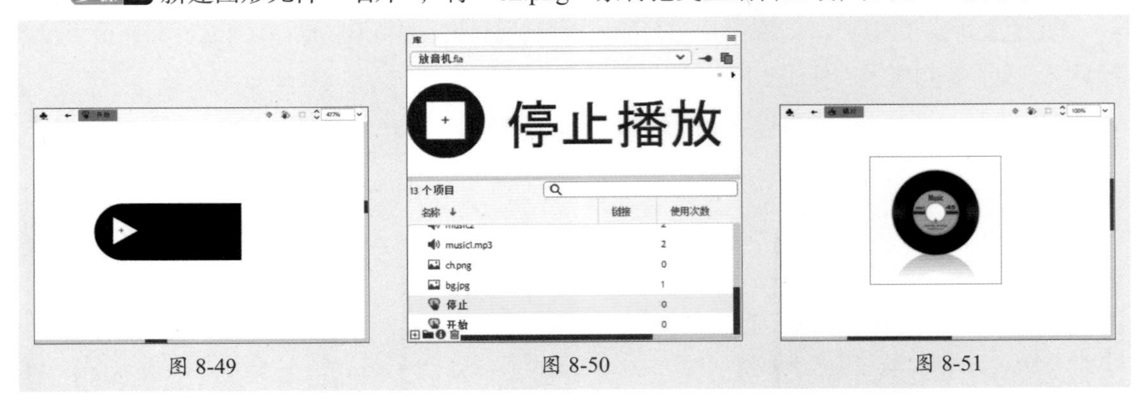

图 8-49　　图 8-50　　图 8-51

步骤16 新建影片剪辑元件“唱片剪辑”，将“唱片”图形元件拖曳至编辑区域，如图8-52所示。

步骤17 新建“图层_2”，添加实例名称为“music_name”的动态文本，调整“唱片”实例的大小，如图8-53所示。在“图层_1”和“图层_2”的第2帧插入普通帧。

步骤18 新建“图层_3”，在第1帧和第2帧插入关键帧，选中第1帧，将“停止”按钮元件拖曳至编辑区域，并设置实例名称为“stop_btn”，如图8-54所示。将“开始”按钮元件拖曳至第2帧中，并设置实例名称为“play_btn”。

图 8-52　　图 8-53　　图 8-54

步骤19 新建“图层_4”，在第1帧和第2帧插入空白关键帧，选中第1帧，按F9键打开“动作”面板，输入以下代码：

```
stop();
music_name.text = name;

var mainScene:MovieClip = parent as MovieClip;

var onStop:Function = function():void {
    if (name == "music3") {
        if (mainScene.music_3) {
            mainScene.music_3.gotoAndStop(3);
        }
```

```
        gotoAndStop(2);
    } else if (name == "music2") {
        if (mainScene.music_2) {
            mainScene.music_2.gotoAndStop(3);
        }
        gotoAndStop(2);
    } else if (name == "music1") {
        if (mainScene.music_1) {
            mainScene.music_1.gotoAndStop(3);
        }
        gotoAndStop(2);
    } else {
        trace(name + " 未定义或未找到");
    }
};

stop_btn.addEventListener(MouseEvent.CLICK, onStop);
```

选中第2帧，输入以下代码：

```
stop();
var onPlay:Function = function():void {
    if (name == "music3") {
        if (mainScene.music_3) {
            mainScene.music_3.gotoAndPlay(1);
        } else {
            trace("music_3 未定义");
        }
        gotoAndStop(1);
    }
    else if (name == "music2") {
        if (mainScene.music_2) {
            mainScene.music_2.gotoAndPlay(1);
        } else {
            trace("music_2 未定义");
        }
        gotoAndStop(1);
    }
    else if (name == "music1") {
        if (mainScene.music_1) {
            mainScene.music_1.gotoAndPlay(1);
        } else {
            trace("music_1 未定义");
```

```
        }
        gotoAndStop(1);
    }
};

play_btn.addEventListener(MouseEvent.CLICK, onPlay);
```

步骤20 返回“场景1”，新建图层并重命名为“声音”，将“音乐3”“音乐2”和“音乐1”影片剪辑元件从左至右放置在舞台合适位置，如图8-55所示。

步骤21 新建“唱片”图层，将“唱片剪辑”影片剪辑元件拖曳至舞台中合适位置，如图8-56所示，并分别在“属性”面板中设置实例名称为“music3”“music2”和“music1”。

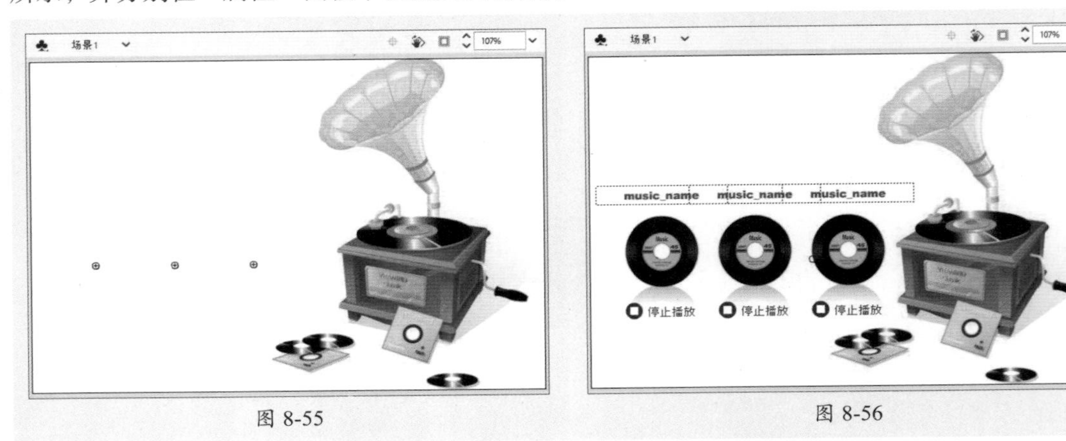

图 8-55　　图 8-56

步骤22 保存文件，按Ctrl+Enter组合键测试预览，所有音乐都处于播放状态，用户可以通过按钮控制这三首音乐的播放，如图8-57所示。

图 8-57

至此，完成留声机动画的制作。

8.4 拓展练习

练习1　文字显示动画

案例素材：本书实例/第8章/拓展练习/文字显示动画

下面练习导入声音并设置、丰富已有的动画效果。

制作思路

打开本章素材文件，测试预览效果，如图8-58所示。另存文档，导入音频素材，将其添加至舞台中并设置，添加停止代码。

图 8-58

练习2　歌曲切换动画

案例素材：本书实例/第8章/拓展练习/歌曲切换动画

下面练习使用文本工具、绘图工具、元件等制作歌曲切换动画。

制作思路

打开本章素材文件，将“库”中的素材添加至舞台，使用文本工具输入文本，并绘制按钮图形，如图8-59所示。将绘制的按钮图形转换为元件，设置实例名称。新建“音乐”图层，将“库”中的音频添加至舞台中并设置，新建“代码”图层，通过代码设置按钮控制音频的播放与停止，测试预览效果，如图8-60所示。

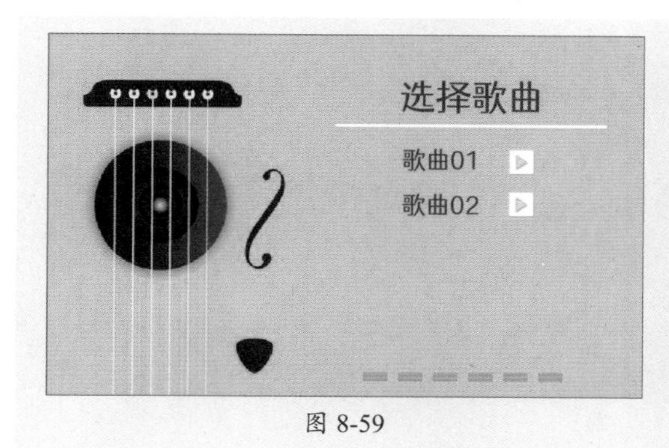

图 8-59

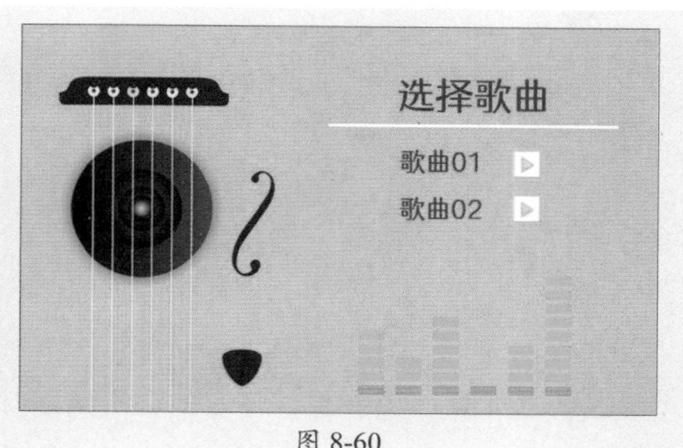

图 8-60

An

第9章

预设组件：一键应用模块化组件

本章概述

组件是一种可重复使用的用户界面元素，可以帮助用户制作具有交互性的界面。本章对组件的相关知识进行介绍，包括组件的定义、常见组件类型、添加和删除组件的操作，以及CheckBox组件、ComboBox组件、TextInput组件、TextArea组件、UIScrollBar组件等常用组件的应用方法。

要点难点

- 认识常见组件
- CheckBox组件的应用
- ComboBox组件的应用
- TextInput组件的应用
- TextArea组件的应用
- UIScrollBar组件的应用

9.1 组件的基础知识

组件是Animate中的常用元素，利用组件可以快速制作具有交互性的动画效果。本节对组件的基础知识进行介绍。

9.1.1 认识组件

组件是Animate预设的、可以重复使用的用户界面元素和功能模块，通常包含一组预定义的功能和属性，用户可以通过简单的配置和脚本进行定制。在制作动画的过程中，使用组件可以简化交互内容和动画的创建，极大地提升工作效率。图9-1、图9-2所示为使用组件制作的问答课件。

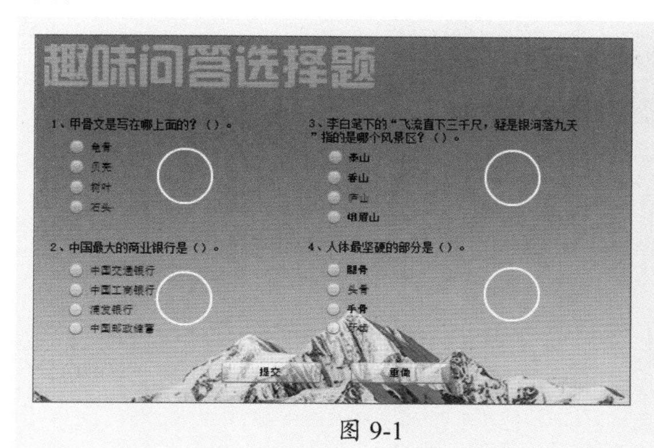

图 9-1

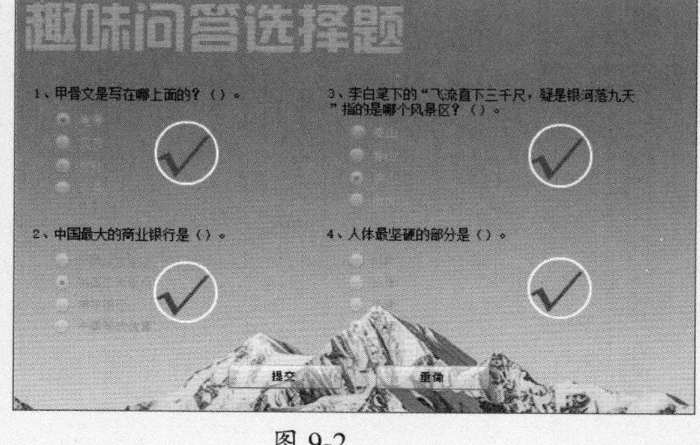

图 9-2

9.1.2 常见组件类型

Animate中常见的组件包括以下4种类型。

- **文本类组件：** 可以更加快捷、方便地创建文本框，并载入文档数据信息。Animate中预置了Lable、TextArea和TextInput三种常用的文本类组件。
- **列表类组件：** 根据不同的需求预置了不同方式的列表组件，包括ComboBox、DataGrid和List，便于用户直观地组织同类信息数据，方便选择。
- **选择类组件：** 系统预置的选择类组件包括Button、CheckBox、RadioButton和NumericStepper。
- **窗口类组件：** 使用窗口类组件可以制作类似于Windows操作系统的窗口界面，如带有标题栏、滚动条资源管理器，以及执行某一操作时弹出的警告提示对话框等。窗口类组件包括ScrollPane、UIScrollBar和ProgressBar。

9.1.3 添加和删除组件

Animate中提供了专门的“组件”面板，用户可以从中选择组件进行添加。下面对添加和删除组件的操作进行介绍。

1. 添加组件

执行“窗口”|“组件”命令，打开“组件”面板，如图9-3所示。在“组件”面板中选择

组件，双击或将其拖曳至“库”面板或舞台中，添加该组件。图9-4所示为添加的TextInput组件效果。选中添加的组件，在“属性”面板中可以设置其实例名称、位置等参数，单击“显示参数”按钮还可以打开“组件参数”面板详细设置组件，如图9-5所示。

图 9-3　　图 9-4　　图 9-5

要注意的是，不同组件的“组件参数”选项略有不同。

2. 删除组件

选中舞台中添加的组件实例，按Delete键即可从舞台中删除实例，但在编译时该组件依然包括在应用程序中。若想彻底删除组件，可以使用以下两种方式。

- 选中“库”面板中要删除的组件右击，在弹出的快捷菜单中执行“删除”命令或按Delete键。
- 在“库”面板中选中要删除的组件，单击“库”面板底部的“删除”按钮。

9.2 CheckBox组件

CheckBox组件即复选框组件，该组件可用于创建具有交互性的复选框。打开“组件”面板，选择CheckBox组件将其拖曳至舞台添加，如图9-6所示。选中添加的组件，单击“属性”面板中的“显示参数”按钮，打开“组件参数”面板详细设置组件参数，如图9-7所示。设置完成后按Ctrl+Enter组合键测试效果，如图9-8所示。

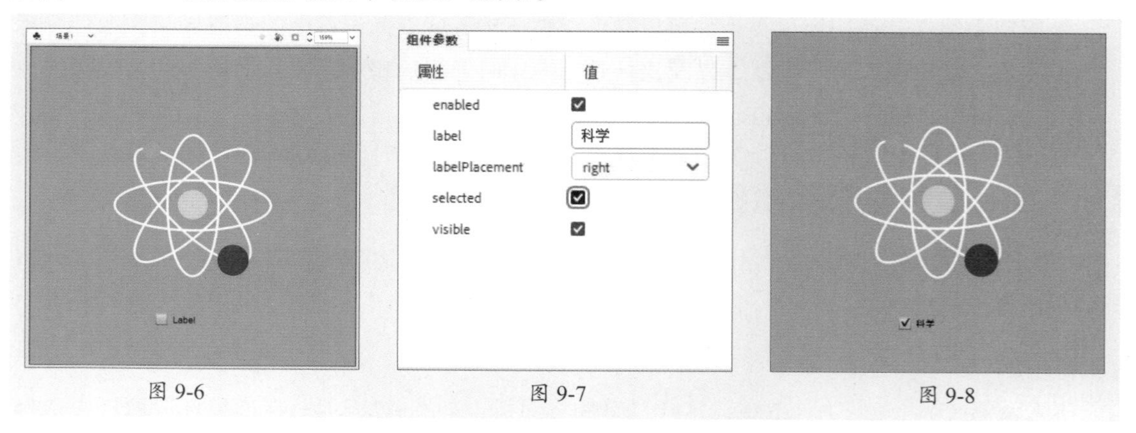

图 9-6　　图 9-7　　图 9-8

CheckBox组件各选项如下。

- **enabled：** 用于控制组件是否可用。
- **label：** 用于确定复选框显示的内容。默认值是label。
- **labelPlacement：** 用于确定复选框上标签文本的方向，包括left、right、top和bottom。默认值是right。
- **selected：** 用于确定复选框的初始状态为勾选或取消勾选。被勾选的复选框中会显示一个对号。
- **visible：** 用于决定对象是否可见。

动手练 多选题动画

案例素材：本书实例/第9章/动手练/多选题动画

本案例将以多选题动画的制作为例，介绍CheckBox组件的应用方法，案例中使用到的背景素材可以通过AIGC工具生成。具体操作过程如下。

步骤 01 新建400×400px的空白文档，按Ctrl+R组合键导入本章素材文件，调整大小和位置，如图9-9所示。修改“图层_1”名称为“背景”，锁定图层。

步骤 02 新建“题目”图层，使用文本工具输入文本，如图9-10所示。

步骤 03 新建“多选”图层，在“组件”面板中双击CheckBox组件进行添加，调整至合适位置，如图9-11所示。

图 9-9

图 9-10

图 9-11

步骤 04 选中添加的组件，在“组件参数”面板中设置参数，如图9-12所示。

步骤 05 设置完成后的效果如图9-13所示。参照步骤04设置其他选项，如图9-14所示。

图 9-12

图 9-13

图 9-14

步骤 06 保存文件，按Ctrl+Enter组合键测试预览，如图9-15所示。

至此，完成多选题动画的制作。

图 9-15

9.3 ComboBox组件

ComboBox组件即下拉列表框组件，该组件可创建带有交互性的下拉列表，便于用户进行选择。选择“组件”面板中的ComboBox组件，将其拖曳至舞台添加，如图9-16所示。在“组件参数”面板中可以详细设置组件参数，如图9-17所示。设置完成后按Ctrl+Enter组合键测试效果，如图9-18所示。

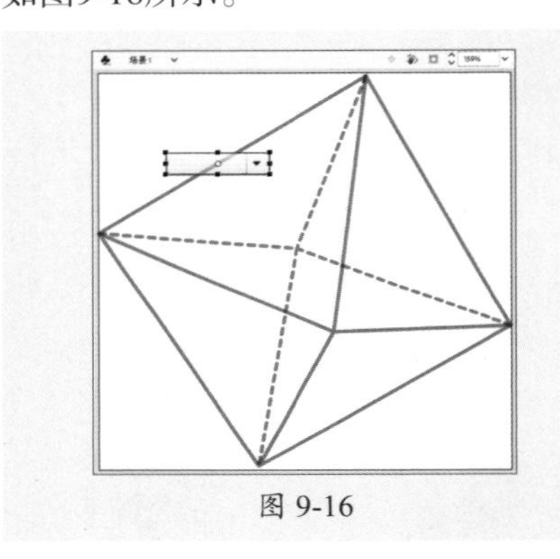

图 9-16

图 9-17

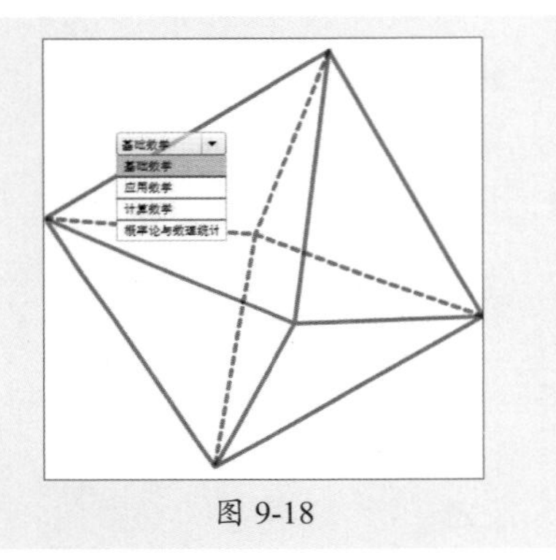

图 9-18

ComboBox组件部分常用选项如下。

- **dataProvider：** 用于将一个数据值与ComboBox组件中的每个项目相关联。单击✎按钮将打开“值”对话框，设置下拉列表框中的值，如图9-19所示。单击+按钮可以增加项目，如图9-20所示。单击⬇ ⬆按钮可以调整值的顺序，如图9-21所示。
- **editable：** 用于决定用户是否可以在下拉列表框中输入文本。
- **rowCount：** 用于确定在不使用滚动条时最多可以显示的项目数。默认值为5。

图 9-19

图 9-20

图 9-21

9.4 TextInput组件

TextInput组件即为文本输入框组件，主要用于创建可供输入的单行文本框。选择“组件”面板中的TextInput组件，将其拖曳至舞台添加，如图9-22所示。在“组件参数”面板中可以详细设置组件参数，如图9-23所示。设置完成后按Ctrl+Enter组合键测试效果，如图9-24所示。

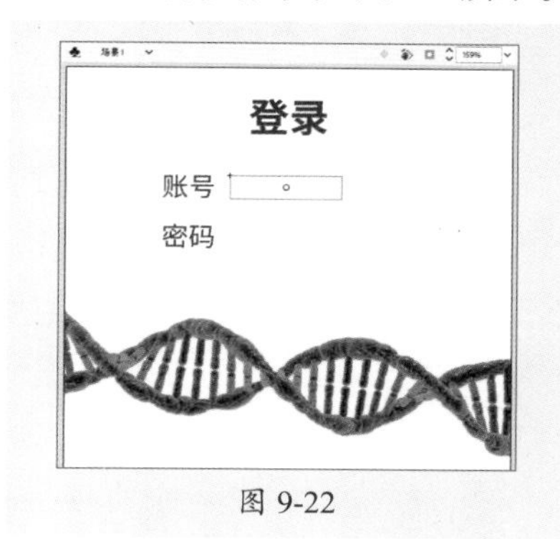

图 9-22

图 9-23

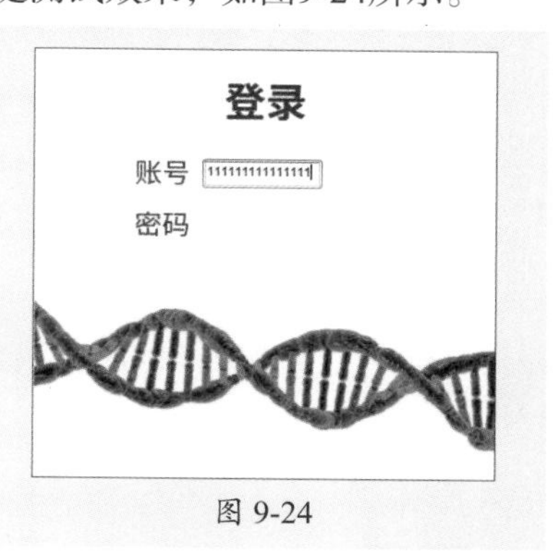

图 9-24

TextInput组件各选项如下。

- **displayAsPassword：** 用于设置是否显示为密码形式，图9-25所示为显示为密码形式的效果。
- **editable：** 用于指示该字段是否可编辑。
- **enabled：** 用于控制组件是否可用。
- **maxChars：** 用于设置文本区域最多可容纳的字符数，图9-26所示为设置为2时的效果。
- **restrict：** 用于设置输入值的限制。
- **text：** 用于设置TextArea组件默认显示的文本内容，图9-27所示为设置后的效果。
- **visible：** 用于决定对象是否可见。

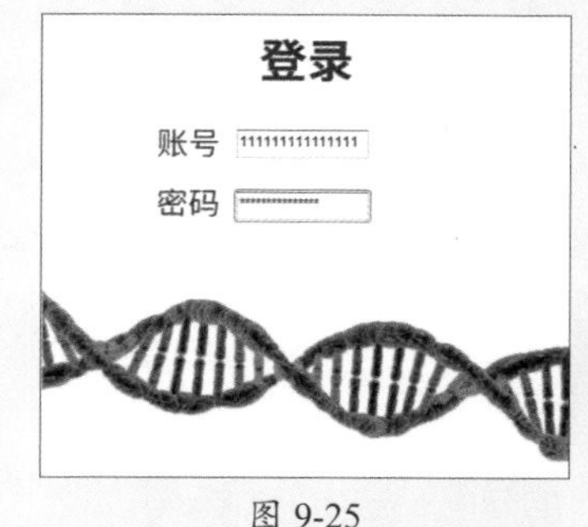

图 9-25

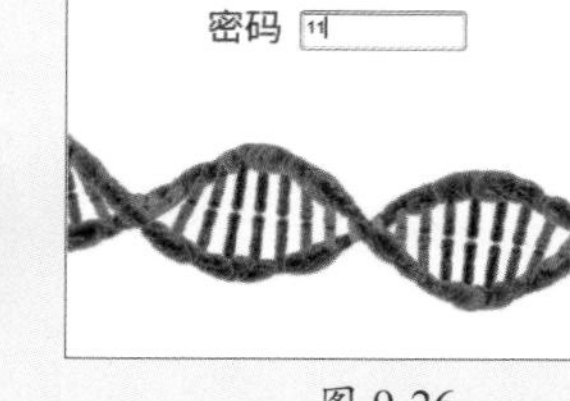

图 9-26

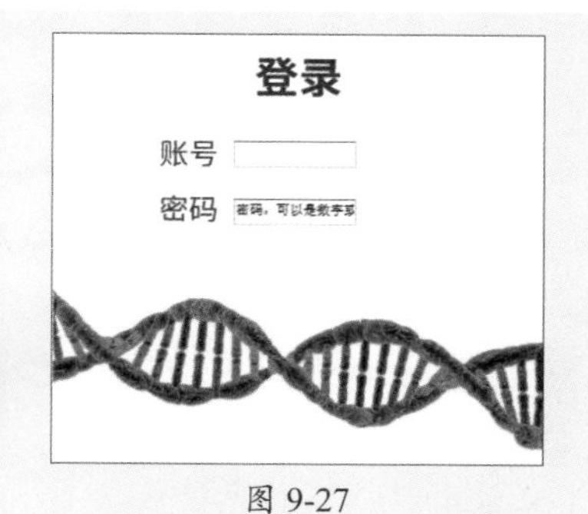

图 9-27

动手练 登录界面动画

案例素材：本书实例/第9章/动手练/登录界面动画

本案例以登录界面动画的制作为例，介绍TextInput组件的应用方法，案例中使用到的背景素材可以通过AIGC工具生成。具体操作过程如下。

步骤 01 新建400×400px的空白文档，按Ctrl+R组合键导入本章素材文件，调整大小和位置，如图9-28所示。修改“图层_1”名称为“背景”，锁定图层。

步骤 02 新建“文本”图层，使用绘图工具绘制图形，使用文本工具输入文本，如图9-29所示。

步骤 03 新建“组件”图层，在“组件”面板中双击TextInput组件进行添加，调整至合适位置，使用任意变形工具调整大小，如图9-30所示。

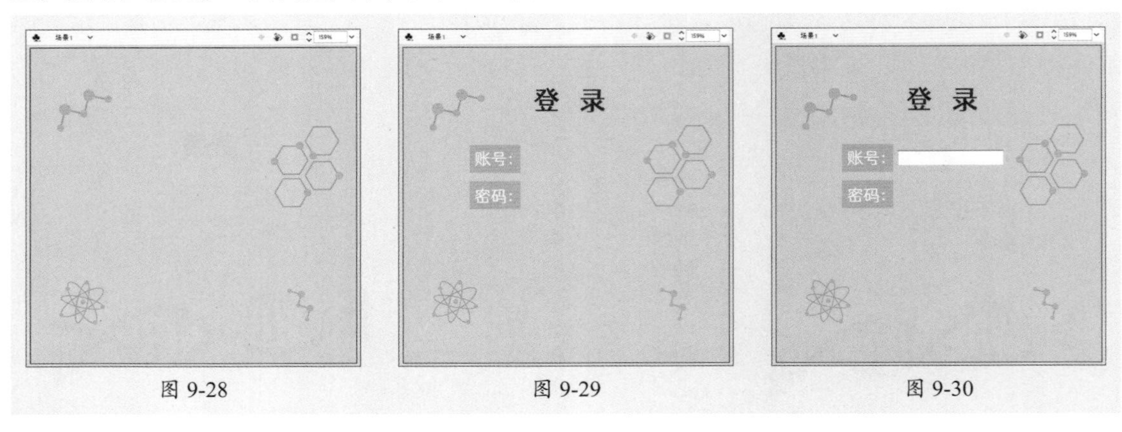

图 9-28　　图 9-29　　图 9-30

步骤 04 选中添加的组件，在“组件参数”面板中设置参数，如图9-31所示。

步骤 05 在“密码”文本右侧添加TextInput组件，在“组件参数”面板中设置参数，如图9-32所示。效果如图9-33所示。

图 9-31　　图 9-32　　图 9-33

步骤 06 新建“按钮”图层，在“组件”面板中选择Button组件，拖曳至舞台中合适位置，并调整宽度，如图9-34所示。在“组件参数”面板中设置参数，如图9-35所示。

步骤 07 参照步骤05、06，添加Button组件并设置，效果如图9-36所示。

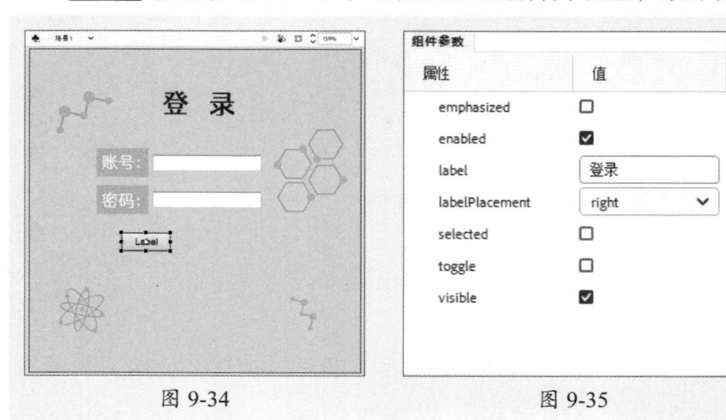

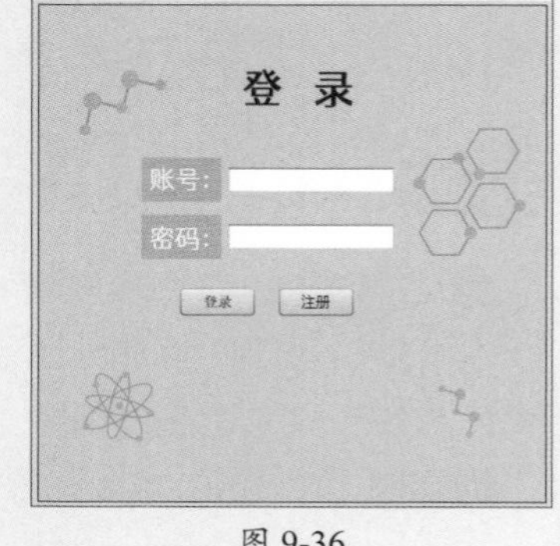

图 9-34　　图 9-35　　图 9-36

步骤 08 保存文件，按Ctrl+Enter组合键测试预览，如图9-37所示。

至此，完成登录界面动画的制作。

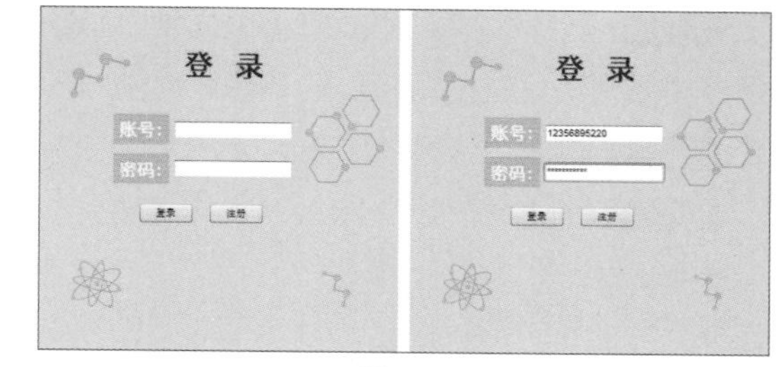

图 9-37

9.5 TextArea组件

TextArea组件为文本域组件，该组件可以创建一个具有边框和选择性滚动条的多行文本字段。选择“组件”面板中的TextArea组件，将其拖曳至舞台添加，如图9-38所示。在“组件参数”面板中可以详细设置组件参数，如图9-39所示。设置完成后按Ctrl+Enter组合键测试预览，如图9-40所示。

图 9-38

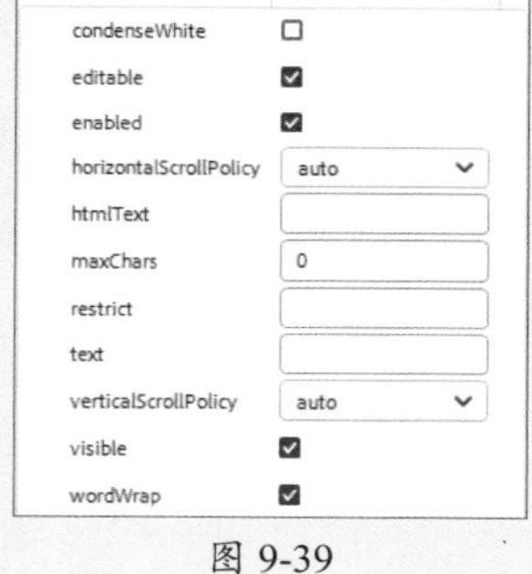

图 9-39

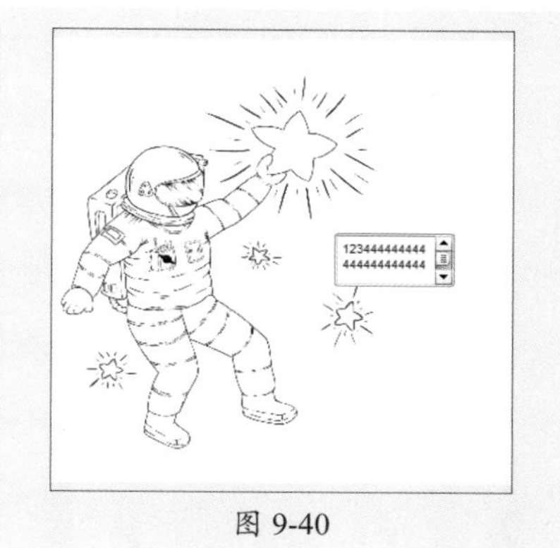
图 9-40

TextArea组件“组件参数”面板中部分选项如下。

- **editable**：用于指示该字段是否可编辑。
- **enabled**：用于控制组件是否可用。
- **horizontalScrollPolicy**：用于指示水平滚动条是否打开。该值可以为on（显示）、off（不显示）或auto（自动）。默认值为auto。
- **maxChars**：用于设置文本区域最多可以容纳的字符数。
- **text**：用于设置TextArea组件默认显示的文本内容。
- **verticalScrollPolicy**：用于指示垂直滚动条是否打开。该值可以为on（显示）、off（不显示）或auto（自动）。默认值为auto。
- **wordWrap**：用于控制文本是否自动换行。

动手练 简述题动画

案例素材：本书实例/第9章/动手练/简述题动画

本案例以简述题动画的制作为例，介绍TextArea组件的应用方法，案例中使用到的背景素材可以使用AIGC工具生成。具体操作过程如下。

步骤 01 新建400×400px的空白文档，按Ctrl+R组合键导入本章素材文件，调整大小和位置，如图9-41所示。修改“图层_1”名称为“背景”，锁定图层。

步骤 02 新建“题目”图层，使用文本工具输入文本，如图9-42所示。

步骤 03 新建“简述”图层，在“组件”面板中选择TextArea组件，拖曳至舞台合适位置，如图9-43所示。

图 9-41

图 9-42

图 9-43

步骤 04 选中组件，使用任意变形工具调整大小，并设置Alpha值为80%，效果如图9-44所示。

步骤 05 选中组件，在“组件参数”面板中设置参数，如图9-45所示，效果如图9-46所示。

图 9-44

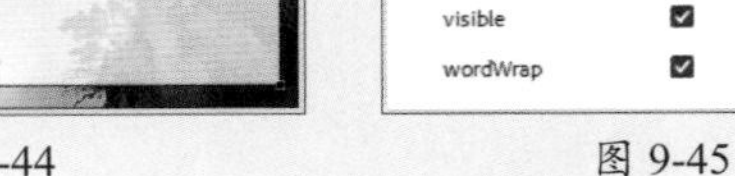

图 9-45

图 9-46

步骤 06 保存文件，按Ctrl+Enter组合键测试预览，如图9-47所示。

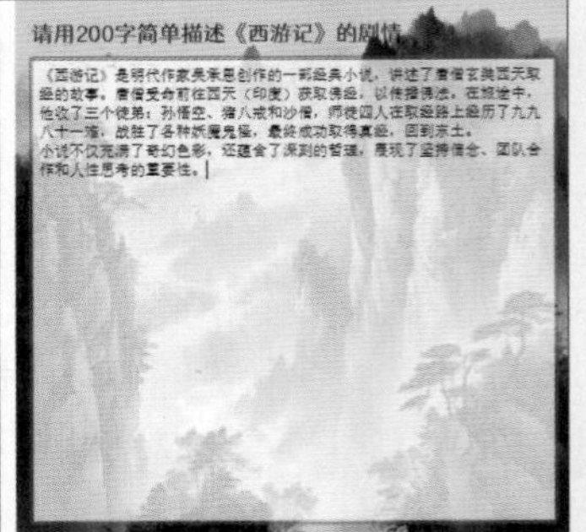

图 9-47

至此，完成简述题动画的制作。

9.6 UIScrollBar组件

UIScrollBar组件为滚动条组件，主要用于创建可滚动内容区域，在内容超出可视区域时，用户可以通过滚动条来浏览内容。

选择“组件”面板中的ComboBox（下拉列表框）组件，将其拖曳至舞台即可添加，如图9-48所示。在“组件参数”面板中可以详细设置组件参数，如图9-49所示。设置完成后按Ctrl+Enter组合键测试预览，如图9-50所示。

图 9-48

图 9-49

图 9-50

UIScrollBar组件“组件参数”面板中各选项如下。

- **direction**：用于选择UIScrollBar组件方向是横向或纵向。
- **scrollTargetName**：用于设置滚动条的目标名称，一般为要控制对象的实例名称。
- **visible**：用于控制UIScrollBar组件是否可见。

动手练 散文阅读动画

案例素材：本书实例/第9章/动手练/散文阅读动画

本案例以散文阅读动画的制作为例，介绍UIScrollBar组件的应用方法，案例中使用到的背景素材可以使用AIGC工具生成。具体操作过程如下。

步骤 01 新建400×400px的空白文档，按Ctrl+R组合键导入本章素材文件，调整大小和位置，如图9-51所示。修改“图层_1”名称为“背景”，锁定图层。

步骤 02 新建“文本”图层，使用绘图工具绘制图形，使用文本工具输入文本，如图9-52所示。

步骤 03 新建“内容”图层，选择文本工具，设置类型为动态文本，在图形上方绘制文本框并输入文本，如图9-53所示。

图 9-51

图 9-52

图 9-53

步骤 04 选中动态文本框，在“属性”面板中设置实例名称，如图9-54所示。

步骤 05 在“组件”面板中选中UIScrollBar组件，拖曳至文本框右侧，如图9-55所示。

步骤 06 选中组件，在“组件参数”面板中设置参数，如图9-56所示。

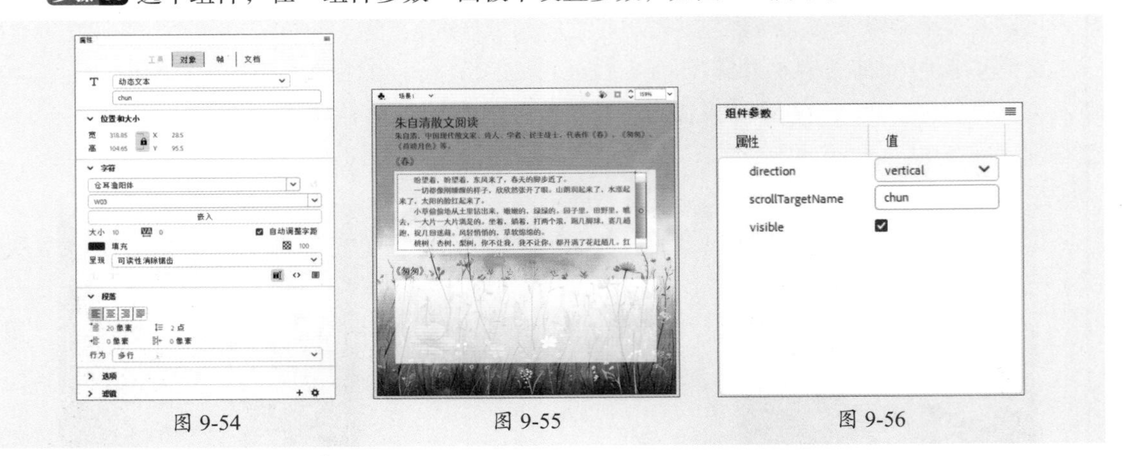

图 9-54　　图 9-55　　图 9-56

步骤 07 在下方图形中创建动态文本，并设置实例名称，如图9-57所示。

步骤 08 添加UIScrollBar组件，并设置参数，如图9-58所示。效果如图9-59所示。

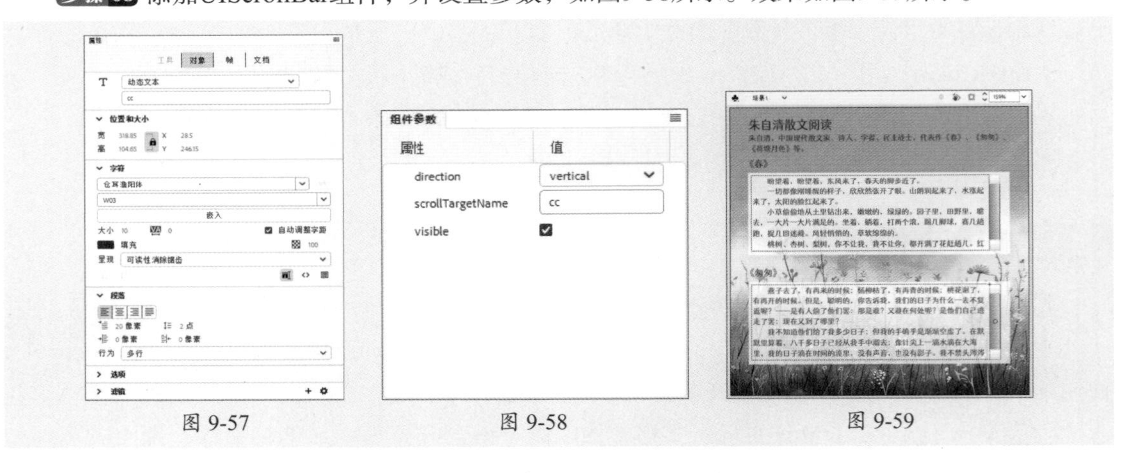

图 9-57　　图 9-58　　图 9-59

步骤 09 保存文件，按Ctrl+Enter组合键测试预览，可以拖动滚动条查看文章内容，如图9-60所示。

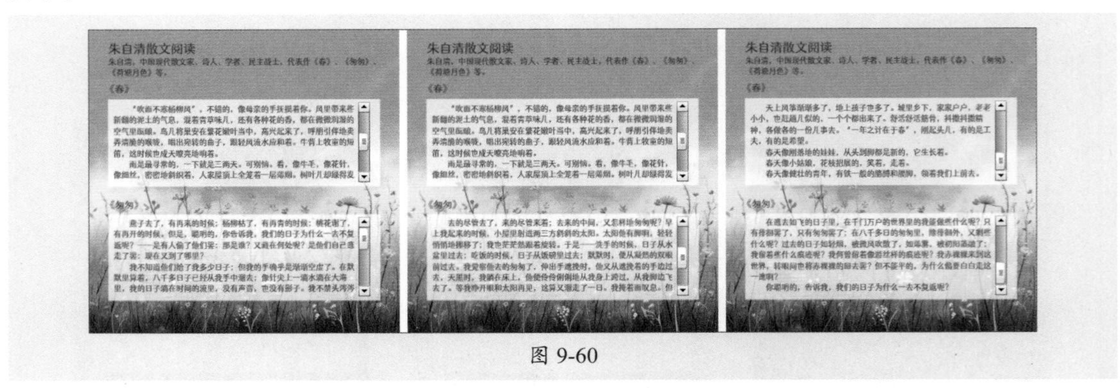

图 9-60

至此，完成散文阅读动画的制作。

9.7 案例实战：信息调查表交互动画

案例素材：本书实例/第9章/案例实战/信息调查表交互动画

本案例以信息调查表交互动画的制作为例，介绍不同组件的应用，案例中使用的代码可以使用AIGC工具检查整理，以确保能够顺利实现。具体操作过程如下。

步骤 01 新建400×400px的空白文档，按Ctrl+R组合键导入本章素材文件，调整大小和位置，设置舞台颜色与素材背景一致，如图9-61所示。修改“图层_1”名称为“背景”，锁定图层。新建“问答”图层，使用文本工具输入文本，如图9-62所示。

步骤 02 在两个图层的第2帧插入关键帧，调整“问答”图层中的内容，如图9-63所示。

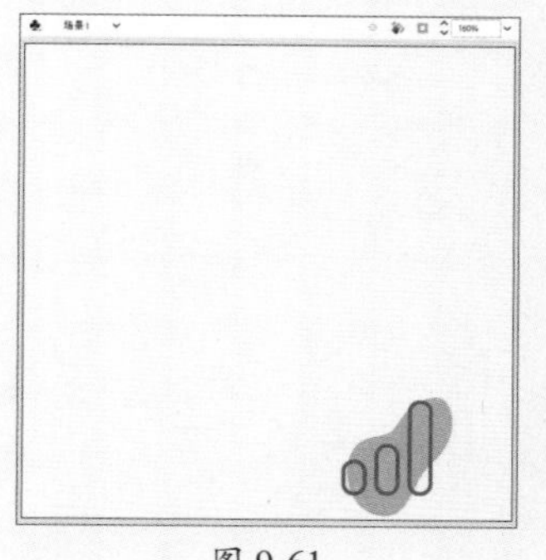

图 9-61

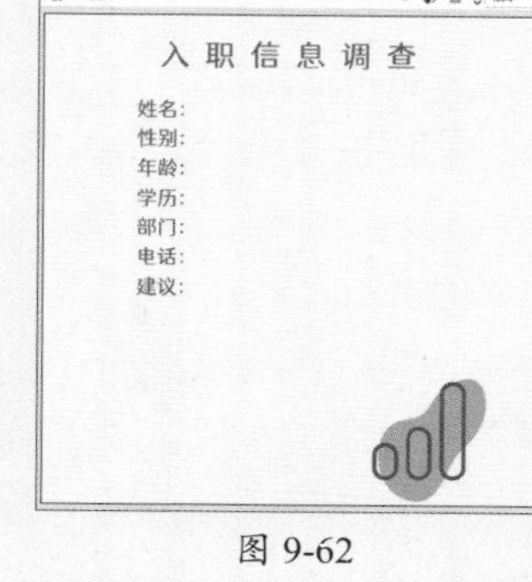

图 9-62

图 9-63

步骤 03 新建“组件”图层，选中第1帧，将“组件”面板中的TextInput组件拖曳至“姓名”文本右侧，如图9-64所示。选中添加的组件，在“属性”面板中设置实例名称为“_name”，在“组件参数”面板中设置参数，如图9-65、图9-66所示。

图 9-64

图 9-65

图 9-66

步骤 04 在“组件”面板中选择RadioButton组件，拖曳至“性别”文本右侧，重复一次，如图9-67所示。设置左侧RadioButton组件的实例名称为“_boy”，在“组件参数”面板中设置参数，如图9-68所示。

步骤 05 设置左侧RadioButton组件的实例名称为“_girl”，在“组件参数”面板中设置参数，如图9-69所示。效果如图9-70所示。

步骤 06 在“组件”面板中选择TextInput组件，拖曳至“年龄”文本右侧，如图9-71所示。

步骤 07 设置组件实例名称为“_age”，在“组件参数”面板中设置参数，限制其输入值，如图9-72所示。

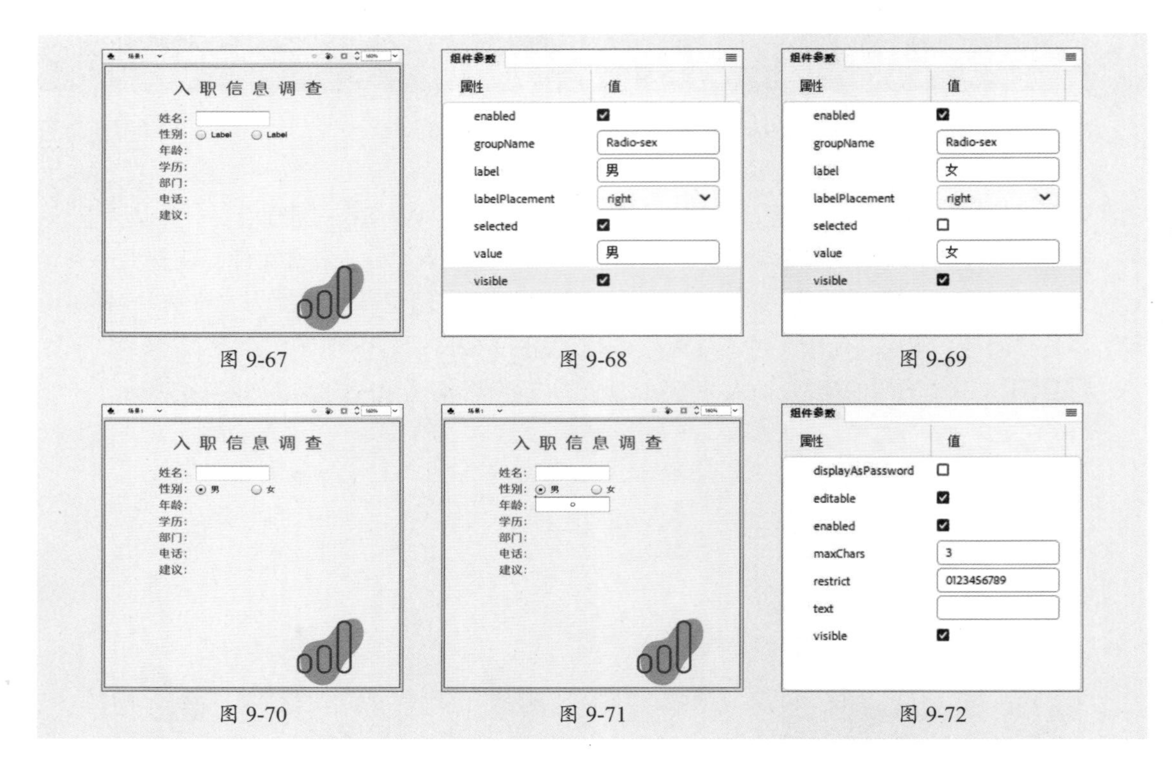

图 9-67 图 9-68 图 9-69

图 9-70 图 9-71 图 9-72

步骤08 在“组件”面板中选择ComboBox组件，拖曳至“学历”文本右侧，如图9-73所示。

步骤09 在“属性”面板中设置实例名称为“_xl”，在“组件参数”面板中单击✎按钮打开“值”对话框，添加值数据，如图9-74所示。

步骤10 完成后单击“确定”按钮，返回“组件参数”面板设置参数，如图9-75所示。

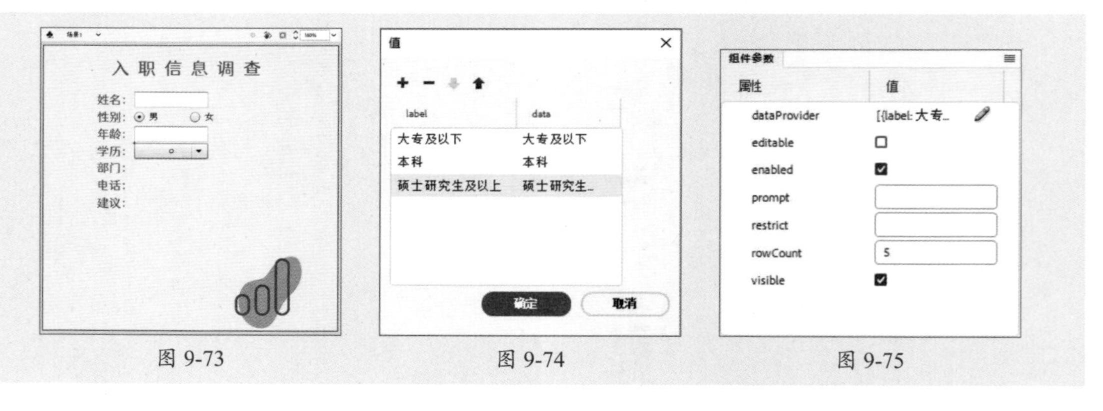

图 9-73 图 9-74 图 9-75

步骤11 使用相同的方法，在“部门”文本右侧添加ComboBox组件，设置实例名称为“_bm”，在“组件参数”面板中设置参数，如图9-76所示。

步骤12 单击✎按钮打开“值”对话框，添加值数据，如图9-77所示。完成后单击“确定”按钮。在“电话”文本左侧添加TextInput组件，设置实例名称为“_phone”，在“组件参数”面板中设置参数，如图9-78所示。

步骤13 在“建议”文本左侧添加TextArea组件，使用任意变形工具调整大小，如图9-79所示。

步骤14 设置TextArea组件的实例名称为“_jy”，在“组件参数”面板中设置参数，如图9-80所示。

步骤 15 在页面最下方添加Button组件，在“属性”面板中设置实例名称为“_tijiao”，在“组件参数”面板中设置参数，如图9-81所示。

图 9-76　图 9-77　图 9-78

图 9-79　图 9-80　图 9-81

步骤 16 在“组件”图层的第2帧插入空白关键帧，添加ScrollPane组件和Button组件，并调整大小，如图9-82所示。

步骤 17 选中舞台中的ScrollPane组件，设置其实例名为“_jieguo”。选择文本工具后在“属性”面板中设置类型为“输入文本”，在ScrollPane组件上绘制文本框，设置文本框实例名称为“_result”，并设置字体、字号等参数，如图9-83所示。选中Button组件，设置实例名称为“_back”，在“组件参数”面板中设置参数，如图9-84所示。

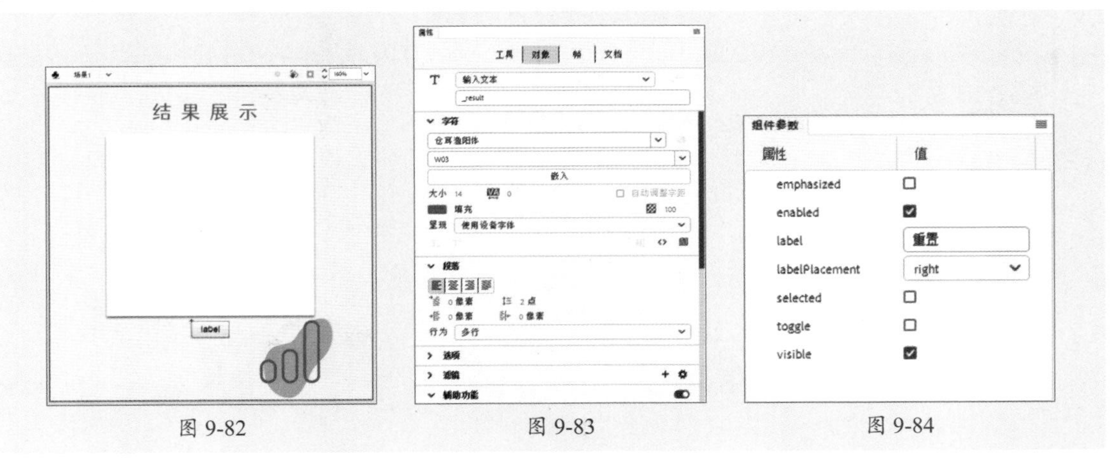

图 9-82　图 9-83　图 9-84

步骤 18 新建“动作”图层，选中第1帧，按F9键打开“动作”面板，输入以下代码：

```
stop();

var temp:String = "";

function _tijiaoclickHandler(event:MouseEvent):void {
    temp = "姓名：" + _name.text + "\r\r性别：";

    if (_girl.selected) {
        temp += _girl.value;
    } else if (_boy.selected) {
        temp += _boy.value;
    }

    temp += "\r\r年龄：" + _age.text +
            "\r\r学历：" + _xl.selectedItem.data +
            "\r\r部门：" + _bm.selectedItem.data +
            "\r\r电话：" + _phone.text +
            "\r\r建议：" + _jy.text;

    this.gotoAndStop(2);

    _result.text = temp;
}

_tijiao.addEventListener(MouseEvent.CLICK, _tijiaoclickHandler);
```

步骤19 选中第2帧插入空白关键帧，输入以下代码：

```
_result.text = temp;
stop();
function _backclickHandler(event:MouseEvent):void
{
    gotoAndStop(1);
}
_back.addEventListener(MouseEvent.CLICK, _backclickHandler);
```

步骤20 保存文件，按Ctrl+Enter组合键测试预览，如图9-85所示。

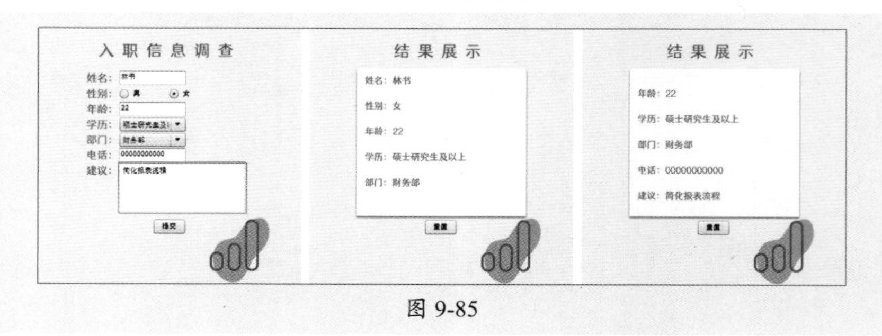

图 9-85

至此，完成入职信息调查表交互动画的制作。

9.8 拓展练习

练习1　知识问卷交互动画

案例素材：本书实例/第9章/拓展练习/知识问卷交互动画

下面练习使用文本工具及组件制作知识问卷交互动画。

制作思路

新建文档，导入本章素材文件，使用文本工具输入问题，如图9-86所示。添加RadioButton组件，制作单选题效果，如图9-87所示。测试预览效果，可以对选项进行选择，如图9-88所示。

图 9-86

图 9-87

图 9-88

练习2　用户调查交互动画

案例素材：本书实例/第9章/拓展练习/用户调查交互动画

下面练习使用文本工具、RadioButton组件、TextInput组件、ComboBox组件制作用户调查交互动画。

制作思路

新建文档，置入本章素材文件，使用文本工具输入文本，如图9-89所示。添加不同的组件，并进行设置，效果如图9-90所示。测试预览效果，可以填写调查表，如图9-91所示。

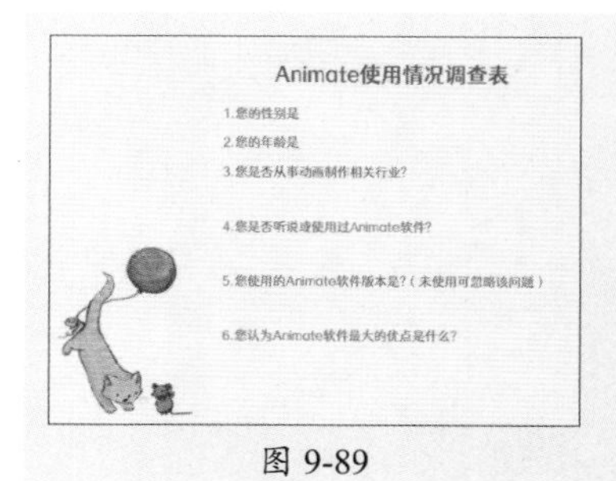

图 9-89

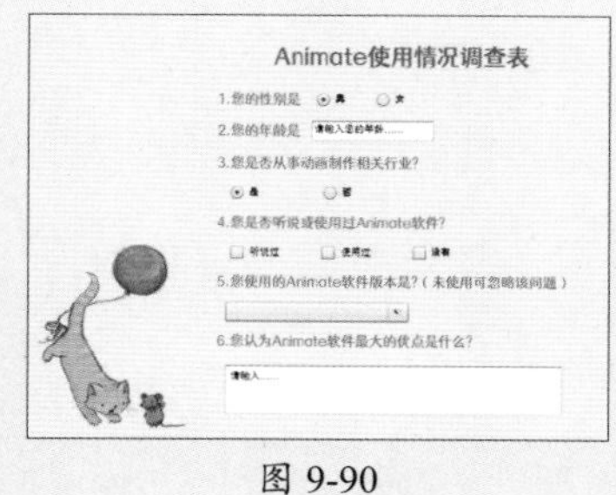

图 9-90

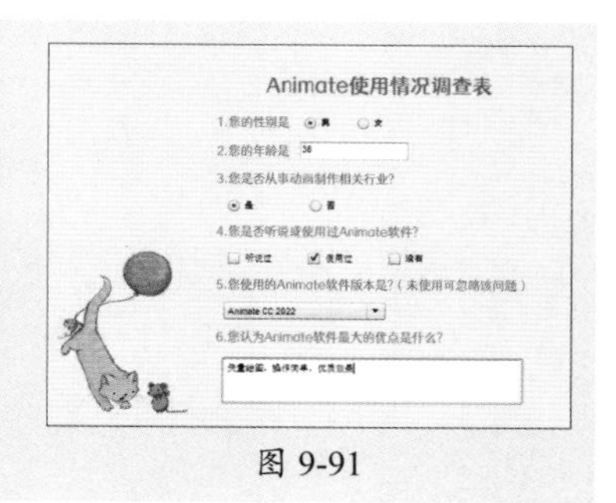

图 9-91

第10章 动画发布：输出与发布技能体验

本章概述

输出与发布是动画制作的关键环节，它们确保动画能够以适当的格式进行分享和观看。本章对动画的输出与发布知识进行介绍，包括测试动画、优化动画、发布动画以及导出动画。读者学习并掌握这些知识，能有效地将动画作品呈现给观众，确保其在各平台流畅播放，从而提升作品的影响力和可观性。

要点难点

- 测试动画
- 优化动画
- 发布动画
- 导出动画

10.1 测试动画

在制作动画的过程中，用户可以随时测试、预览动画效果，以便及时进行调整。下面对测试动画的操作进行介绍。

10.1.1 在测试环境中测试

Animate提供专门的动画测试环境，从中可以更直观地查看动画效果，以便更精准地评估动画、动作脚本或其他重要的动画元素是否达到设计要求。在测试环境中测试的优点是可以完整地测试动画，但是该方式只能完整地播放测试，不能单独选择某一段进行测试。

执行“控制”|“测试”命令或按Ctrl+Enter组合键，可以打开测试环境测试动画，如图10-1所示。

图 10-1

10.1.2 在编辑模式中测试

若想简单地测试动画效果，可以直接在编辑模式中进行。移动时间线至第1帧，执行“控制”|“播放”命令或按Enter键，即可进行测试，如图10-2所示。

图 10-2

编辑模式中可以测试以下4种内容。

- **按钮状态：** 可以测试按钮在弹起、按下、触摸和单击状态下的外观。
- **主时间轴上的声音：** 播放时间轴时，可以试听放置在主时间轴上的声音（包括与舞台动画同步的声音）。
- **主时间轴上的帧动作：** 任何附着在帧或按钮上的goto、play和stop动作都将在主时间轴上起作用。
- **主时间轴中的动画：** 主时间轴上的动画（包括形状和动画过渡）起作用。这里说的是主时间轴，不包括影片剪辑或按钮元件所对应的时间轴。

编辑模式中不可以测试以下4种内容。

- **影片剪辑：** 影片剪辑中的声音、动画和动作将不可见或不起作用。只有影片剪辑的第1帧才会出现在编辑环境中。
- **动作：** 用户无法测试交互作用、鼠标事件或依赖其他动作的功能。
- **动画速度：** Animate编辑环境中的重放速度比最终优化和导出的动画慢。
- **下载性能：** 用户无法在编辑环境中测试动画在Web上的流动或下载性能。

与在测试环境中测试相比，在编辑环境中测试具有方便快捷的优点，用户可以针对某一段动画进行单独测试。但是该方式测试的内容有限，不能全面地测试所有内容。

10.2 优化动画

优化动画可减少其占据的存储空间，使后续的下载或播放更加流畅。下面对优化动画的操作进行介绍。

10.2.1 优化元素和线条

优化元素和线条时需要注意以下4点。

- 组合元素。
- 使用图层将动画过程中发生变化的元素与保持不变的元素分离。
- 执行“修改”|“形状”|“优化”命令，将用于描述形状的分隔线数量降至最少。
- 限制特殊线条类型的数量，如虚线、点线、锯齿线等。实线占用的内存较少。用铅笔工具创建的线条比用刷子笔触创建的线条占用的内存更少。

10.2.2 优化文本

优化文本时需要注意以下两点。

- 限制字体和字体样式的使用，过多地使用字体或字体样式，不但会增大文件的大小，而且不利于作品风格的统一。
- 在嵌入字体选项中，选择嵌入所需的字符，而不要选择嵌入整个字体。

10.2.3 优化动画

优化动画时需要注意以下6点。

- 对于每个多次出现的元素，将其转换为元件，然后在文档中调用该元件的实例，这样在网上浏览时下载的数据就会变少。
- 创建动画序列时，尽可能使用补间动画。补间动画所占用的文件空间要小于逐帧动画，动画帧数越多差别越明显。
- 对于动画序列，使用影片剪辑而不是图形元件。
- 限制每个关键帧中的改变区域。在尽可能小的区域内执行动作。
- 避免使用动画式的位图元素。使用位图图像作为背景或者使用静态元素。
- 尽可能使用MP3这种占用空间较小的声音格式。

10.2.4 优化色彩

优化色彩时需要注意以下4点。

- 在创建实例的各种颜色效果时，应多使用实例的“颜色样式”功能。
- 使用“颜色”面板，使文档的调色板与浏览器特定的调色板相匹配。
- 在对作品影响不大的情况下，减少渐变色的使用，以单色代之。使用渐变色填充区域比使用纯色填充区域大概多需要50字节。
- 尽量少用Alpha透明度，它会减慢播放速度。

10.3 发布动画

发布可以将Animate创作的内容转换为可供分享交流的其他格式。本节对常用的发布动画设置进行介绍。

10.3.1 发布为Animate文件

执行“文件”|“发布设置”命令，或单击“属性”面板中“发布设置”选项卡中的“更多设置”按钮[更多设置]，打开“发布设置”对话框，切换至“Flash（.swf）”选项卡，如图10-3所示。

图 10-3

“Flash（.swf）”选项卡中部分选项如下。

- **目标：** 用于设置播放器版本，默认为Flash Player 32。
- **脚本：** 用于设置ActionScript版本。Animate仅支持设置为ActionScript 3.0。
- **输出名称：** 用于设置文档输出名称。
- **选择发布目标**[📁]**：** 单击该按钮将打开“选择发布目标”对话框，设置发布目标的名称及位置。
- **JPEG品质：** 用于控制位图压缩。图像品质越低，生成的文件越小；图像品质越高，生成的文件越大。值为100时图像品质最佳，压缩比最小。

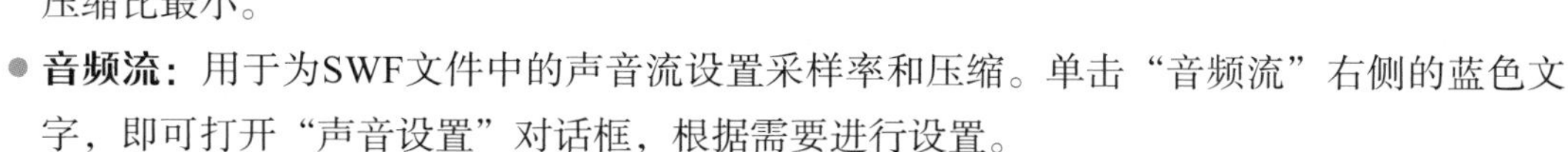

- **音频流：** 用于为SWF文件中的声音流设置采样率和压缩。单击“音频流”右侧的蓝色文字，即可打开“声音设置”对话框，根据需要进行设置。
- **音频事件：** 用于为SWF文件中的事件声音设置采样率和压缩。单击“音频事件”右侧的蓝色文字，即可打开“声音设置”对话框，根据需要进行设置。
- **覆盖声音设置：** 勾选该复选框后，将覆盖在“属性”面板的“声音”部分为个别声音指定的设置。
- **压缩影片：** 该复选框默认为勾选状态。用于压缩SWF文件，以减小文件大小和缩短下载时间。当文件包含大量文本或ActionScript时，勾选此复选框十分有益。经过压缩的文件只能在Flash Player 6或更高版本中播放。

- **包括隐藏图层：** 该复选框默认为勾选状态。用于导出Animate文档中所有隐藏的图层。取消勾选“包括隐藏图层”复选框将阻止把生成的SWF文件中标记为隐藏的所有图层（包括嵌套在动画剪辑内的图层）导出。这样，用户可以通过使图层不可见的方式轻松测试不同版本的Animate文档。
- **生成大小报告：** 勾选该复选框后，将生成一份报告，按文件列出最终Animate内容中的数据量。
- **省略trace语句：** 勾选该复选框后，可使Animate忽略当前SWF文件中的ActionScript trace语句。若勾选该复选框，trace语句的信息将不会显示在“输出”面板中。
- **允许调试：** 勾选该复选框后，将激活调试器并允许远程调试Animate SWF文件。可让用户使用密码来保护SWF文件。
- **防止导入：** 勾选该复选框后，将防止其他人导入SWF文件并将其转换回FLA文档。可使用密码来保护Animate SWF文件。
- **脚本时间限制：** 用于设置脚本在SWF文件中执行时可占用的最大时间量。在“脚本时间限制”中输入一个数值，Flash Player将取消执行超出此限制的任何脚本。
- **本地播放安全性：** 用于选择要使用的Animate安全模型。指定是授予已发布的SWF文件本地安全性访问权，还是网络安全性访问权。“只访问本地文件”可使已发布的SWF文件与本地系统上的文件和资源交互，但不能与网络上的文件和资源交互。“只访问网络”可使已发布的SWF文件与网络上的文件和资源交互，但不能与本地系统上的文件和资源交互。
- **硬件加速：** 若要使SWF文件能够使用硬件加速，可以从“硬件加速”下拉列表中选择下列选项之一。第1级–直接：“直接”模式通过允许Flash Player在屏幕上直接绘制，而不是让浏览器进行绘制，从而改善播放性能。第2级–GPU：在GPU模式中，Flash Player利用图形卡的可用计算能力执行视频播放，并对图层化图形进行复合。根据用户的图形硬件的不同，将提供更高一级的性能优势。

如果播放系统的硬件能力不足以启用加速，则Flash Player会自动恢复为正常绘制模式。若要使包含多个SWF文件的网页发挥最佳性能，只对其中一个SWF文件启用硬件加速。在测试动画模式下不使用硬件加速。在发布SWF文件时，嵌入该文件的HTML文件包含一个wmode HTML参数。选择第1级或第2级硬件加速会将wmode HTML参数分别设置为“direct”或“gpu”。打开硬件加速会覆盖在“发布设置”对话框的“HTML”选项卡中选择的“窗口模式”设置，因为该设置也存储在HTML文件中的wmode参数中。

10.3.2 发布为HTML文件

在Web浏览器中播放Animate内容需要一个能激活SWF文件并指定浏览器设置的HTML文档。“发布”命令会根据模板文档中的HTML参数自动生成此文档。模板文档可以是包含适当模板变量的任意文本文件，包括纯HTML文件、含有特殊解释程序代码的文件，或是Animate附带的模板。

执行“文件”|“发布设置”命令，打开“发布设置”对话框，单击“其他格式”选项中的

“HTML包装器”选项卡，如图10-4所示。用户可以在该选项卡中更改内容出现在窗口中的位置、背景颜色、SWF文件大小等参数。

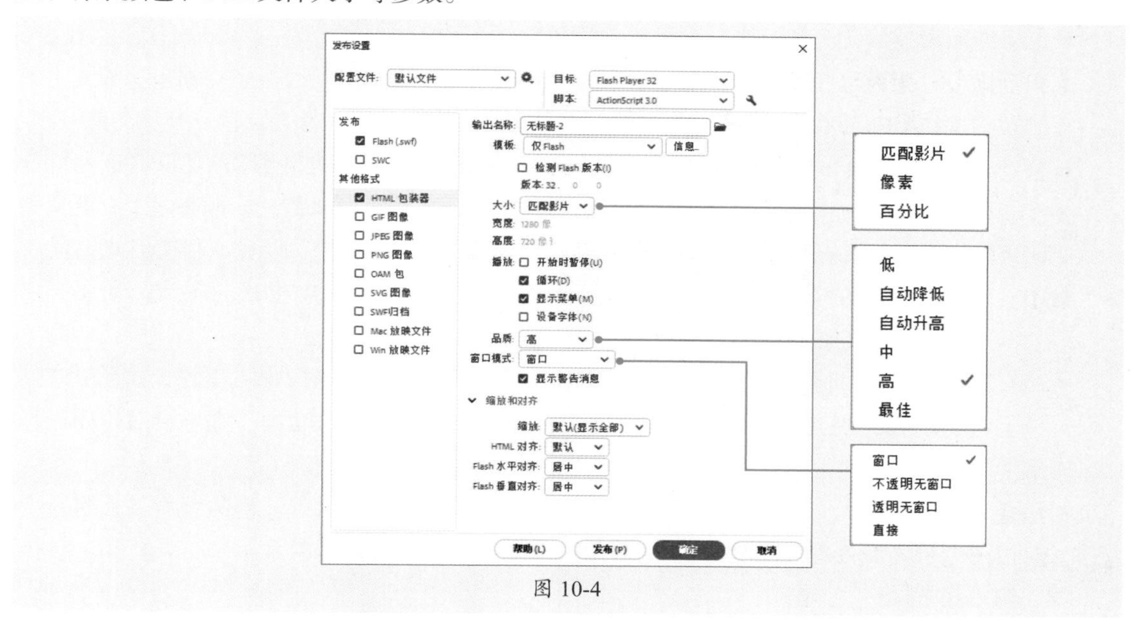

图 10-4

“HTML包装器”选项卡中部分选项如下。

（1）大小

“大小”下拉列表中的选项可以设置HTML object和embed标签中的宽和高属性值。

- **匹配影片：** 使用SWF文件的大小。
- **像素：** 输入宽度和高度的像素数量。
- **百分比：** SWF 文件占据浏览器窗口指定百分比的面积。输入要使用的宽度百分比和高度百分比。

（2）播放

“播放”选项组可以控制SWF文件的播放和功能。

- **开始时暂停：** 勾选该复选框后，会一直暂停播放SWF文件，直到用户单击“播放”按钮或从菜单中选择“播放”选项后才开始播放。默认不勾选此复选框，即加载内容后就立即开始播放（play参数设置为true）。
- **循环：** 该复选框默认处于勾选状态。勾选后，内容到达最后一帧后再重复播放。取消勾选此复选框会使内容在到达最后一帧时停止播放。
- **显示菜单：** 该复选框默认处于勾选状态。右击（Windows操作系统）或按住Control并单击（Macintosh操作系统）SWF文件时，会显示一个快捷菜单。若要在快捷菜单中只显示“关于Animate”选项，则取消勾选此复选框。默认情况下，会勾选此复选框（menu参数设置为true）。
- **设备字体：** 勾选该复选框后，会用消除锯齿（边缘平滑）的系统字体替换用户系统上未安装的字体。使用设备字体可使小号字体清晰易辨，并能减小SWF文件的大小。此复选框只影响那些包含静态文本（创作SWF文件时创建且在内容显示时不会发生更改的文本）且文本设置为用设备字体显示的SWF文件。

（3）品质

“品质”下拉列表中的选项用于确定时间和外观之间的平衡点。

- **低：**使回放速度优先于外观，并且不使用消除锯齿功能。
- **自动降低：**优先考虑速度，但是也会尽可能改善外观。回放开始时，消除锯齿功能处于关闭状态。如果Flash Player检测到处理器可以处理消除锯齿功能，就会自动打开该功能。
- **自动升高：**在开始时是回放速度和外观两者并重，但在必要时会牺牲外观以保证回放速度。回放开始时，消除锯齿功能处于打开状态。如果实际帧频降到指定帧频之下，就会关闭消除锯齿功能以提高回放速度。若要模拟“视图”|“消除锯齿”设置，则使用此设置。
- **中：**会应用一些消除锯齿功能，但并不会平滑位图。“中”选项生成的图像品质要高于“低”设置生成的图像品质，但低于“高”设置生成的图像品质。
- **高：**默认品质为“高”。使外观优先于回放速度，并始终使用消除锯齿功能。如果SWF文件不包含动画，则会对位图进行平滑处理；如果SWF文件包含动画，则不会对位图进行平滑处理。
- **最佳：**提供最佳的显示品质，而不考虑回放速度。所有的输出都已消除锯齿，而且始终对位图进行光滑处理。

（4）窗口模式

“窗口模式”下拉列表中的选项用于控制object和embed标记中的HTML wmode属性。

- **窗口：**默认情况下，不会在object和embed标签中嵌入任何窗口相关的属性。内容的背景不透明并使用HTML背景颜色。HTML代码无法呈现在Animate内容的上方或下方。
- **不透明无窗口：**将Animate内容的背景设置为不透明，并遮蔽该内容下面的所有内容。使HTML内容显示在该内容的上方或上面。
- **透明无窗口：**将Animate内容的背景设置为透明，使HTML内容显示在该内容的上方和下方。
- **直接：**当使用直接模式时，在 HTML 页面中，无法将其他非 SWF 图形放置在 SWF 文件的上面。

（5）缩放

“缩放”下拉列表中的选项用于在已更改文档原始宽度和高度的情况下将内容放到指定的边界内。

- **默认（显示全部）：**在指定的区域显示整个文档，并且保持SWF文件的原始高宽比，而不发生扭曲。应用程序的两侧可能会显示边框。
- **无边框：**对文档进行缩放以填充指定的区域，并保持SWF文件的原始高宽比，同时不会发生扭曲，并根据需要裁剪SWF文件边缘。
- **精确匹配：**在指定区域显示整个文档，但不保持原始高宽比，因此可能会发生扭曲。
- **无缩放：**禁止文档在调整Flash Player窗口大小时进行缩放。

（6）HTML对齐

“HTML对齐”下拉列表中的选项用于在浏览器窗口中定位SWF文件窗口。

- **默认：**使内容在浏览器窗口内居中显示，如果浏览器窗口小于应用程序，则会裁剪边缘。
- **左、右、顶部或底部：**将SWF文件与浏览器窗口的相应边缘对齐，并根据需要裁剪其余的三边。

10.3.3 发布为EXE文件

将动画发布为EXE文件可以使动画在没有安装Animate应用程序的计算机上播放。选择“发布设置”对话框中的“Win放映文件”选项卡，单击“输出名称”选项右侧的“选择发布目标”按钮，打开“选择发布目标”对话框，选择合适的位置与名称，如图10-5所示。完成后单击“保存”按钮切换至“发布设置”对话框，单击“发布”按钮进行发布，或单击“确定”按钮完成设置。最后执行“文件”|“发布”命令即可。

若要发布为Mac计算机使用的可执行格式，可以选择“Mac放映文件”选项卡进行设置。

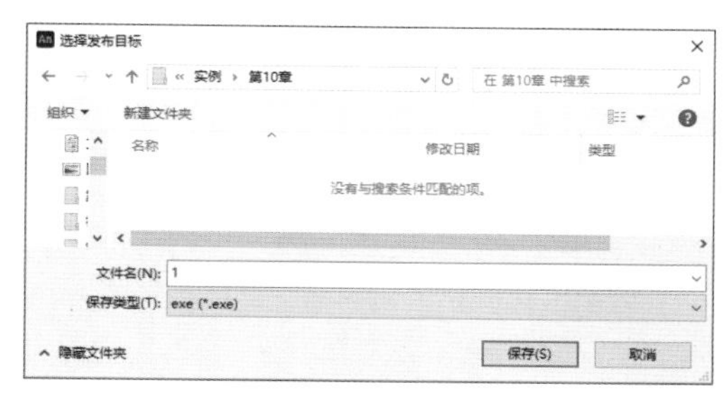

图 10-5

动手练 云雾效果动画

案例素材：本书实例/第10章/动手练/云雾效果动画

本案例以云雾效果动画的制作与发布为例，介绍发布动画的方法，案例中使用到的背景素材可以使用AIGC工具生成。具体操作过程如下。

步骤 01 新建1280×853px的空白文档，按Ctrl+R组合键导入本章素材文件，如图10-6所示。修改“图层_1”名称为“背景”，在第300帧按F5键插入普通帧。

步骤 02 新建“云雾”图层，在第1帧导入素材，调整高度与舞台一致，与舞台左对齐，如图10-7所示。选中“云雾”素材，按F8键将其转换为图形元件“云雾”，如图10-8所示。

图 10-6

图 10-7

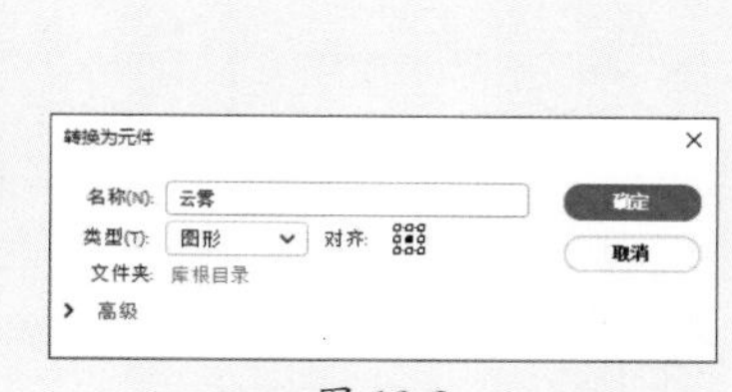

图 10-8

步骤 03 设置元件实例的Alpha值为80%，如图10-9所示。效果如图10-10所示。

步骤 04 在“云雾”图层的第300帧插入关键帧，移动“云雾”实例与舞台右对齐，如图10-11所示。

图 10-9

图 10-10

图 10-11

步骤05 在“云雾”图层的第1～300帧创建传统补间动画，如图10-12所示。

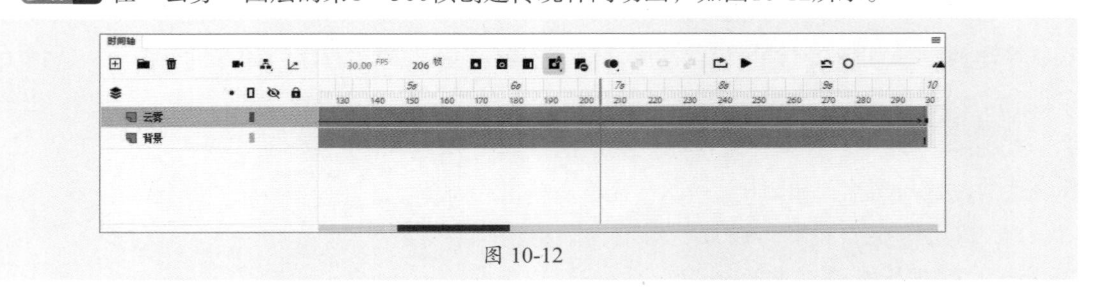

图 10-12

步骤06 选中“云雾”图层，右击，在弹出的快捷菜单中执行“复制图层”命令复制图层，如图10-13所示。

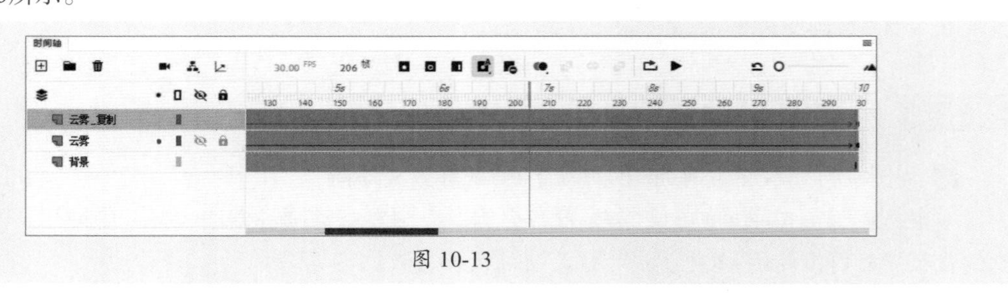

图 10-13

步骤07 选中复制图层的第1帧，选中舞台中的实例，设置Alpha值为0%，如图10-14所示。效果如图10-15所示。

步骤08 选中复制图层的第300帧，选中舞台中的实例，设置Alpha值为60%，使用任意变形工具放大，保持与舞台右对齐，如图10-16所示。

图 10-14　　图 10-15　　图 10-16

步骤09 新建“动作”图层，在第300帧插入空白关键帧，按F9键打开“动作”面板，输入以下代码：

```
stop();
```

步骤10 保存文件，按Ctrl+Enter组合键测试预览，如图10-17所示。

步骤11 执行“文件”|“发布设置”命令，打开“发布设置”对话框，选择“Flash（.swf）”选项卡，设置参数，如图10-18所示。

步骤12 单击“选择发布目标”按钮，打开“选择发布目标”对话框，设置参数，如图10-19所示。

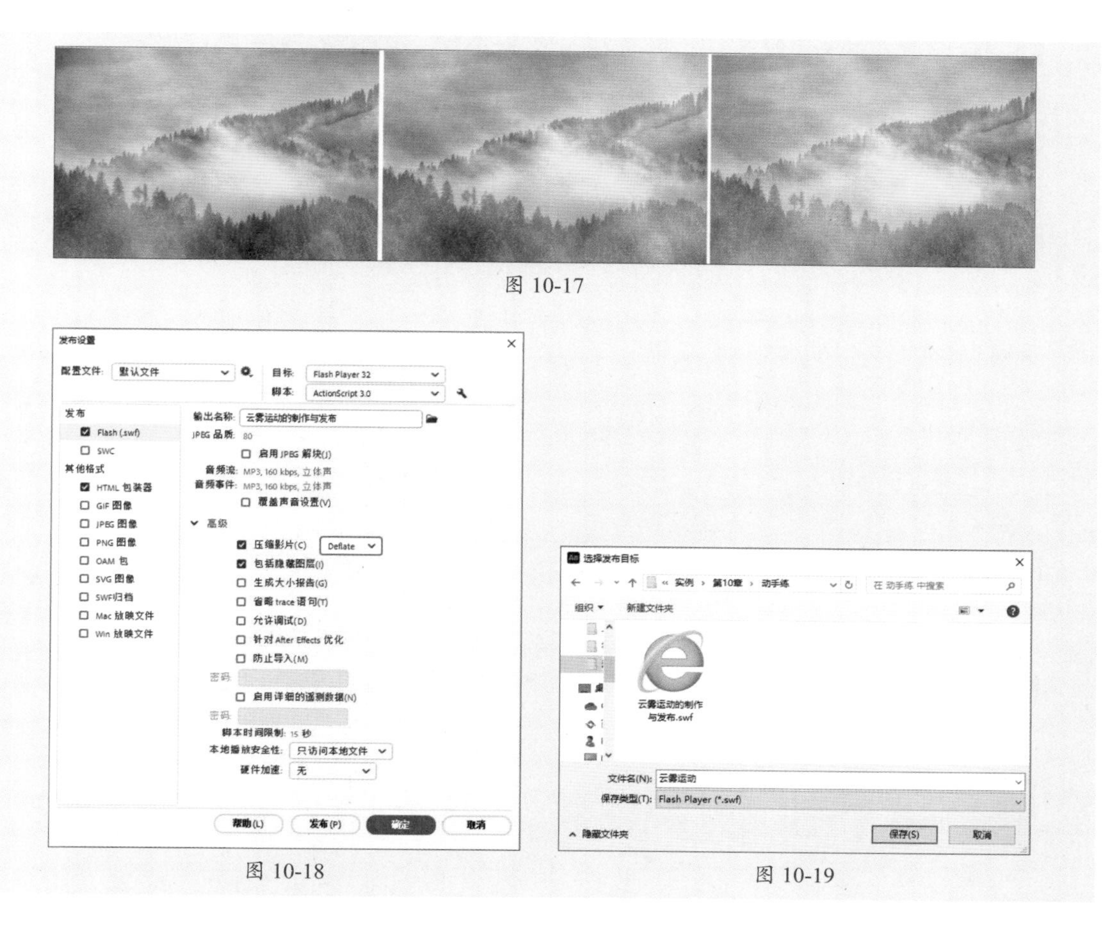

图 10-17

图 10-18

图 10-19

步骤 13 完成后单击“保存”按钮。返回“发布设置”对话框，选择“HTML包装器”选项卡，设置参数，如图10-20所示。

步骤 14 单击“选择发布目标”按钮，打开“选择发布目标”对话框，设置参数，如图10-21所示。

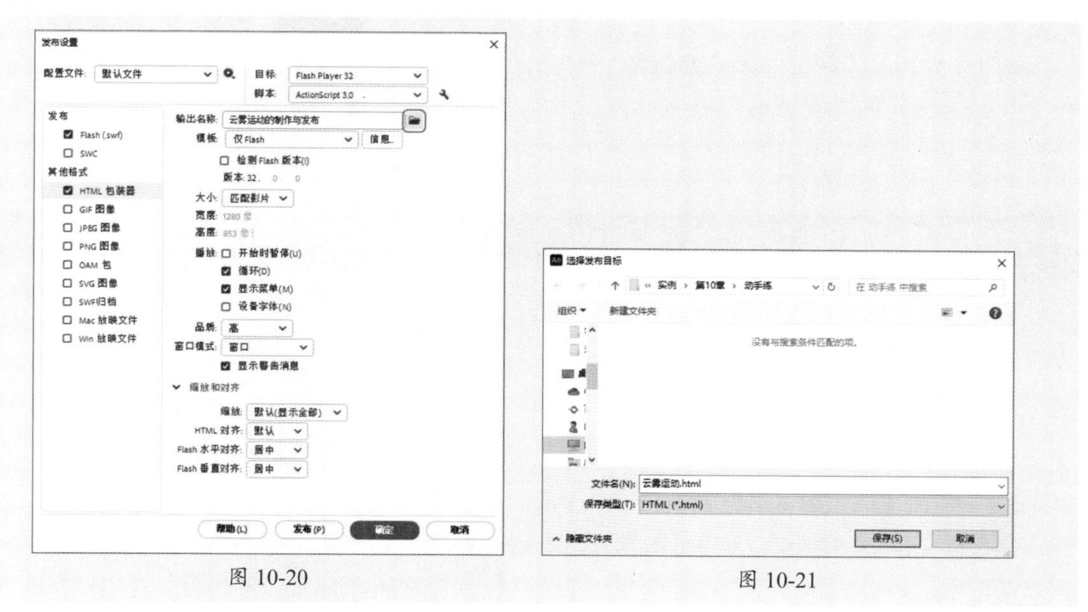

图 10-20

图 10-21

步骤15 完成后单击“保存”按钮。返回“发布设置”对话框，选择“Mac放映文件”选项卡。单击“选择发布目标”按钮，打开“选择发布目标”对话框，设置参数，如图10-22所示。

步骤16 完成后单击“保存”按钮。返回“发布设置”对话框，选择“Win放映文件”选项卡。单击“选择发布目标”按钮，打开“选择发布目标”对话框，设置参数，如图10-23所示。

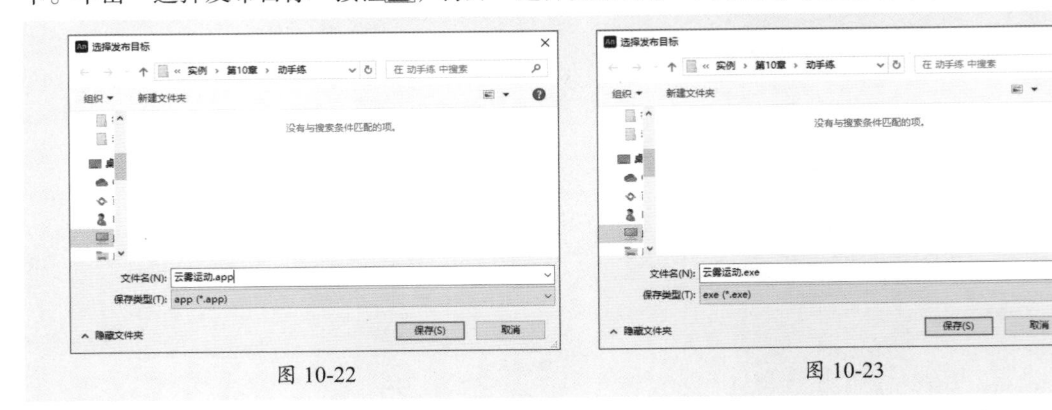

图 10-22　　图 10-23

步骤17 完成后单击“保存”按钮。返回“发布设置”对话框，如图10-24所示。

步骤18 单击“发布”按钮，在设置的文档中可以查看发布的内容，如图10-25所示。

至此，完成云雾效果动画的制作与发布。

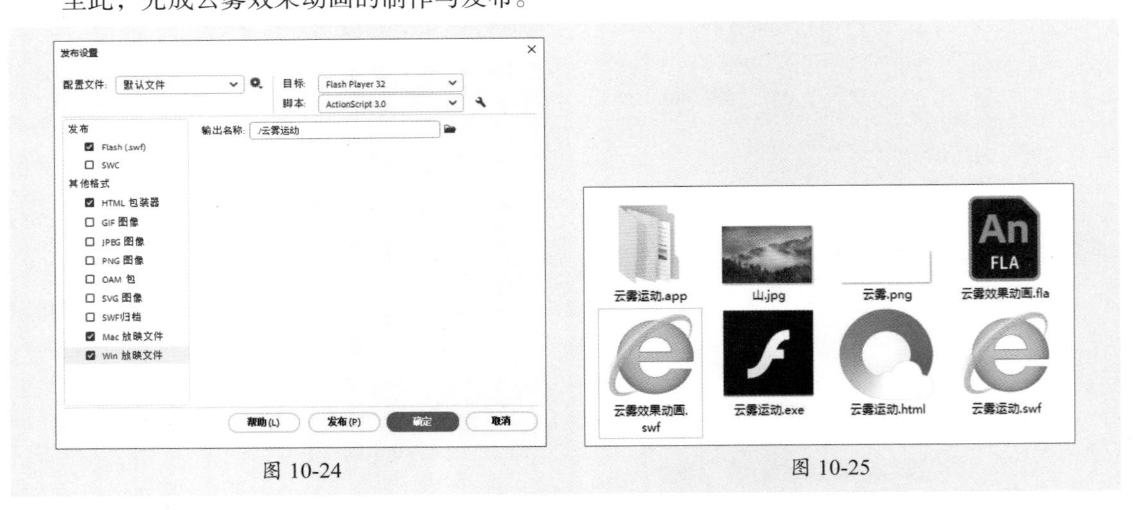

图 10-24　　图 10-25

10.4 导出动画

动画制作完成后，可以将其导出为不同的格式，如图像、影片、动画GIF等，以适配不同的平台。下面对导出动画的操作进行介绍。

1. 导出图像

软件中包括“导出图像”和“导出图像（旧版）”两个导出图像的命令，其中“导出图像（旧版）”命令主要是为了适配旧版格式。下面对两个命令进行介绍。

执行“文件”|“导出”|“导出图像”命令，打开“导出图像”对话框，如图10-26所示。在该对话框中选择合适的格式，进行设置后单击“保存”按钮。打开“另存为”对话框，在该对

话框中设置参数后单击“保存”按钮导出图像。

“导出图像（旧版）”命令可以直接打开“导出图像（旧版）”对话框保存文件。执行“文件”|“导出”|“导出图像（旧版）”命令，打开“导出图像（旧版）”对话框，如图10-27所示。选择合适的保存位置、名称及保存类型后单击“保存”按钮导出图像。

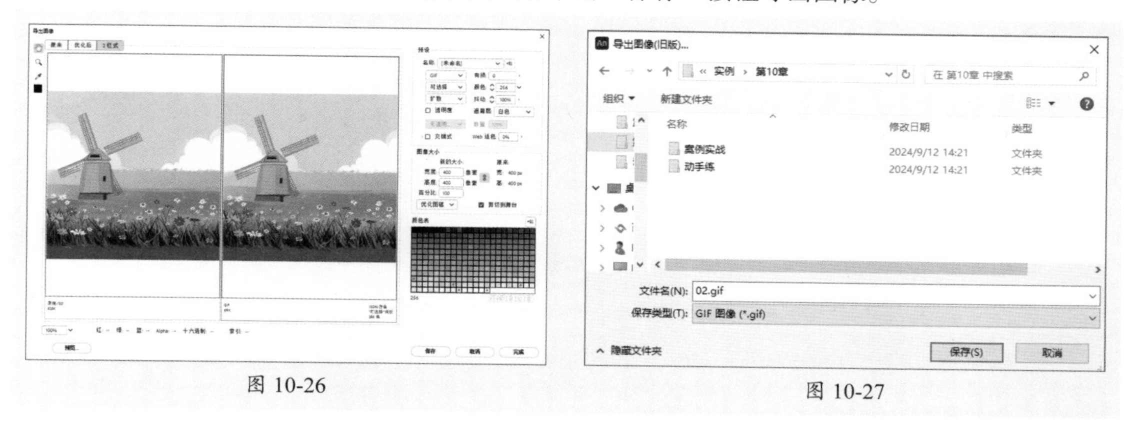

图 10-26　　图 10-27

将Animate文档导出为位图格式时，图像会丢失其矢量信息，仅保存像素信息，用户可以在图像编辑软件中编辑图像，但不能进行矢量编辑。

2. 导出影片

“导出影片”命令可以将动画导出为包含画面、动作和声音等全部内容的动画文件。执行“文件”|“导出”|“导出影片”命令，打开“导出影片”对话框，选择“SWF影片”格式保存即可，如图10-28所示。

3. 导出动画 GIF

“导出动画GIF”命令可以导出GIF动画。执行“文件”|“导出”|“导出动画GIF”命令，打开“导出动画”对话框，设置参数后单击“保存”按钮即可。

4. 导出视频

执行“文件”|“导出”|“导出视频/媒体”命令，打开“导出媒体”对话框进行设置，如图10-29所示，可以导出其他视频格式的动画。

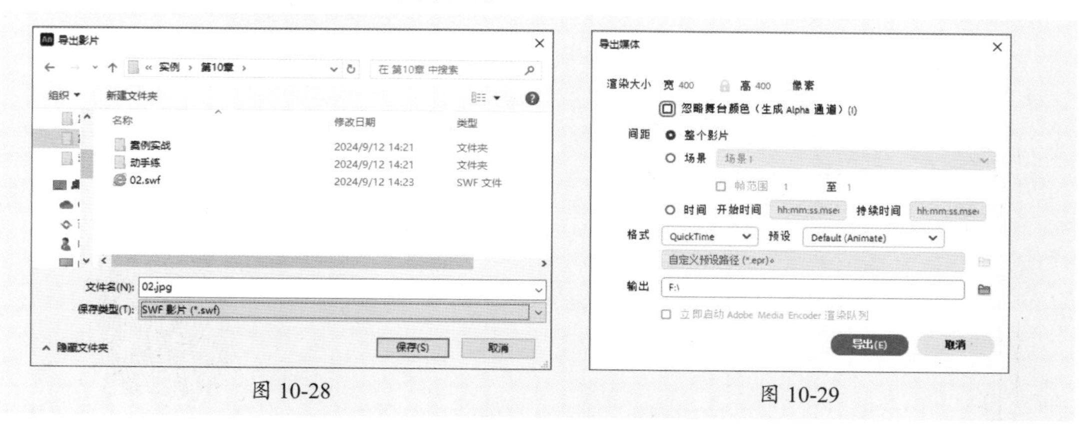

图 10-28　　图 10-29

提示 保存文件后，按Ctrl+Enter组合键测试影片，将自动导出SWF格式文件。

10.5 案例实战：趣味扫码动画

案例素材：本书实例/第10章/案例实战/趣味扫码动画

本案例以趣味扫码动画的发布与导出为例，介绍动画输出与发布的方法，制作过程中使用AIGC工具提炼常用扫码动画效果，再筛选制作，关键字及生成内容如下。

关键字：常见的扫码动画效果

生成内容：以下是常见的扫码动画效果。

- 闪烁效果：二维码快速闪烁，吸引注意。通过调整透明度或颜色实现。
- 擦除效果：模拟扫码过程，逐渐显示二维码。使用遮罩层从一侧擦除。
- 飞入效果：元素从屏幕边缘飞入，增强视觉冲击。使用补间动画。
- 缩放效果：二维码在扫描前后缩放，强调重要性。调整大小实现。
- 旋转效果：二维码轻微旋转，增加趣味性。设置旋转角度。
- 移动效果：扫码手势从一侧滑动到二维码上方，模拟扫码动作。
- 渐变效果：二维码颜色渐变，增强视觉效果。逐渐改变颜色。
- 抖动效果：二维码轻微抖动，模拟扫码动作。微调位置实现。
- 波浪效果：二维码呈现波浪形状，增加动态感。形状变换实现。
- 烟雾或粒子效果：二维码周围出现烟雾或粒子，增加神秘感。
- 音效结合：扫码时播放音效，增强互动体验。
- 提示文本：扫码时显示提示文本，指导用户操作。
- 完成动画：扫码成功后，二维码周围出现庆祝效果，如星星、气泡等。

总结

这些动画效果可以单独或组合使用，以提升扫码体验和用户参与感。

具体操作过程如下。

步骤 01 新建400×400px的空白文档，使用基本矩形工具绘制一个无填充、笔触为黑色、粗细为4的圆角矩形，如图10-30所示。

步骤 02 选中绘制的圆角矩形，按Ctrl+B组合键打散，删除每个边的中间部位，如图10-31所示。修改“图层_1”名称为“边框”，锁定图层。新建图层并重命名为“指纹”，按Ctrl+R组合键导入本章素材文件，调整合适大小与位置，如图10-32所示。

图 10-30

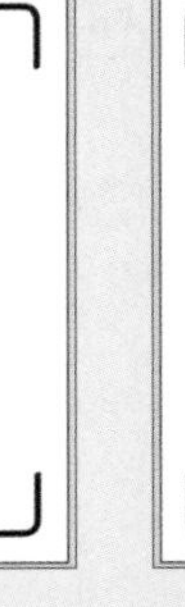

图 10-31

图 10-32

步骤 03 选中导入的素材文件，按F8键将其转换为图形元件，如图10-33所示。

步骤 04 选中“指纹”图层，右击，在弹出的快捷菜单中执行“复制图层”命令复制图层。选中舞台中的实例，在“属性”面板中设置“色调”为蓝色，如图10-34所示。效果如图10-35所示。

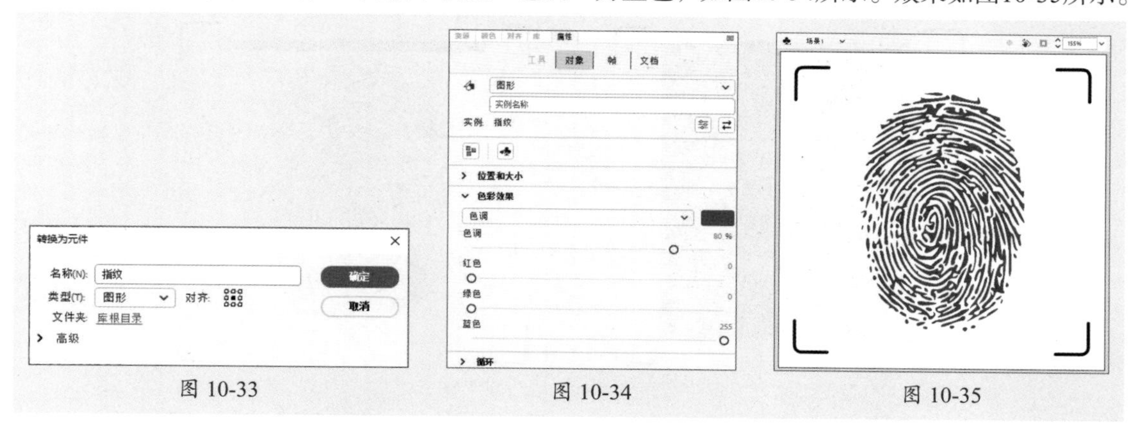

图 10-33　　图 10-34　　图 10-35

步骤 05 新建“遮罩”图层，使用矩形工具绘制矩形填充，如图10-36所示。

步骤 06 选中绘制的矩形填充，按F8键将其转换为图形元件“遮罩”，如图10-37所示。

步骤 07 选中舞台中的“遮罩”实例，选择任意变形工具，调整变形中心，使其位于矩形上边缘中心处，如图10-38所示。

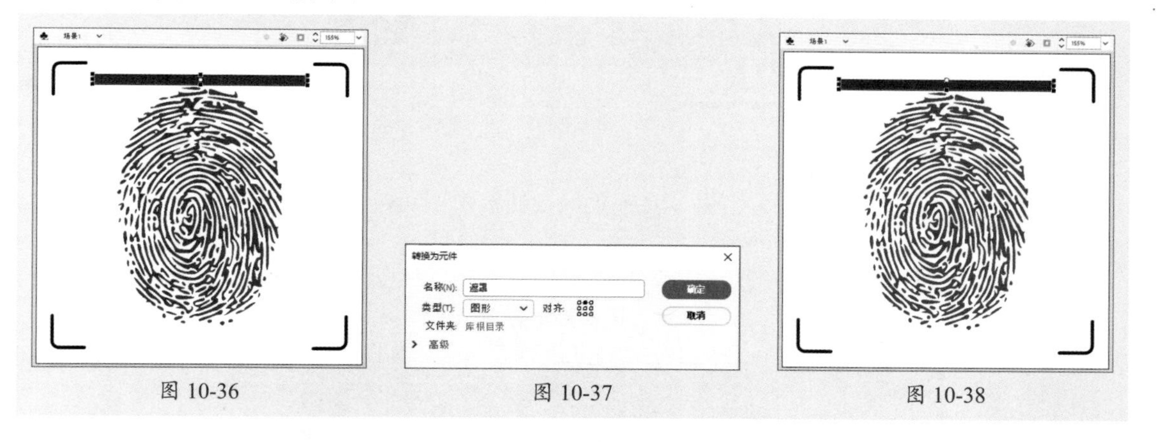

图 10-36　　图 10-37　　图 10-38

步骤 08 在所有图层的第120帧插入普通帧，在“遮罩”图层的第60帧插入关键帧，在“遮罩”图层的第1～60帧创建传统补间动画，如图10-39所示。

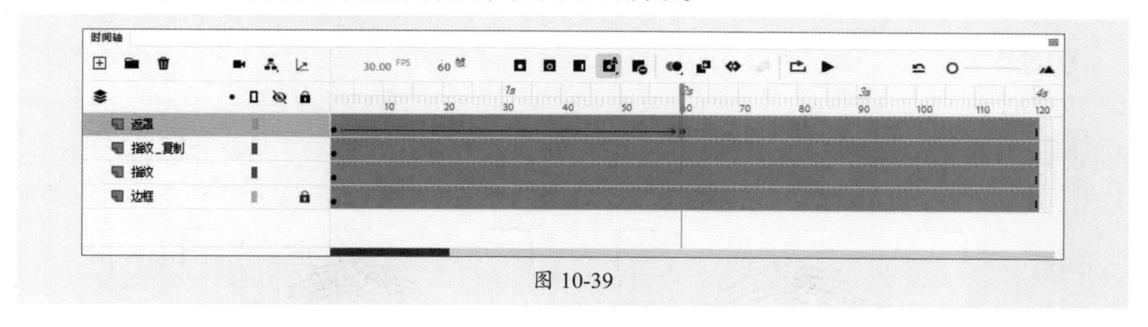

图 10-39

步骤 09 选中“遮罩”图层的第60帧，选中舞台中的“遮罩”实例，调整大小使其完全覆盖指纹，如图10-40所示。

步骤10 选中"遮罩"图层的第120帧，插入关键帧，选中舞台中的"遮罩"实例，调整大小使其完全显示指纹，如图10-41所示。

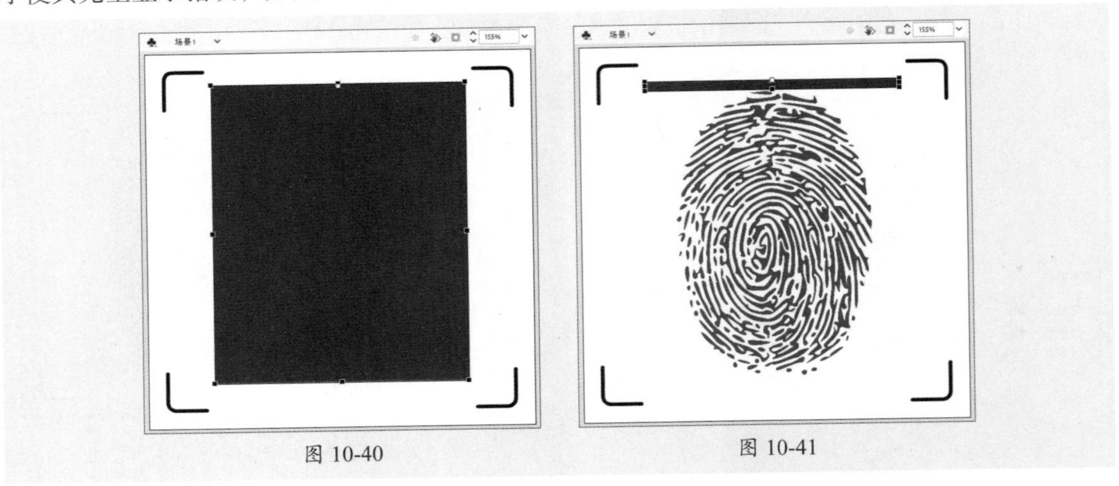
图 10-40　　图 10-41

步骤11 在"遮罩"图层的第60～120帧创建传统补间动画，如图10-42所示。

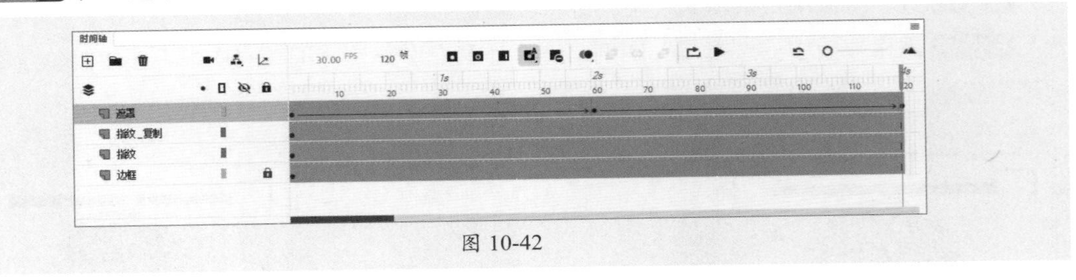
图 10-42

步骤12 选中"遮罩"图层，右击，在弹出的快捷菜单中执行"遮罩层"命令，将其转换为遮罩层，如图10-43所示。

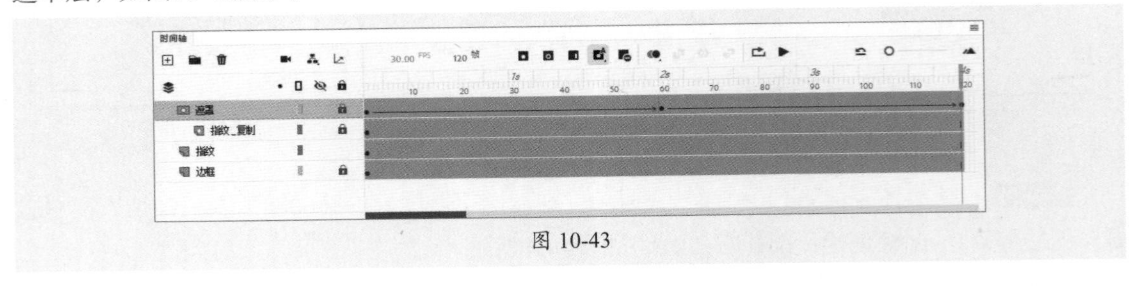
图 10-43

步骤13 新建"扫描线"图层，选中第1帧，选择线条工具并启用绘制对象模式，绘制线条，如图10-44所示。

步骤14 在蓝色线条上绘制一条白线，设置笔触为1、不透明度为80%，效果如图10-45所示。

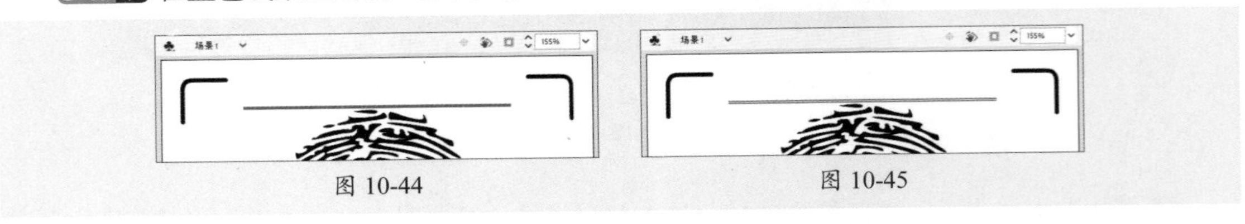
图 10-44　　图 10-45

步骤15 选中绘制的线条，按F8键将其转换为影片剪辑元件"扫描线"，如图10-46所示。

步骤 16 选中转换后的"扫描线"元件实例，在"属性"面板中添加"模糊"和"发光"滤镜，如图10-47所示。效果如图10-48所示。

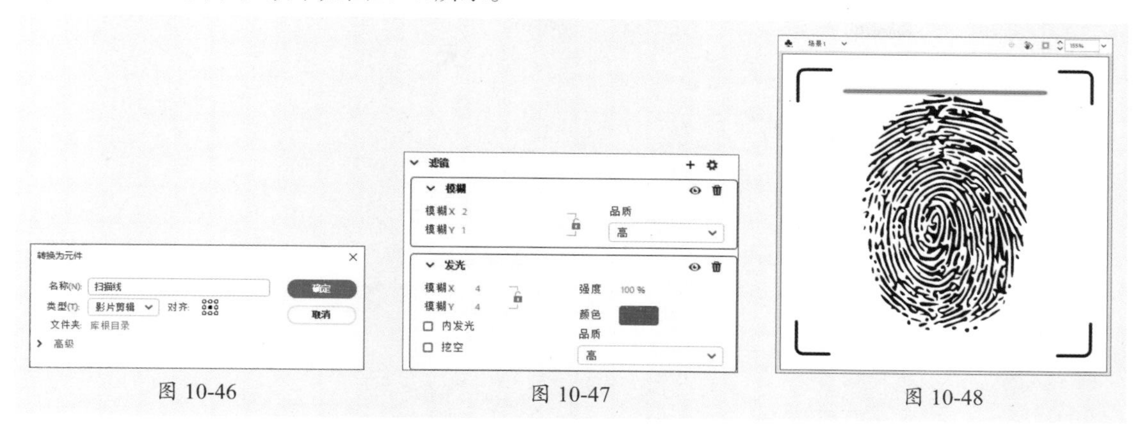

图 10-46　　图 10-47　　图 10-48

步骤 17 在"扫描线"图层的第60帧、第120帧插入关键帧，选中第60帧中的"扫描线"实例，将其移动至指纹下方，如图10-49所示。

步骤 18 在"扫描线"图层的第1～120帧创建传统补间动画，如图10-50所示。

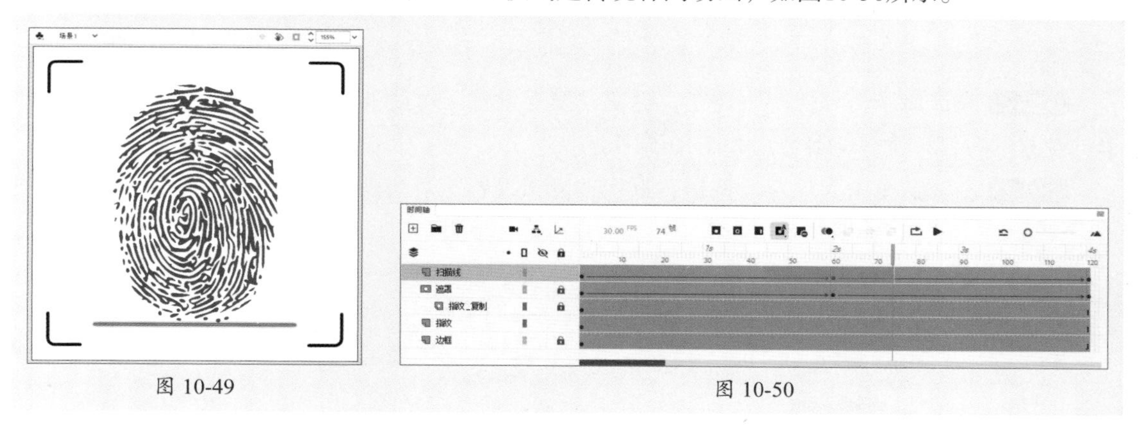

图 10-49　　图 10-50

步骤 19 保存文件，按Ctrl+Enter组合键测试预览，如图10-51所示。

图 10-51

步骤 20 执行"文件"|"发布设置"命令，打开"发布设置"对话框，选择"Flash（.swf）"选项卡，设置参数，如图10-52所示。

步骤 21 单击“选择发布目标”按钮，打开“选择发布目标”对话框，设置参数，如图10-53所示。

图 10-52　　图 10-53

步骤 22 完成后单击“保存”按钮，返回“发布设置”对话框，选择“HTML包装器”选项卡，设置发布目标及其他参数，如图10-54所示。

步骤 23 完成后单击“保存”按钮，返回“发布设置”对话框，选择“Mac放映文件”选项卡，设置发布目标，如图10-55所示。

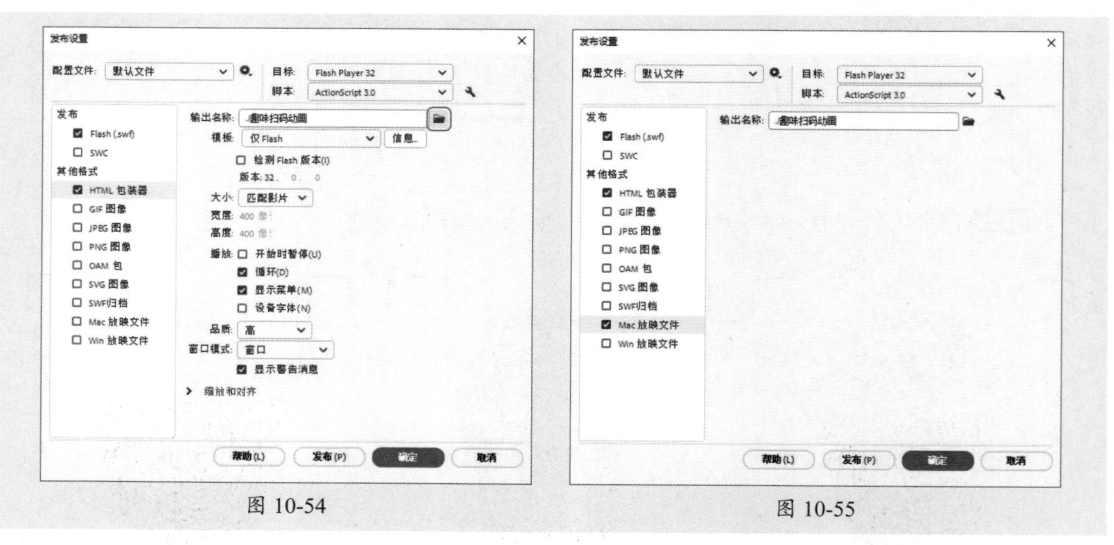

图 10-54　　图 10-55

步骤 24 单击“保存”按钮，返回“发布设置”对话框，选择“Win放映文件”选项卡，设置发布目标，如图10-56所示。

步骤 25 单击“发布”按钮，在设置的文档中可以查看发布的内容，如图10-57所示。

步骤 26 在Animate中单击“确定”按钮，关闭“发布设置”对话框，执行“文件”|“导出”|“导出动画GIF”命令，打开“导出图像”对话框，从中设置参数，如图10-58所示。

步骤 27 单击“保存”按钮，打开“另存为”对话框，设置文件名和存储路径，如图10-59所示。单击“保存”按钮保存GIF动画。

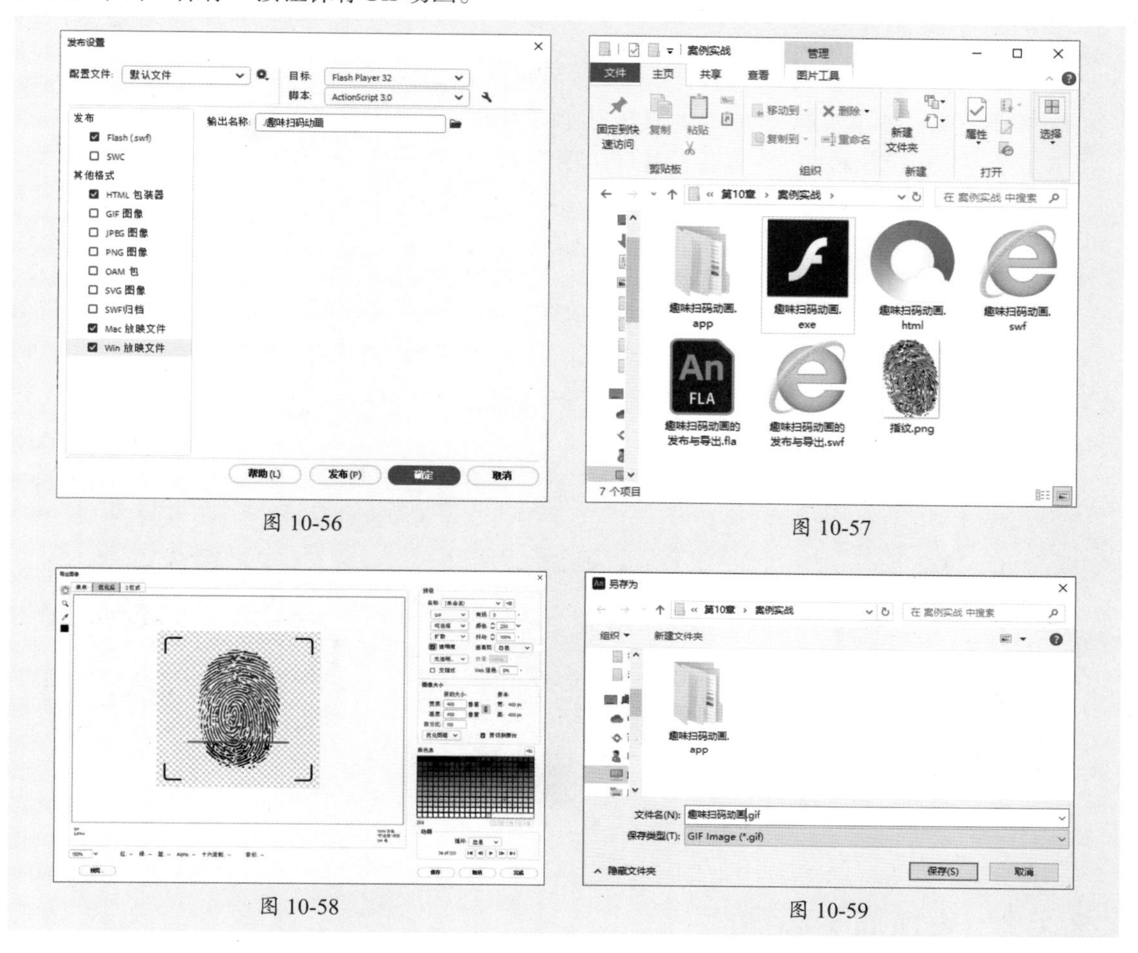

图 10-56　　图 10-57

图 10-58　　图 10-59

步骤 28 执行“文件”|“导出”|“导出视频/媒体”命令，打开“导出媒体”对话框设置参数，如图10-60所示。单击“导出”按钮导出视频，如图10-61所示。

图 10-60　　图 10-61

至此，完成趣味扫码动画的发布与导出。

10.6 拓展练习

练习1　四季轮换动画

案例素材：本书实例/第10章/拓展练习/四季轮换动画

下面练习使用位图转换为矢量图的操作、图形元件、色彩效果制作树的四季变换动画，并发布动画。

制作思路

新建文档，绘制渐变天空背景，导入素材文件，转换为矢量图，如图10-62所示。选中树干及黑色线条部分编组，选中树冠部分转换为图形元件，如图10-63所示。添加关键帧，使用色彩效果中的“高级”颜色样式调整颜色，制作四季的颜色。图10-64所示为秋季的效果。在“发布设置”对话框中设置参数，发布动画。

图 10-62

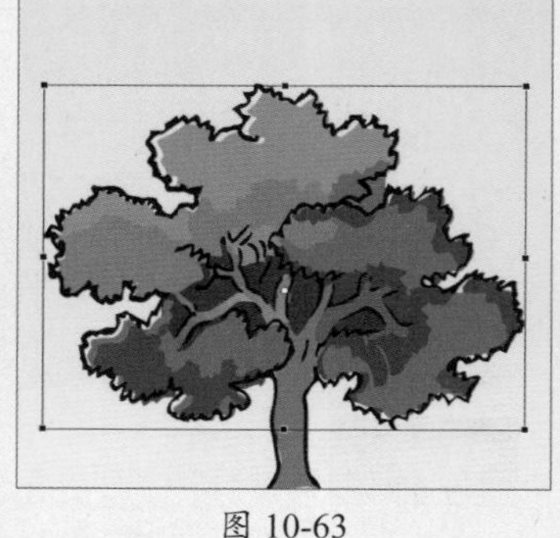

图 10-63

图 10-64

练习2　表情简笔画动画

案例素材：本书实例/第10章/拓展练习/表情简笔画动画

下面练习使用线条工具、关键帧、形状补间动画制作表情简笔画动画，并发布动画。

制作思路

新建文档，使用线条工具绘制线条，复制并调整线条，如图10-65所示。添加关键帧，调整线条效果，制作不同的表情样式，如图10-66所示。创建形状补间动画，再导出为GIF动画，如图10-67所示。

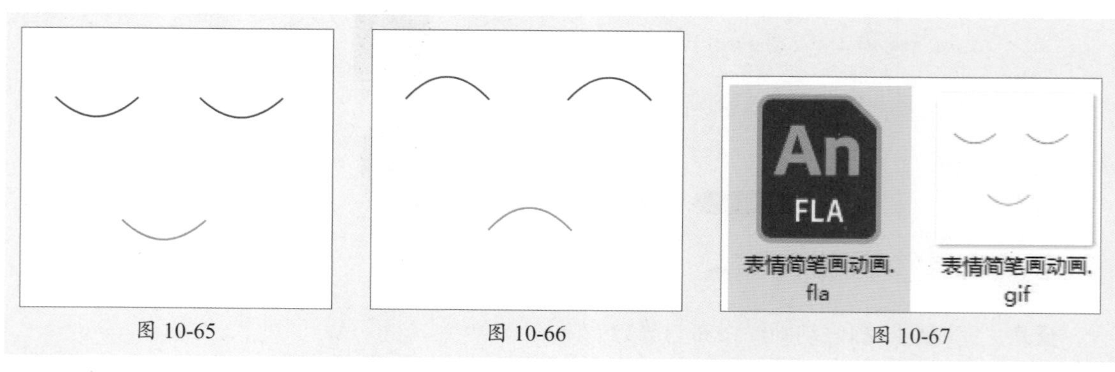

图 10-65　　图 10-66　　图 10-67

第11章 综合实战：从构思到完成的动画创作

本章概述

本章以音乐课件和实验演示动画的制作为例，全面总结二维动画的制作方式与技巧。学习并掌握本章内容，能够巩固前面所学的知识，深入理解二维动画制作的核心概念与实践应用。这不仅有助于提高用户的创作能力，也能更好地把所学技巧应用于实际项目中，从而提升动画作品的质量和表现力。

要点难点

- 不同类型动画的选择
- 绘画工具的应用
- 多媒体元素的应用
- 文本的创建

11.1 音乐课件的制作

课件是教学过程中常见的多媒体元素，用户可以通过Animate软件，制作生动有趣的课件作品。下面对音乐课件的制作进行介绍。

11.1.1 多媒体课件的作用

课件是根据教学大纲的要求和教学的需要，经过周全的设计和制作，最终形成的多媒体素材的集合，一般起到以下作用。

- **信息传递：** 课件可以将复杂的教学信息简单化，从而直观地进行展示和传递，文字、图像、视频等多媒体融合的方式，也使信息更具吸引力。
- **提高学习积极性：** 课件制作的过程中可以融入多种元素，增强趣味性，从而激发观众的学习兴趣，提升学习体验。
- **辅助教学：** 课件不仅可以用于传递教学信息，还可以通过互动、案例分析、动画演示等，引导观众积极参与教学过程，提高学习效果。
- **促进记忆和理解：** 多媒体融合的信息可以更容易被观众理解记忆，通过数字技术，还可以标注重要信息，便于学生识别和记忆。
- **便于复习和自学：** 课件可保存和分享，观众既可提前预习，也可在教学后复习巩固。
- **促进共享和交流：** 现代教育中，课件是一种常见且重要的教学资源，教师可以通过网络平台进行分享交流，从而进一步提升教学水平。

11.1.2 制作思路分析

本案例设计制作的是音乐课件，在背景上选择鲜艳的、与音乐相关的图片，吸引注意的同时又与主题契合；以导航栏的形式罗列音乐要素、中国民族音乐和流行音乐欣赏三个模块，教学过程中可以单击按钮进行切换；最后在课件中添加音频素材来吸引观众的注意力，提高教学的参与度。案例中使用的背景、文本等内容可以使用AIGC工具生成。

11.1.3 制作音乐课件

案例素材：本书实例/第11章/制作音乐课件

本案例以音乐课件的制作为例，介绍Aninmate动画的制作与编辑。具体操作过程如下。

步骤 01 新建640 × 450px的空白文档，按Ctrl+R组合键导入背景图像，调整合适大小与位置，如图11-1所示。更改“图层_1”名称为“背景”，在第54帧按F5键插入帧，锁定图层。

步骤 02 新建“底”图层，在第1帧使用矩形工具绘制矩形，如图11-2所示。

步骤 03 选中绘制的矩形，在“颜色”面板中设置线性渐变，如图11-3所示。

步骤 04 效果如图11-4所示。

步骤 05 执行“文件”|“导入”|“导入到库”命令导入本章其他素材文件，如图11-5所示。

步骤 06 新建按钮元件“音乐要素”，重命名“图层_1”为“内容”，将“库”面板中的图片“1.png”拖曳至编辑区域，如图11-6所示。

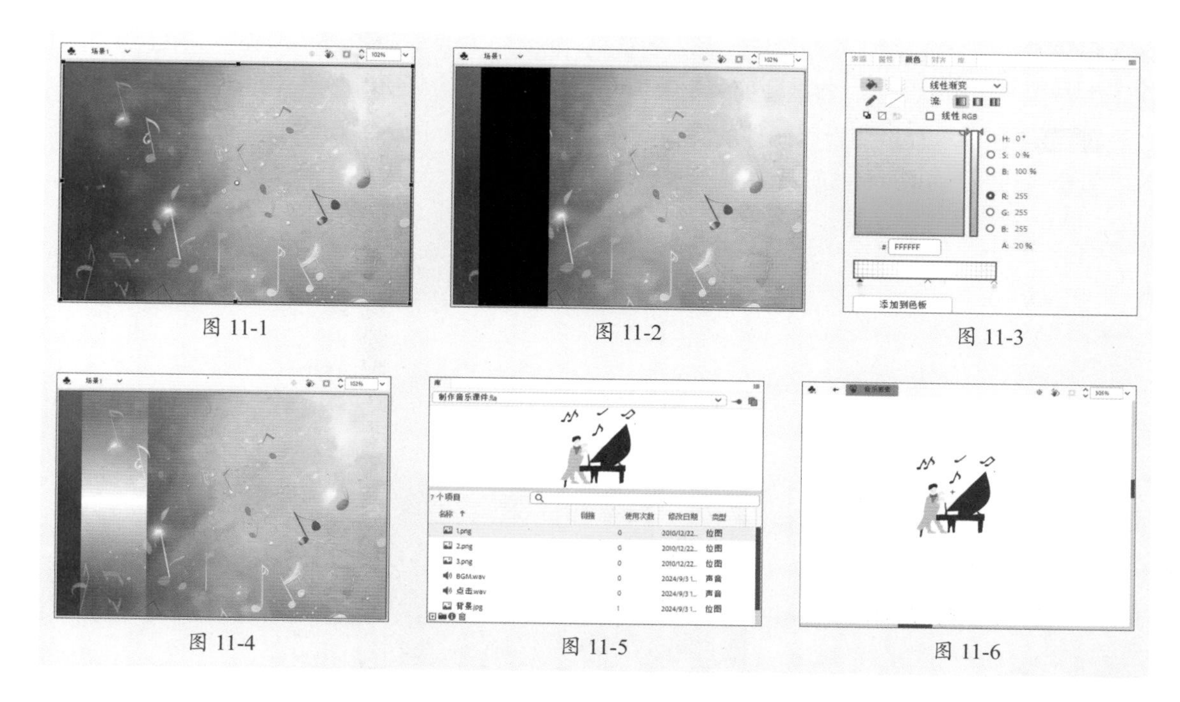
图 11-1　图 11-2　图 11-3
图 11-4　图 11-5　图 11-6

步骤 07 使用文本工具在图片下方单击并输入文本“音乐要素”，如图11-7所示。

步骤 08 选中文本，在“属性”面板中添加“发光”滤镜，如图11-8所示。设置舞台颜色为灰色，效果如图11-9所示。在“内容”图层的第4帧插入普通帧。

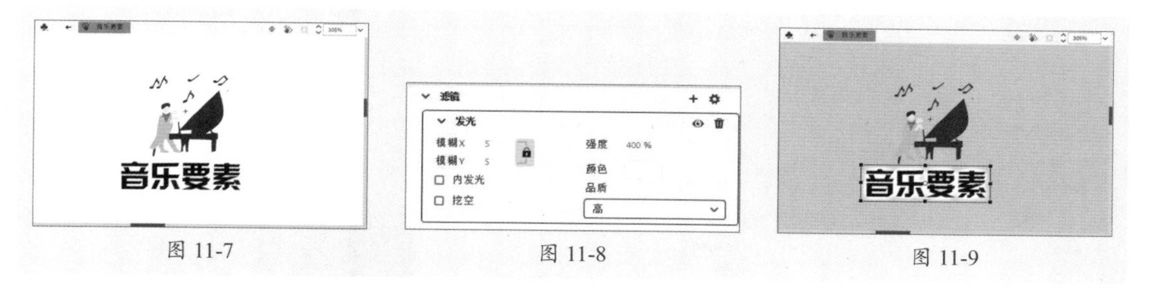

图 11-7　图 11-8　图 11-9

步骤 09 新建“声音”图层，在第3帧插入关键帧，将“点击.wav”素材拖曳至编辑区域，选中“声音”图层的帧，在“属性”面板中设置属性，如图11-10所示。

步骤 10 单击“编辑声音封套”按钮，打开“编辑封套”对话框设置参数，如图11-11所示。完成后单击“确定”按钮。创建按钮元件“中国民族音乐”，如图11-12所示。

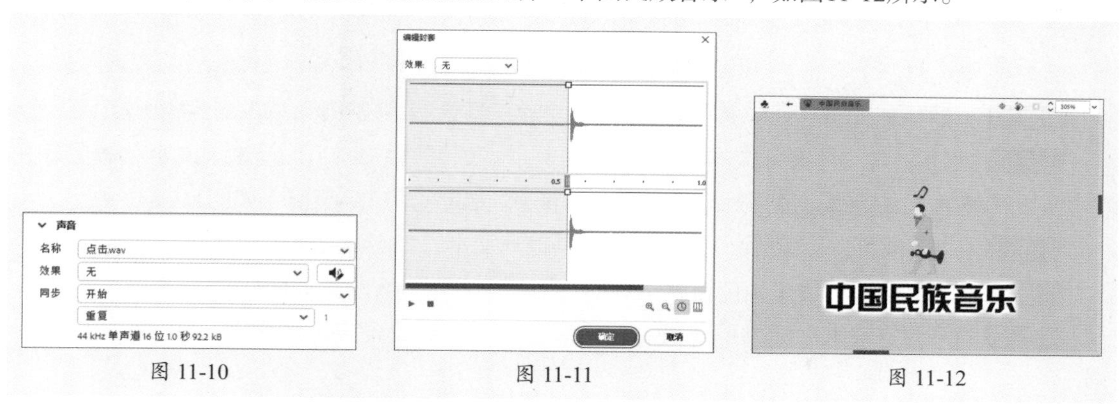

图 11-10　图 11-11　图 11-12

步骤 11 继续创建按钮元件“流行音乐欣赏”，如图11-13所示。返回“场景1”，在“底”图层上方新建“按钮”图层，将新建的三个按钮元件拖曳至舞台中合适位置，如图11-14所示。

步骤 12 选中“音乐要素”元件的实例，在“属性”面板中设置实例名称为“wxp”，并添加“投影”滤镜，如图11-15所示。

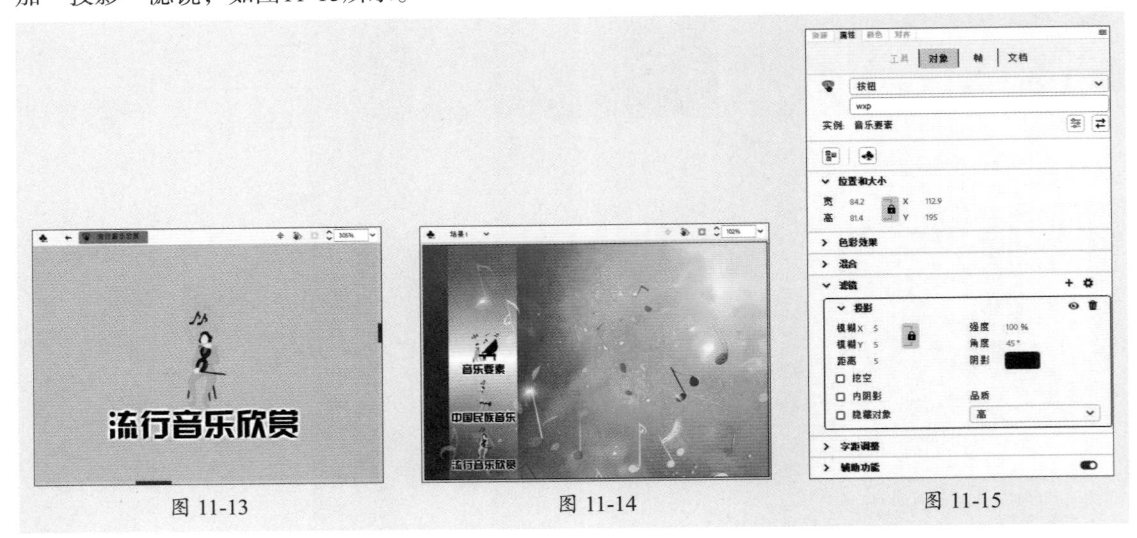

图 11-13　　图 11-14　　图 11-15

步骤 13 设置“中国民族音乐”实例的名称为“jx”、“流行音乐欣赏”实例的名称为“xs”，并添加“投影”滤镜，如图11-16、图11-17所示。效果如图11-18所示。

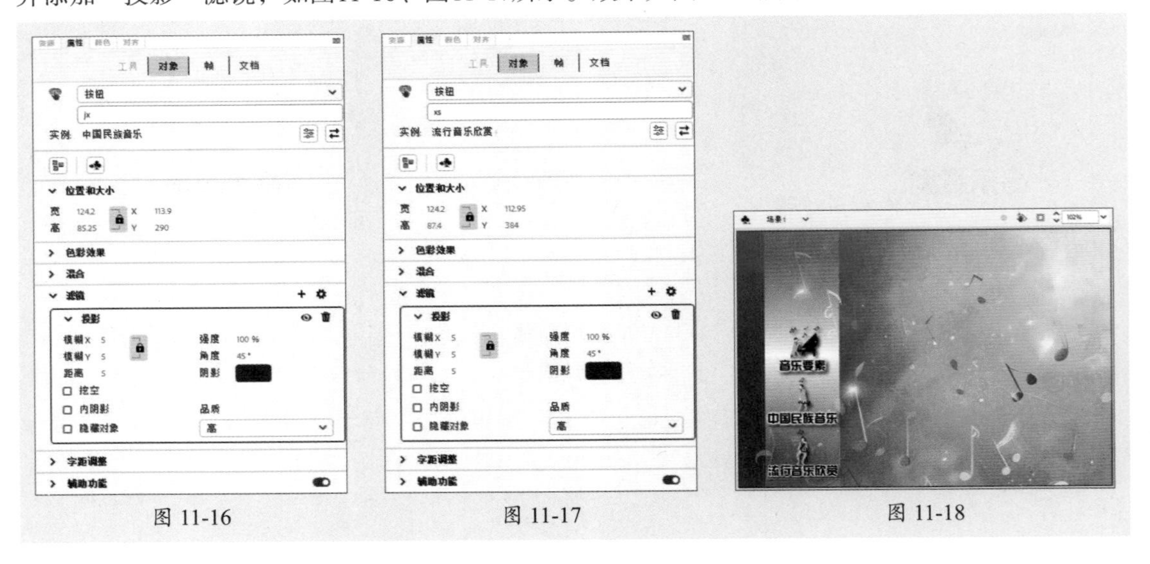

图 11-16　　图 11-17　　图 11-18

步骤 14 新建按钮元件“BACK”，使用基本矩形工具绘制圆角矩形，如图11-19所示。

步骤 15 使用文本工具输入文本，如图11-20所示。返回“场景1”，新建“内容”图层，在第10帧按F6键插入关键帧，使用矩形工具绘制Alpha值为40%的白色矩形，如图11-21所示。

步骤 16 在第14帧插入关键帧，使用文本工具输入文本，如图11-22所示。

步骤 17 将“BACK”按钮元件拖曳至矩形右下角，并调整大小，如图11-23所示。

步骤 18 选中“BACK”元件的实例，在“属性”面板中设置实例名称为“bk”，如图11-24所示。

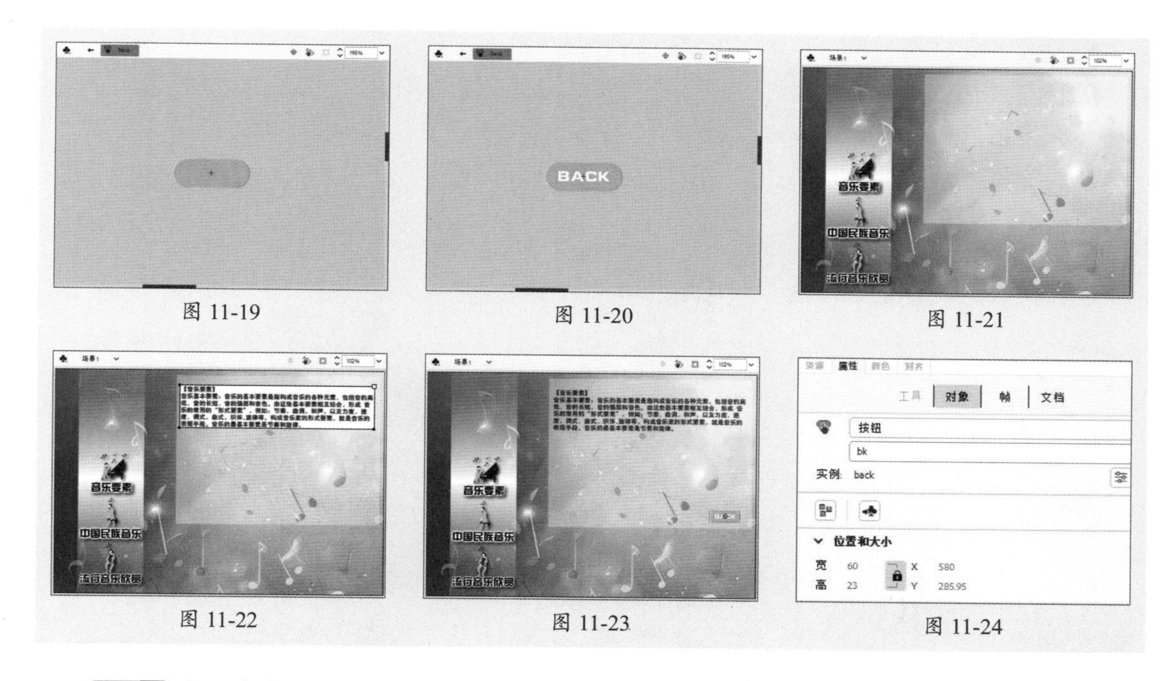
图 11-19　图 11-20　图 11-21

图 11-22　图 11-23　图 11-24

步骤 19 在“内容”图层的第29帧插入关键帧，更改文本内容，如图11-25所示。

步骤 20 选中“BACK”元件的实例，在“属性”面板中设置实例名称为“bk2”，如图11-26所示。

步骤 21 在第44帧插入关键帧，复制并更改文本内容，如图11-27所示。

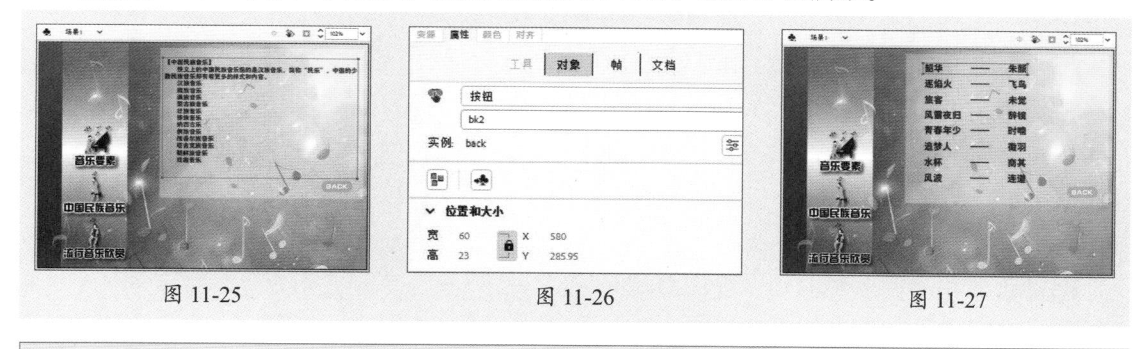
图 11-25　图 11-26　图 11-27

> **提示** 案例中均为虚构歌曲，用户可自行替换为当前流行的音乐。

步骤 22 将歌曲分别转换为按钮元件，并以右侧文字的首字母进行命名。图11-28所示为“连道”的“属性”面板。

步骤 23 选中“BACK”元件的实例，在“属性”面板中设置实例名称为“bk3”，如图11-29所示。

步骤 24 双击实例“朱颜”进入元件编辑状态，在第4帧插入关键帧，在第2帧插入普通帧，修改颜色为橙色，如图11-30所示。使用相同的方法调整其他实例。

步骤 25 新建“遮罩”图层，在第10帧插入关键帧，使用矩形工具绘制矩形，如图11-31所示。

步骤 26 在第14帧插入关键帧，上移矩形，如图11-32所示。

图 11-28

步骤 27 在第17帧插入关键帧，使用任意变形工具变形矩形，如图11-33所示。

步骤 28 在第22帧插入关键帧，继续调整矩形，使矩形完全覆盖下方的白色矩形，如图11-34所示。

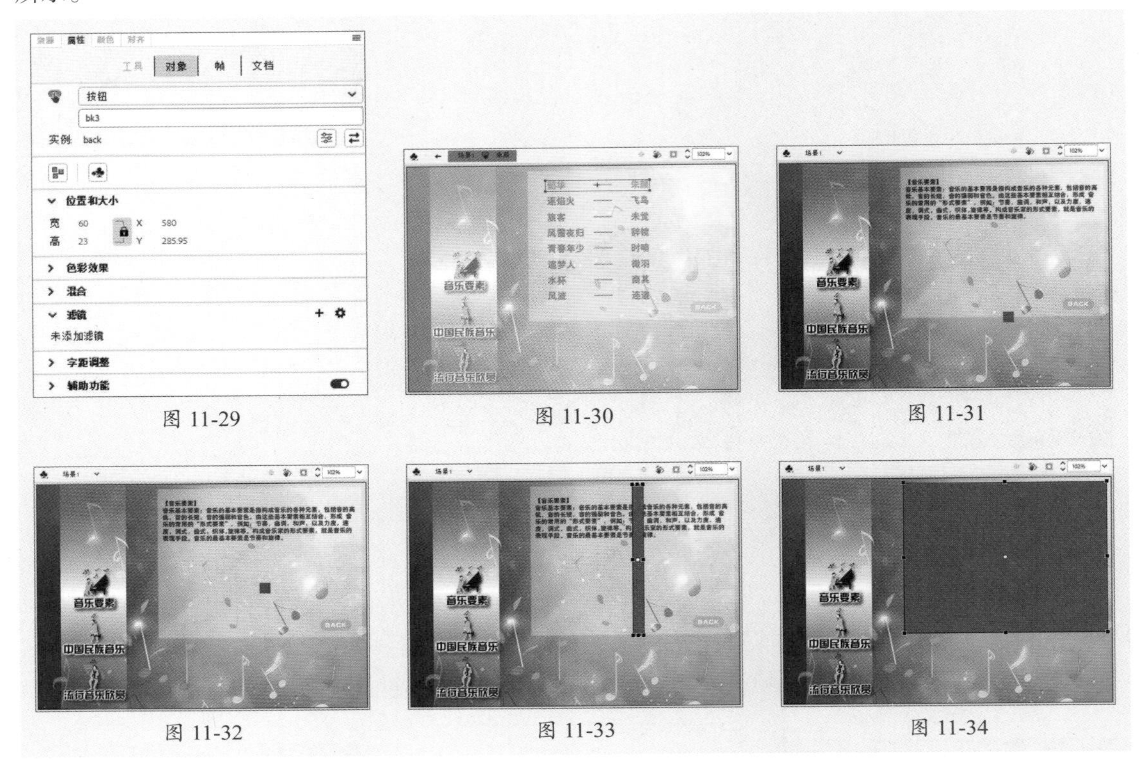

图 11-29　　图 11-30　　图 11-31

图 11-32　　图 11-33　　图 11-34

步骤 29 在第10～14帧、第14～17帧、第17～22帧创建形状补间动画，右击，在弹出的快捷菜单中执行“遮罩层”命令，设置为遮罩层，如图11-35所示。

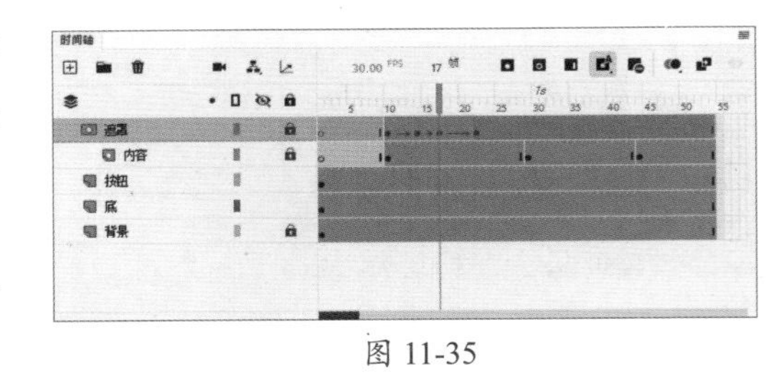

图 11-35

步骤 30 选中补间动画的帧，按住Alt键向右拖曳复制，如图11-36所示。

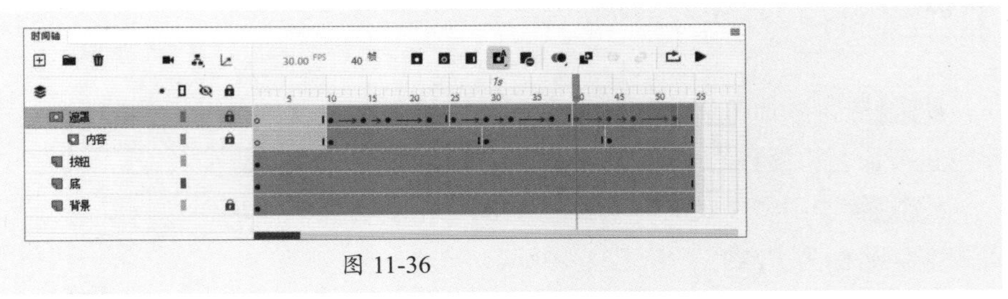

图 11-36

步骤 31 新建“标题”图层，使用文本工具输入文本，如图11-37所示。

步骤 32 选中输入的文本，在“属性”面板中添加“发光”和“投影”滤镜，如图11-38所示。效果如图11-39所示。

步骤 33 新建“声音”图层，选中第1帧，在“属性”面板中设置声音，如图11-40所示。

步骤 34 新建“AS”图层，在第24帧、第39帧、第54帧插入关键帧，如图11-41所示。

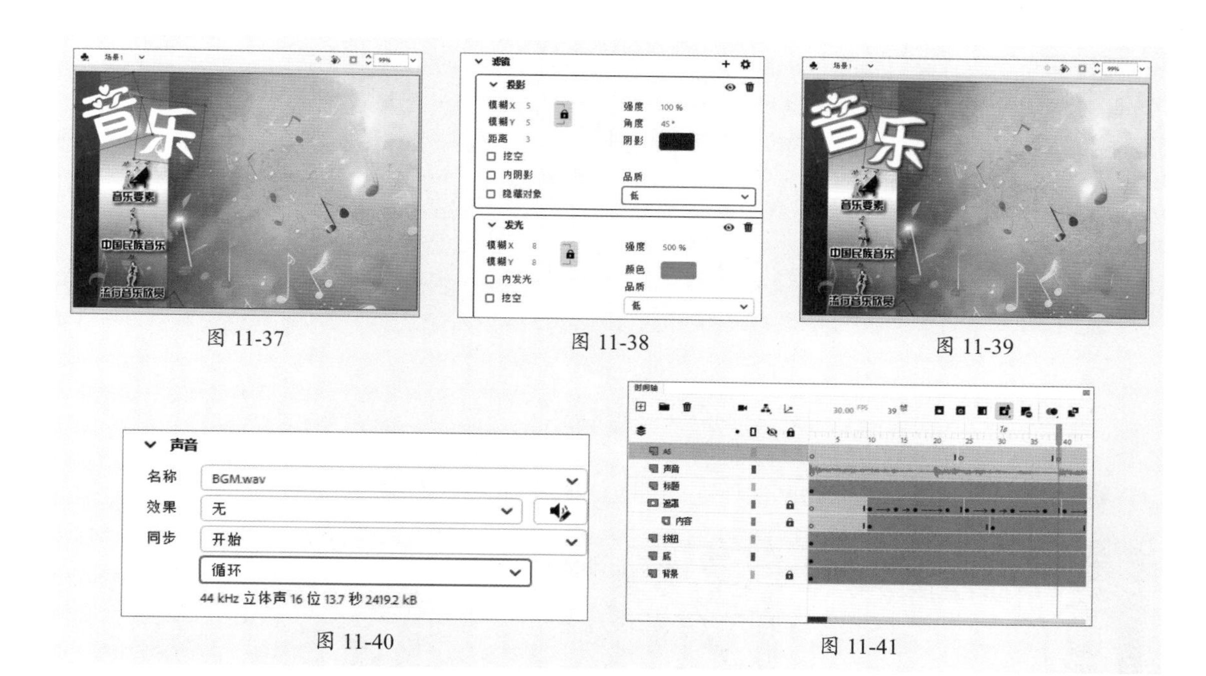

图 11-37　　图 11-38　　图 11-39

图 11-40　　图 11-41

步骤 35 选中第1帧，按F9键打开“动作”面板，输入以下代码：

```
stop();
wxp.addEventListener(MouseEvent.MOUSE_DOWN,btn4);
function btn4(event:MouseEvent) {
    gotoAndPlay(10);
}
jx.addEventListener(MouseEvent.MOUSE_DOWN,btn5);
function btn5(event:MouseEvent) {
    gotoAndPlay(25);
}
xs.addEventListener(MouseEvent.MOUSE_DOWN,btn6);
function btn6(event:MouseEvent) {
    gotoAndPlay(40);
}
```

选中第24帧，在“动作”面板中输入以下代码：

```
stop();

bk.addEventListener(MouseEvent.MOUSE_DOWN,btn7);
function btn7(event:MouseEvent) {
    gotoAndStop(1);
}
```

选中第39帧，在“动作”面板中输入以下代码：

```
stop();

bk2.addEventListener(MouseEvent.MOUSE_DOWN,btn8);
```

```
function btn8(event:MouseEvent) {
    gotoAndStop(1);
}
```

选中第54帧，在“动作”面板中输入以下代码：

```
stop();

bk3.addEventListener(MouseEvent.MOUSE_DOWN,btn9);
function btn9(event:MouseEvent) {
    gotoAndStop(1);
}
```

步骤 36 按Ctrl+Enter组合键测试预览，如图11-42所示。

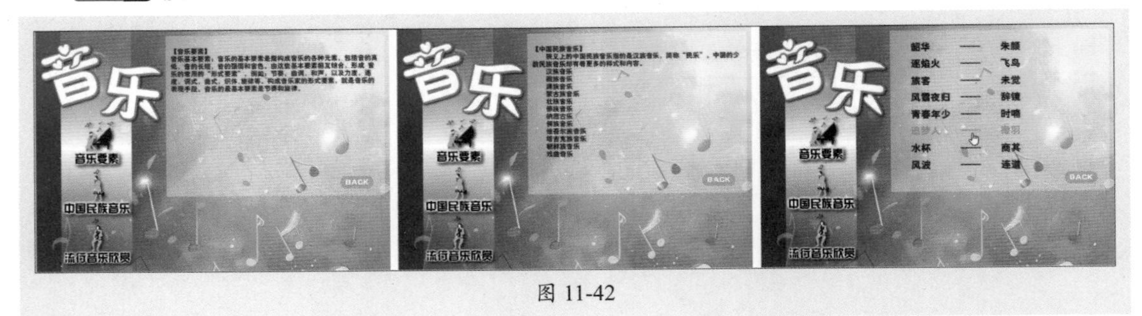

图 11-42

至此，完成音乐课件的制作。

11.2 演示动画的制作

实验演示动画可以将实际的实验过程通过动画的形式展示出来，从而帮助观众直观地掌握和理解抽象的科学原理和复杂的实验过程。

11.2.1 实验演示动画的作用

在教育和科研领域，实验演示动画有着广泛的应用，其主要作用如下。

- **增强理解和记忆：** 动态的演示过程可以生动形象地展示实验过程，方便观众的理解和记忆，动画的形式也可以增强观众的学习兴趣，促进动画演示后的自主探索。
- **安全系数高：** 对于一些较为危险或难以在现实环境中进行的实验，演示动画可以通过模拟的实验过程，让观众在没有实际动手操作的情况下也能观察到实验过程和结果。
- **便于重复观看和分享：** 动画可以随时观看与分享，观众可以多次观看演示动画，直至完全理解。

11.2.2 制作思路分析

本案例练习制作二氧化碳的实验室制法演示动画，以帮助观众理解并掌握二氧化碳的实验室制法，理解二氧化碳的基本性质。背景选择常规的蓝色渐变，理性而又不失实验的严谨。通过动画详细演示石灰石及稀盐酸的添加，并增加二氧化碳使火苗熄灭的动画效果，生动形象地展示二氧化碳的制法。

11.2.3 制作实验演示动画

案例素材：本书实例/第11章/制作实验演示动画

本案例以实验演示动画的制作为例，介绍不同类型动画的制作，实验方法可以通过AIGC生成，再在软件中整理绘制，关键字及生成内容如下。

关键字：二氧化碳的实验室制法步骤

生成内容：二氧化碳（CO_2）是一种常见的气体，通常可以通过化学反应在实验室中制备。以下是常见的实验室制备二氧化碳的方法。

方法一：碳酸钙与稀盐酸反应

所需材料：碳酸钙（$CaCO_3$）、稀盐酸（HCl）、烧杯、试管、玻璃棒、气体收集装置（如气体瓶或气球）

步骤：

（1）准备反应物

称取适量的碳酸钙（如石灰石或大理石），约5g。

准备稀盐酸，浓度约为1M。

（2）反应

在烧杯中加入适量的稀盐酸（约10ml）。

逐渐向稀盐酸中加入碳酸钙，使用玻璃棒搅拌。

观察反应，产生气泡（二氧化碳）并释放出气体。

（3）收集气体

将产生的二氧化碳气体通过导管引入气体收集装置中，或用气球收集。

（4）验证气体

将点燃的火柴放置在瓶口，观察火柴是否熄灭，若熄灭，则说明产生了二氧化碳。或将收集到的气体通入澄清石灰水中，观察石灰水是否出现浑浊现象，若出现，则说明产生了二氧化碳。

方法二：醋酸与碳酸氢钠反应

（略）

注意事项：

在进行实验时，务必佩戴防护眼镜和手套，确保实验环境通风良好。处理酸和碱时要小心，避免皮肤接触。实验结束后，妥善处理化学废物。

通过以上步骤，可以在实验室中安全有效地制备二氧化碳。

具体操作过程如下。

步骤 01 新建720×720px的空白文档，使用矩形工具绘制与舞台等大的矩形，在“颜色”面板中设置径向渐变，如图11-43所示。

步骤 02 效果如图11-44所示。更改“图层_1”名称为“背景”，在第204帧添加普通帧，锁定图层。

步骤 03 按Ctrl+F8组合键新建图形元件“锥形瓶”，使用基本矩形工具和钢笔工具绘制锥形瓶，如图11-45所示。

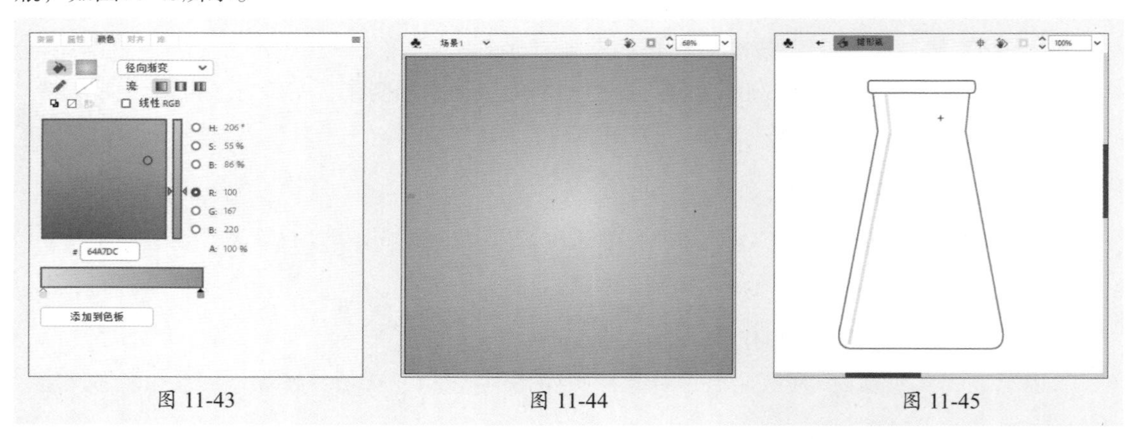

图 11-43　　图 11-44　　图 11-45

步骤 04 返回“场景1”，新建“锥形瓶”图层，将“锥形瓶”图形元件拖曳至舞台中合适位置，调整大小，如图11-46所示。

步骤 05 在第9帧插入关键帧，选中第1帧中的“锥形瓶”实例，在“属性”面板中设置色彩选项为Alpha，值为22%，并移动锥形瓶位置，如图11-47所示。

步骤 06 在第15帧插入关键帧，旋转锥形瓶，如图11-48所示。

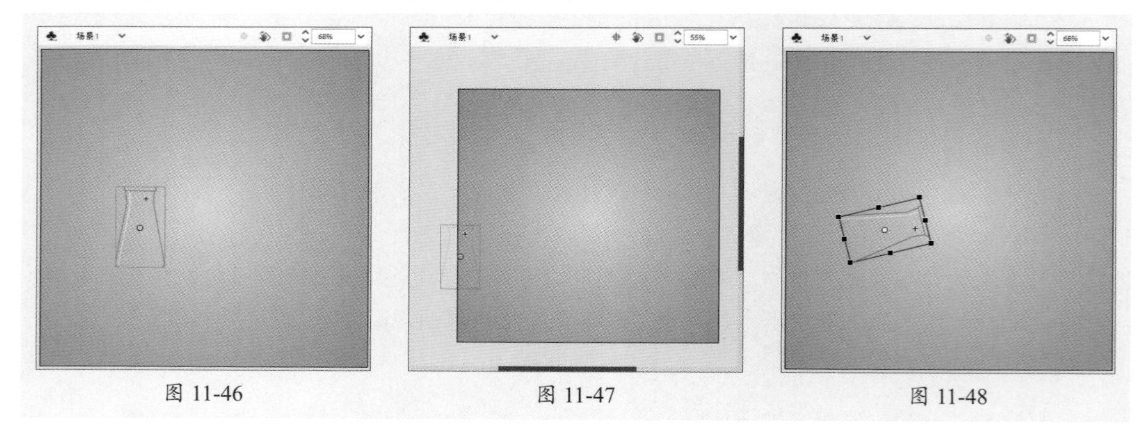

图 11-46　　图 11-47　　图 11-48

步骤 07 在第32帧插入关键帧。选中第9帧，右击，在弹出的快捷菜单中执行“复制帧”命令。选中第40帧，右击，在弹出的快捷菜单中执行“粘贴帧”命令粘贴帧，在舞台中查看效果，如图11-49所示。在“锥形瓶”图层的关键帧之间创建传统补间动画。

步骤 08 新建图形元件“取材”，使用绘图工具绘制图形，如图11-50所示。

步骤 09 新建图层，继续绘制图形，如图11-51所示。

步骤 10 返回“场景1”，在“锥形瓶”图层下方新建“取材”图层，在第15帧插入空白关键帧，将“取材”图形元件拖曳至舞台中合适位置，如图11-52所示。

步骤 11 在第20帧插入关键帧，移动“取材”实例的位置，如图11-53所示。

步骤 12 在第25帧和第30帧插入关键帧，选中第30帧中的实例，移动位置，如图11-54所示。

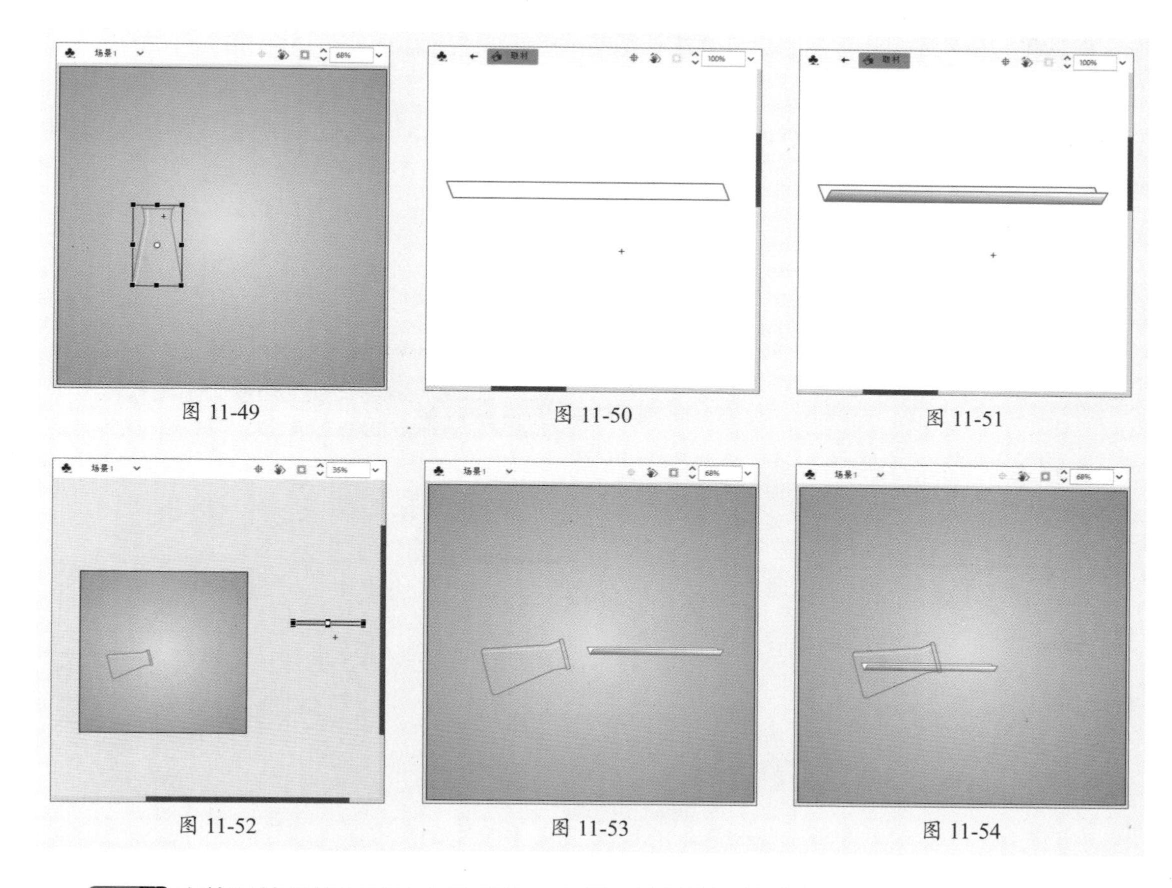

图 11-49　图 11-50　图 11-51

图 11-52　图 11-53　图 11-54

步骤 13 在第32帧和第35帧插入关键帧，在第35帧根据“锥形瓶”实例调整“取材”实例，如图11-55所示。

步骤 14 在第37帧插入关键帧，调整实例，在第40帧插入关键帧，调整实例，如图11-56、图11-57所示。

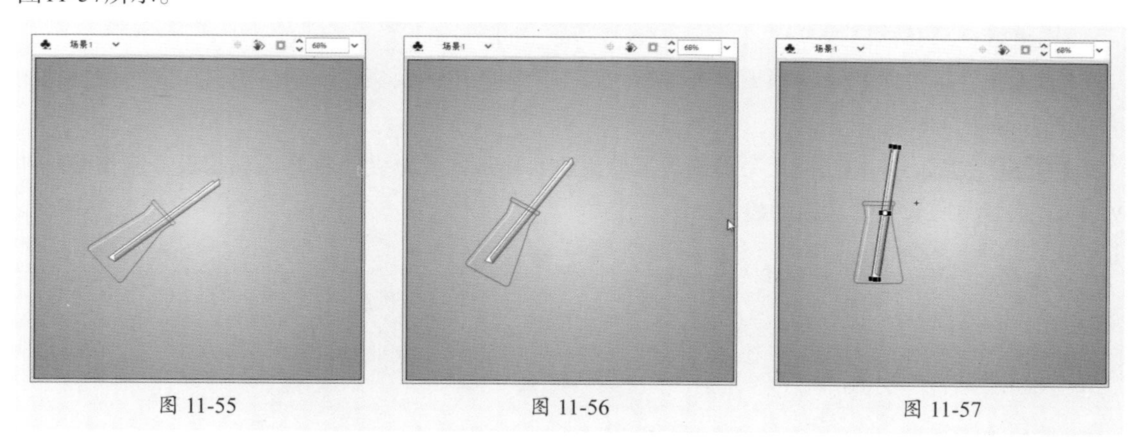

图 11-55　图 11-56　图 11-57

步骤 15 在第55帧插入关键帧，调整实例，如图11-58所示。

步骤 16 删除“取材”图层55帧之后的帧。在“取材”图层的关键帧之间创建传统补间动画，如图11-59所示。

步骤 17 新建图形元件“石灰石1”，使用绘图工具绘制图形，如图11-60所示。

步骤 18 返回“场景1”，新建“石灰石”图层，在第20帧插入关键帧，将图形元件“石灰石1”拖曳至舞台中合适位置，并调整大小，如图11-61所示。

步骤 19 在第25帧插入关键帧，移动“石灰石1”实例位置，如图11-62所示。选中第20帧中的实例，设置Alpha值为22%。

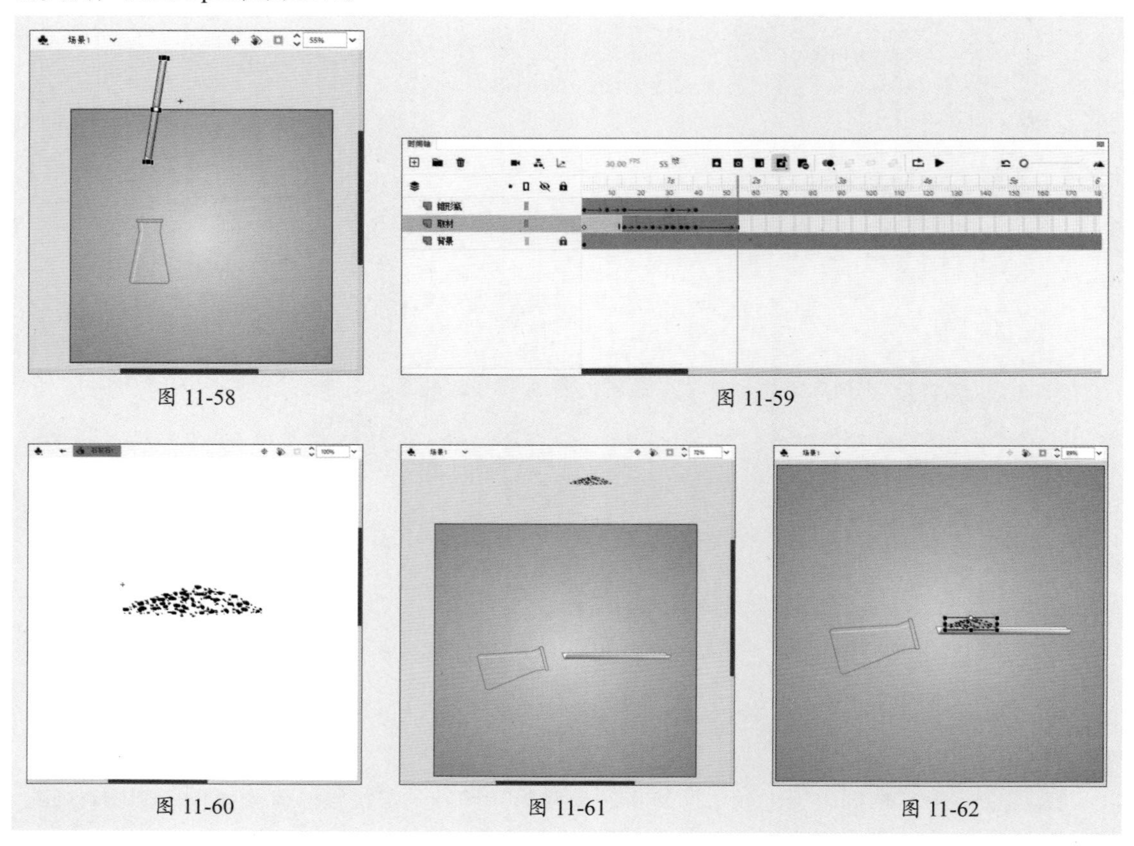

图 11-58

图 11-59

图 11-60

图 11-61

图 11-62

步骤 20 在第30帧插入关键帧，移动实例位置，如图11-63所示。

步骤 21 在第32帧和第34帧插入关键帧。选中第34帧中的实例，根据“取材”实例调整角度和位置，如图11-64所示。

步骤 22 在第35～40帧插入关键帧，逐帧更改实例形状及角度，将其压扁拉长，制作滑落的效果。图11-65所示为第40帧的效果。

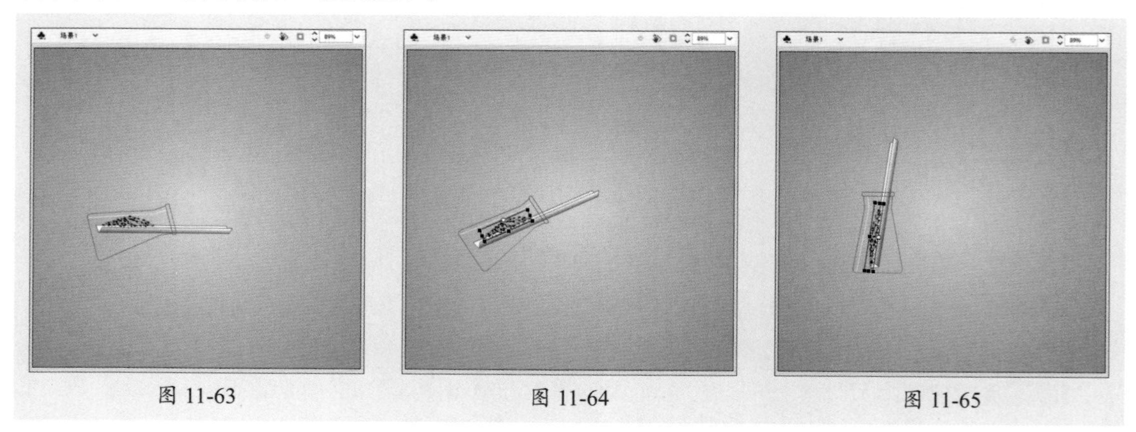

图 11-63

图 11-64

图 11-65

步骤 23 在第41帧插入空白关键帧，绘制图形，如图11-66所示。将绘制的图形转换为图形元件“石灰石2”。在第42帧插入空白关键帧，绘制图形，如图11-67所示。将绘制的图形转换为图形元件“石灰石3”。在第43帧插入空白关键帧，绘制图形，如图11-68所示。将绘制的图形转换为图形元件“石灰石4”。

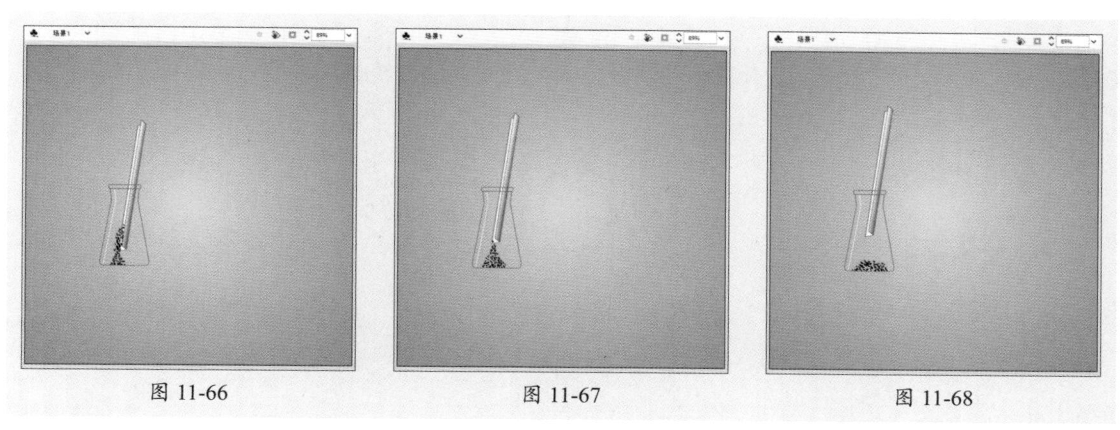

图 11-66　　图 11-67　　图 11-68

步骤 24 在第44帧插入空白关键帧，绘制图形，如图11-69所示。将绘制的图形转换为图形元件“石灰石5”。

步骤 25 在“石灰石”图层的关键帧之间创建传统补间动画，删除第146帧及以后的帧，如图11-70所示。

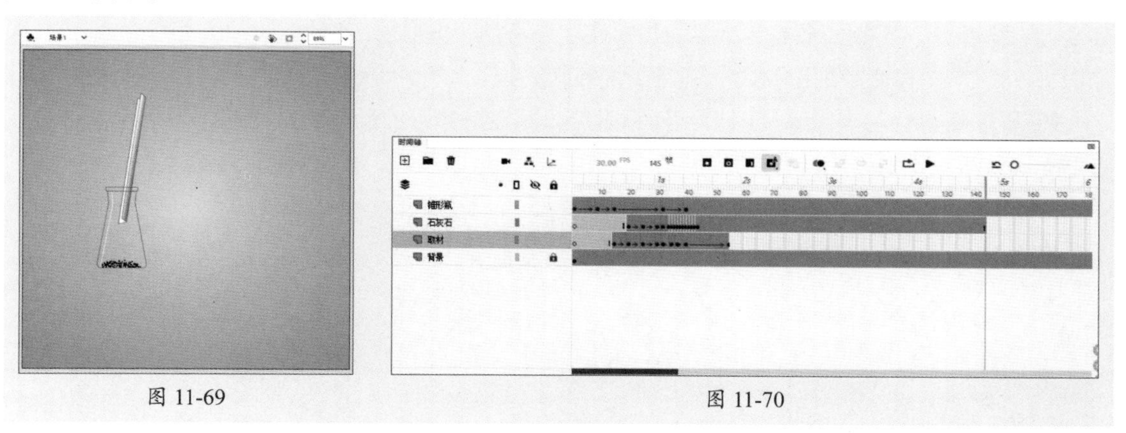

图 11-69　　图 11-70

步骤 26 新建图形元件“长颈漏斗”“活塞”和“左弯吸管”，如图11-71～图11-73所示。

图 11-71　　图 11-72　　图 11-73

步骤27 在“石灰石”图层上方新建“长颈漏斗”“左弯吸管”和“活塞”图层，在第55帧插入空白关键帧，将对应的图形元件添加至舞台，如图11-74所示。

步骤28 在“长颈漏斗”“左弯吸管”和“活塞”图层的第65帧插入关键帧，移动这三个实例的位置，如图11-75所示。

步骤29 选中第55帧中的“长颈漏斗”“活塞”和“左弯吸管”元件的实例，设置Alpha值为22%，效果如图11-76所示。在这三个图层的关键帧之间创建传统补间动画。

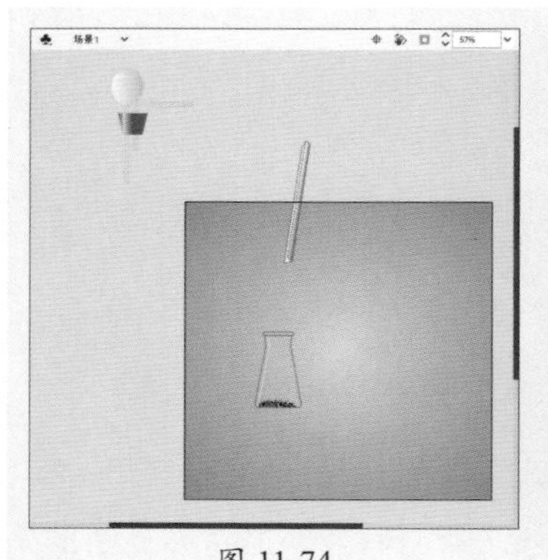

图 11-74

图 11-75

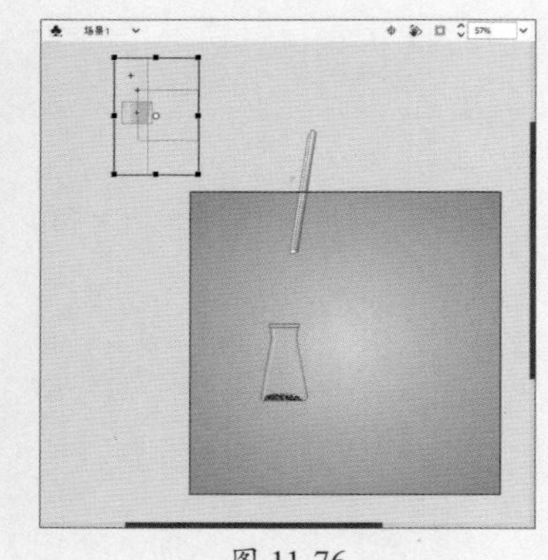

图 11-76

步骤30 新建图形元件“右弯吸管”，在“锥形瓶”图层上方新建“右弯吸管”图层，在第70帧插入关键帧，将新建的“右弯吸管”元件拖曳至舞台中合适位置。在第76帧插入关键帧，移动“右弯吸管”实例的位置，如图11-77所示。设置第70帧处元件实例的Alpha值为22%，效果如图11-78所示。在两个关键帧之间创建传统补间动画。

步骤31 新建“右直吸管”图形元件和图层，并在第78～83帧创建从透明到不透明、从远及近的动画效果。图11-79所示为第83帧的效果。

图 11-77

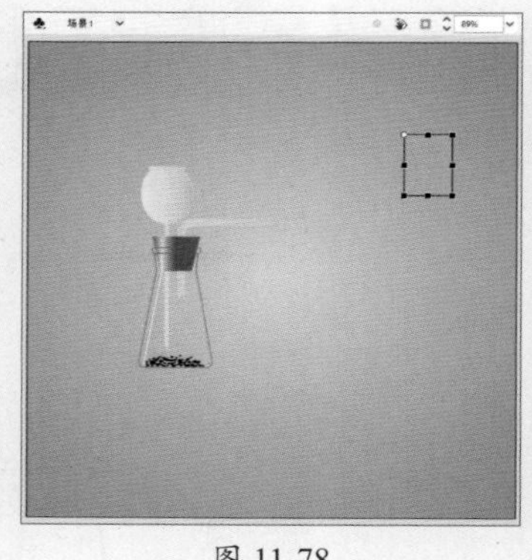

图 11-78

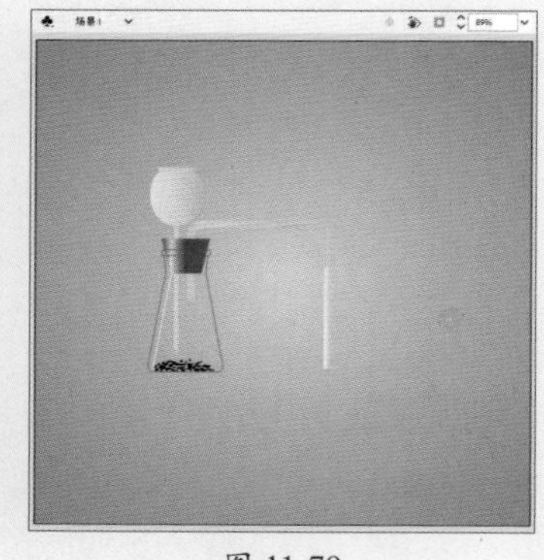

图 11-79

步骤32 新建“右瓶”图形元件和图层、“玻璃片”图形元件和图层，并在第83～90帧创建从舞台外至舞台中的动画效果。图11-80所示为第90帧的效果。在“玻璃片”图层的第157帧和第158帧插入关键帧，在第158帧向左移动“玻璃片”实例，如图11-81所示。

步骤33 新建“左瓶”图形元件和图层，在第94帧插入关键帧，将图形元件拖曳至舞台中，在第105帧插入关键帧，移动图形元件位置，在第94～105帧创建传统补间动画，制作“左瓶”元件实例由透明至不透明、由远及近的动画。图11-82所示为第105帧的效果。

图 11-80

图 11-81

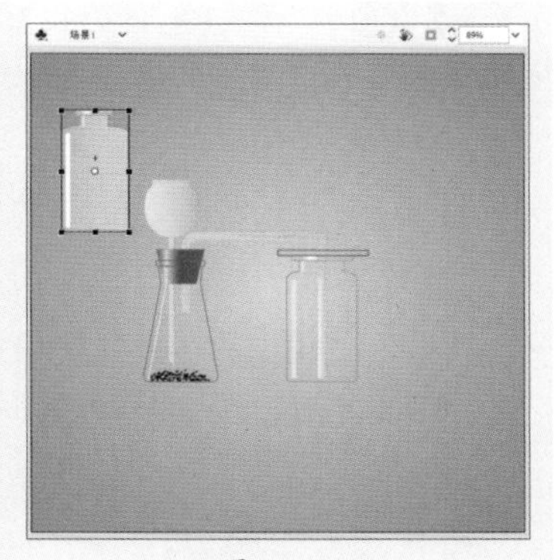
图 11-82

步骤 34 在第110帧插入关键帧，旋转“左瓶”实例，如图11-83所示。

步骤 35 在第111帧插入关键帧，旋转实例，如图11-84所示。

步骤 36 在第112帧和第118帧插入关键帧，复制第105帧，并粘贴在第118帧，效果如图11-85所示。

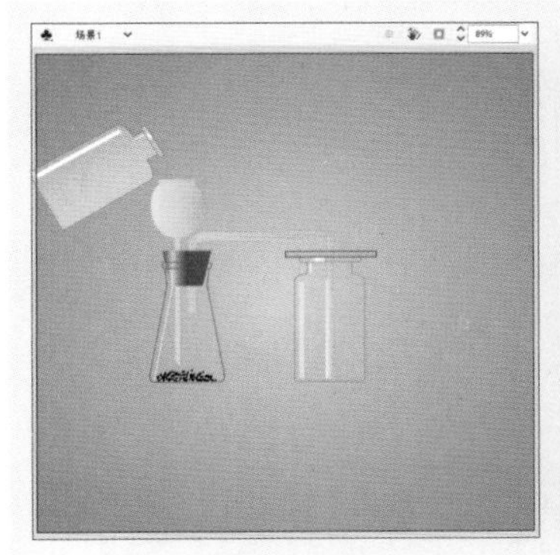
图 11-83

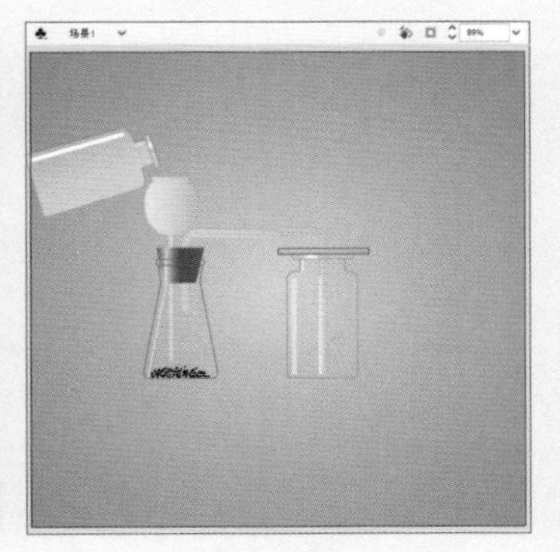
图 11-84

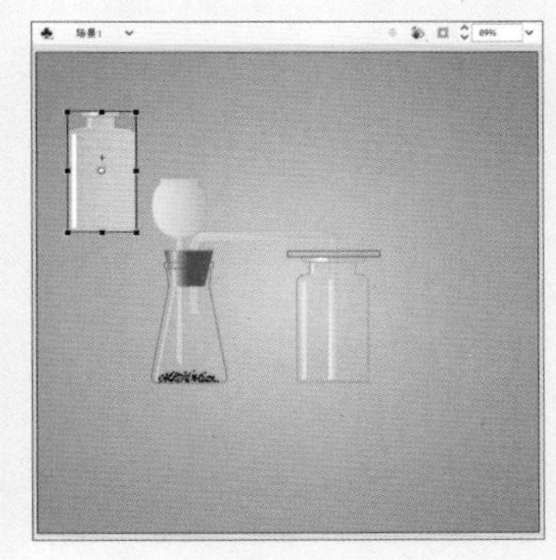
图 11-85

步骤 37 在第121帧和第127帧插入关键帧，将第127帧处的实例左移出舞台，如图11-86所示。

步骤 38 在“左瓶”图层的关键帧之间创建传统补间动画，如图11-87所示。

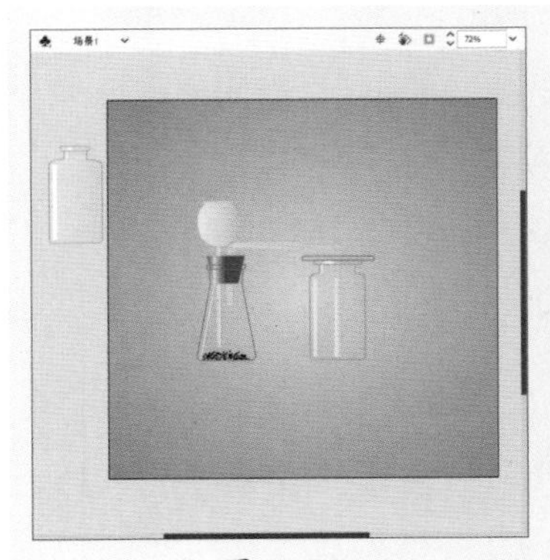
图 11-86

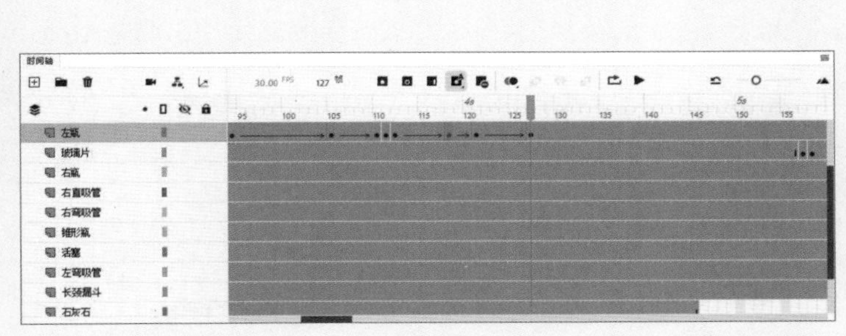

图 11-87

步骤 39 新建“气泡”图层，在第110帧插入关键帧，绘制图形，如图11-88所示，并将其转换为图形元件“倒1”。

步骤 40 在第111帧和第112帧插入关键帧，分别绘制图形，如图11-89、图11-90所示，并转换为图形元件“倒2”和“倒3”。

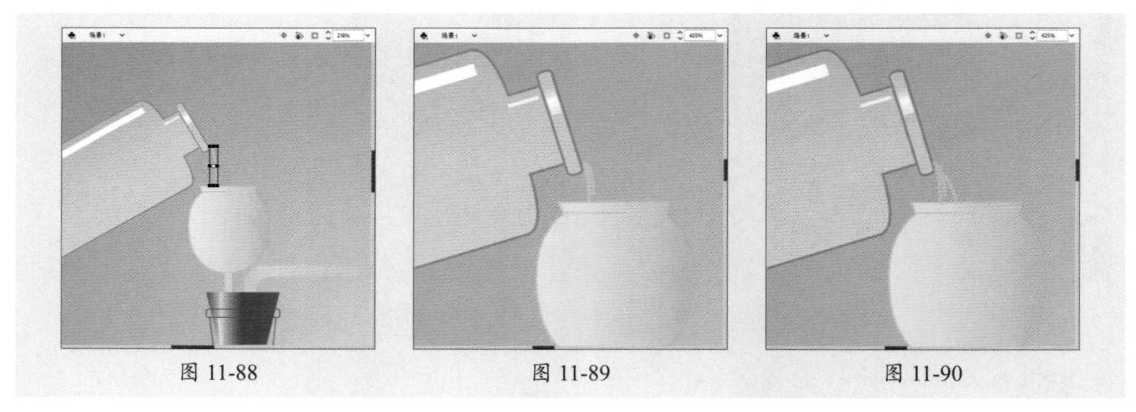

图 11-88　　图 11-89　　图 11-90

步骤 41 在第113帧插入空白关键帧，在第117帧插入关键帧。新建影片剪辑元件“气泡”，在第1帧、第2帧和第3帧插入关键帧，并分别绘制圆形，如图11-91～图11-93所示。

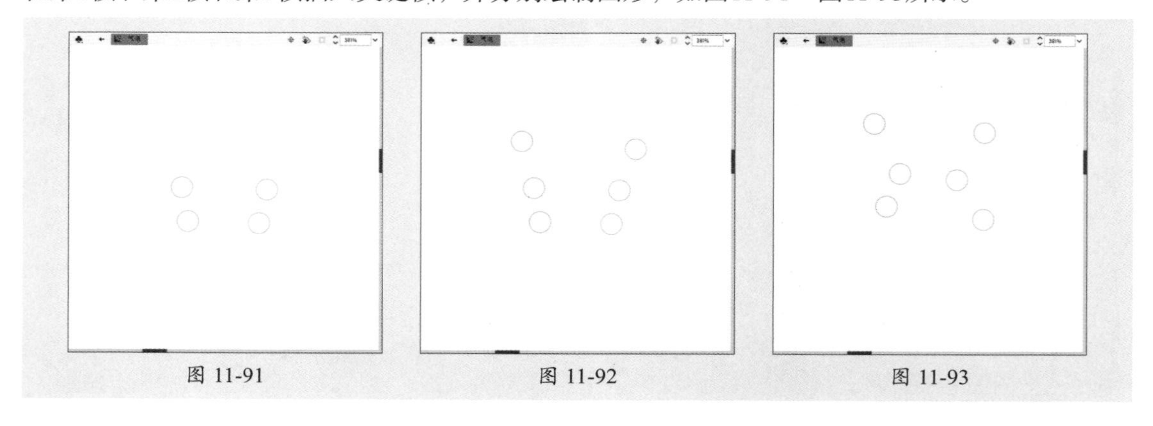

图 11-91　　图 11-92　　图 11-93

步骤 42 返回“场景1”，在“气泡”图层的第117帧将“气泡”影片剪辑元件拖曳至舞台，如图11-94所示。

步骤 43 新建“盐酸”图层，在第110～113帧插入关键帧，并逐帧绘制图形，制作锥形瓶内盐酸液体逐渐增加的效果。图11-95所示为第113帧的效果。

步骤 44 新建“火柴”图形元件和图层，并绘制火柴造型，如图11-96所示。返回“场景1”，在“火柴”图层的第145帧导入“火柴”图形元件，调整Alpha值为22%。

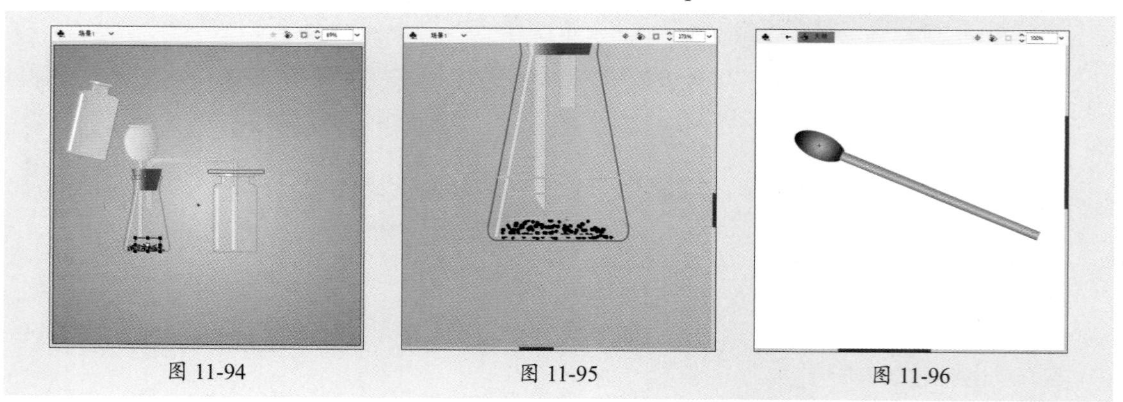

图 11-94　　图 11-95　　图 11-96

步骤45 新建“火苗”图形元件和图层，并绘制火柴造型，如图11-97所示。

步骤46 新建“火苗动”影片剪辑元件，将“火苗”图形元件拖曳至编辑区域，在第1帧、第6帧、第16帧和第20帧插入关键帧，并设置第6帧中的“火苗”实例向右旋转，第16帧中的实例向左旋转，如图11-98、图11-99所示。在关键帧之间创建传统补间动画。

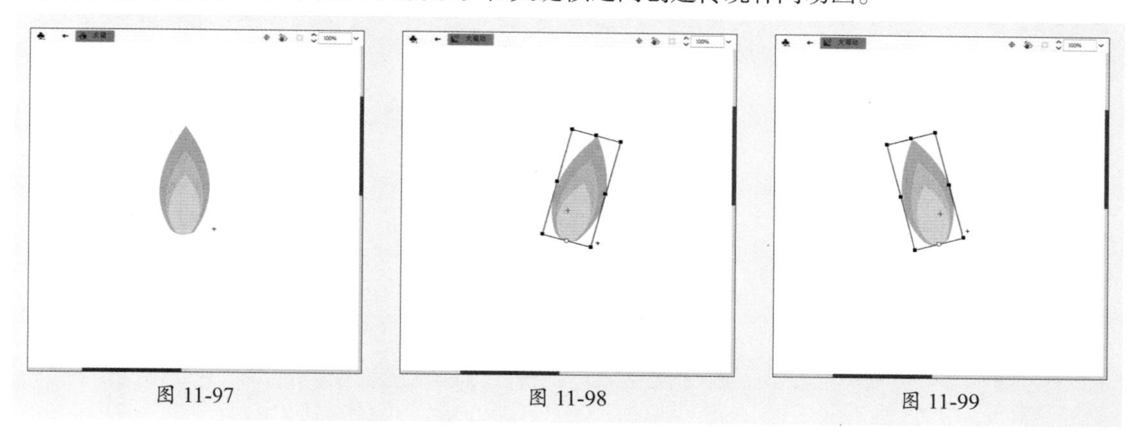

图 11-97　　图 11-98　　图 11-99

步骤47 返回“场景1”，在“火苗”图层的第145帧导入“火苗动”影片剪辑元件，调整Alpha值为22%，如图11-100所示。

步骤48 在“火苗”和“火柴”图层的第151帧插入关键帧，设置色彩效果为无，并移动“火苗动”和“火柴”实例的位置，如图11-101所示。

步骤49 在“火苗”和“火柴”图层的第158帧和第162帧插入关键帧，移动第162帧处的实例位置，如图11-102所示。

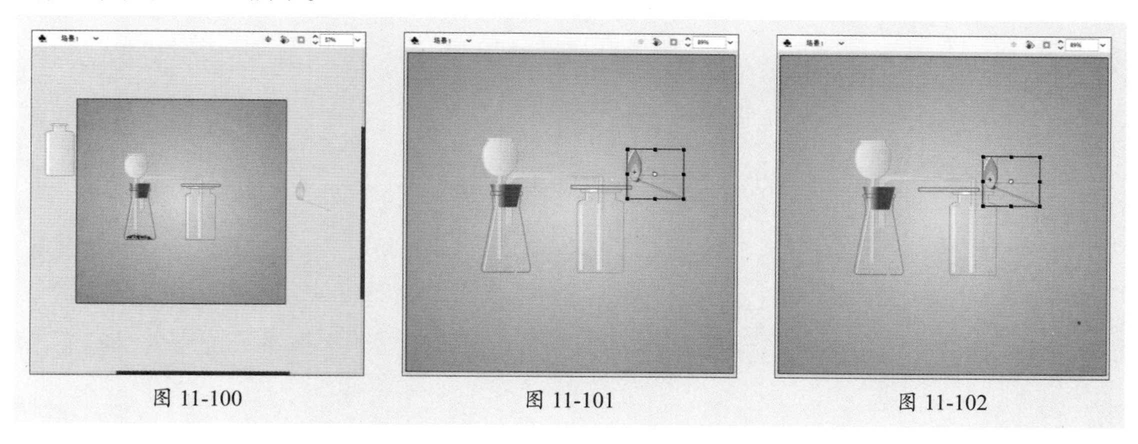

图 11-100　　图 11-101　　图 11-102

步骤50 在“火苗”图层的第186帧插入关键帧，缩小火苗，并设置Alpha值为0%，效果如图11-103所示。在“火苗”图层的关键帧之间创建传统补间动画。

步骤51 在“火柴”图层的第200帧插入关键帧，设置Alpha值为0%，如图11-104所示。在“火柴”图层的关键帧之间创建传统补间动画。

步骤52 新建“动作”图层，在第204帧插入空白关键帧，按F9键打开“动作”面板，输入以下代码：

```
stop ();
```

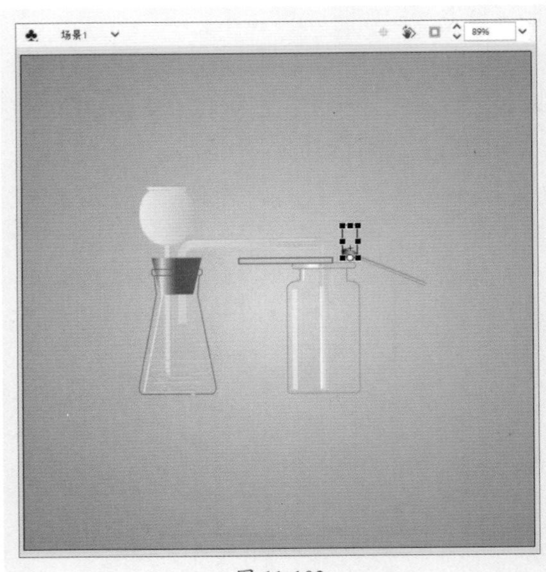

图 11-103

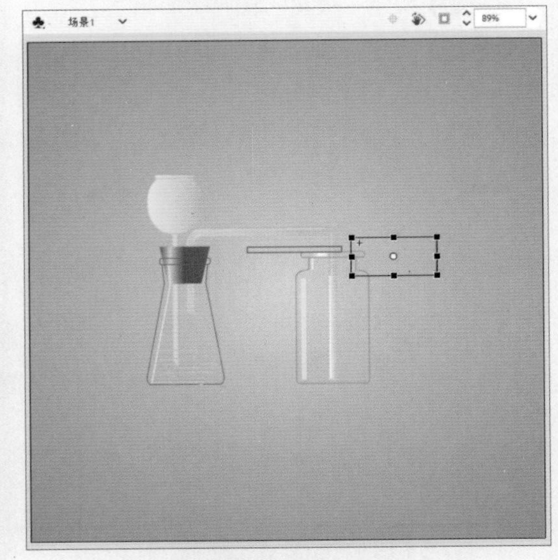

图 11-104

步骤 53 保存文件，按Ctrl+Enter组合键测试预览，如图11-105所示。

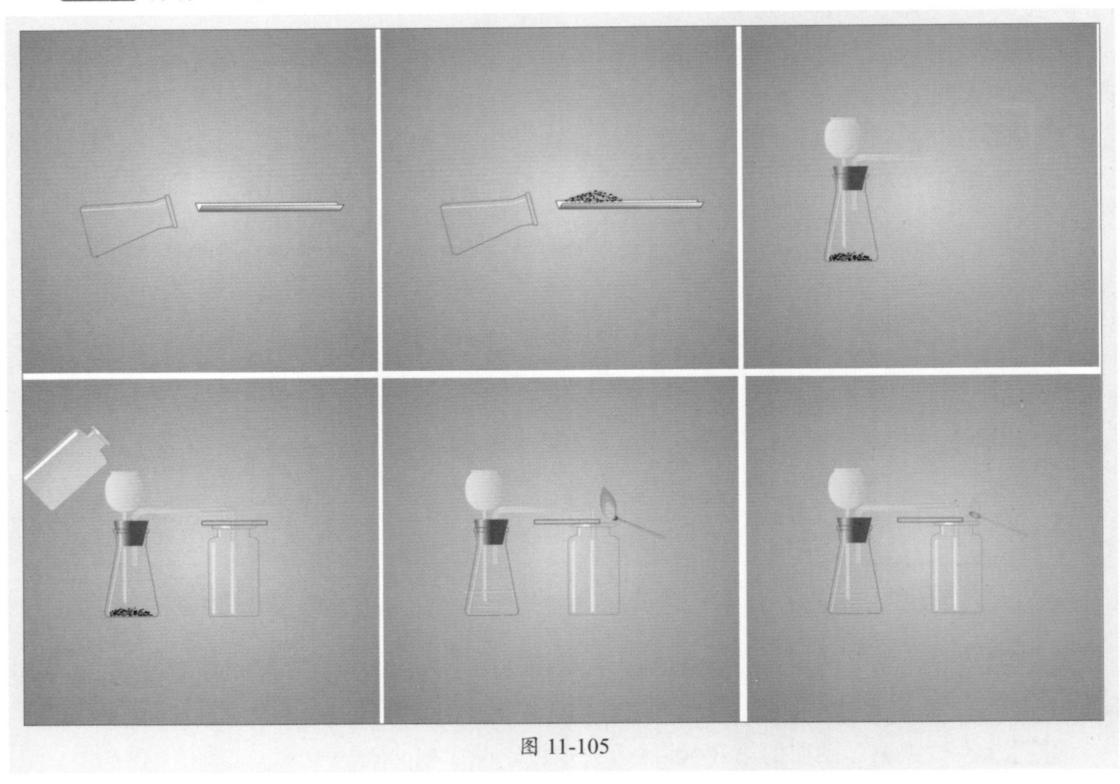
图 11-105

至此，完成实验演示动画的制作。